/欧美中小学通识启蒙读本/

张丽/主编

人类的故事

The Story of Mankind

［美］亨德里克·威廉·房龙/著

王乐/译

天津出版传媒集团

天津人民出版社

图书在版编目（CIP）数据

人类的故事 / (美) 亨德里克·威廉·房龙著；王乐译. -- 天津：天津人民出版社，2017.6

（欧美中小学通识启蒙读本 / 张丽主编）

ISBN 978-7-201-11707-2

Ⅰ.①地…　Ⅱ.①亨…②王…　Ⅲ.①人类学 – 青少年读物②世界史 – 青少年读物　Ⅳ.① Q98-49 ② K109

中国版本图书馆 CIP 数据核字 (2017) 第 097220 号

人类的故事
RENLEI DE GUSHI

出　　　版	天津人民出版社
出 版 人	黄　沛
地　　　址	天津市和平区西康路35号康岳大厦
邮政编码	300051
邮购电话	（022）23332469
网　　　址	http://www.tjrmcbs.com
电子邮箱	tjrmcbs@126.com

责任编辑	陈　烨
策划编辑	张　历
装帧设计	平　平

制版印刷	北京市凯达印务有限公司
经　　　销	新华书店
开　　　本	900×1270毫米　1/32
印　　　张	11.75
字　　　数	210千字
版次印次	2017年6月第1版　2017年6月第1次印刷
定　　　价	36.00元

序

致威廉和汉斯吉：

在我十二三岁的时候，我的一个叔叔（我之所以爱上阅读和绘画就是因为他）答应带我进行一次令人回味的探险活动——和他一起登上鹿特丹^①老圣劳伦斯塔的塔顶。

于是，在一个晴朗的日子，一位教堂司事手持一把大钥匙将一扇神秘的门打开。然后，他说："如果你回来要出去，就摁一下门铃。"伴随着生锈的古老铰链发出的沉重声响，我们被隔绝在喧嚣的街市之外，进入了一个崭新又陌生的世界。

在人生之旅中，我首次感受到了死一般的寂静。当我们爬上第一道楼梯后，触手可及的黑暗刷新了我对自然的认知。划亮一根火柴，在火光的指引下，我们看清了向上的道路是往哪儿延伸。我们拾级而上，一层又一层地向上攀爬，直到我们已经无法记清爬到了第几层。总之，我们爬了一层又一层……

突然，扑面而来的光线照射进来。这一层和教堂的穹顶处高度相同，于是，被当作储藏室使用。我们看到，厚厚的积尘覆盖了象征着神圣信仰的许多器物(这个城市的善男信女们已经在多年前把它们抛弃了)。它们曾经被我们的祖先当作象征生死的圣器，如今，却成了枯朽的垃圾。在这些神祇们的巨幅雕像里，狡黠的老鼠们筑起了窝。在一位圣徒舒展的

---

① 荷兰第二大城市，欧洲第一大港口，位于莱茵河和马斯河汇合处。

臂膀上，警觉的蜘蛛结起了网。

又上了一层，我们终于找到了光源之所在。这间又高大又荒凉的屋子因为有着很多庞大而敞开的窗户（窗户上装着沉重的铁栅栏），所以，成了数百只鸽子的窝。风从铁栅栏间吹过，于是，空气中充满了奇怪的、悦耳的声音。这声音属于我们脚下的市井之声，不过，因为距离远而使它变得更加微弱。大车的轰鸣声、马蹄的嘚嘚声、起重机和滑轮的轧轧声，以及蒸汽机发出的嘬嘬声……共同融汇成一种轻柔、曼妙的沙沙低语，为鸽子们起伏有致的咕咕声提供了美妙的音响背景。

此处是楼层的尽头，也是梯子的起点。在第一节梯子之后，我看到了教堂的大钟，那是一个全新的、更大的奇观——我仿佛瞅见了时间的心脏。我可以听到大钟沉重的脉搏声，一声、两声、三声，一直到六十声。然后，它猛地发出一声战栗，好像每个轮子都要停止转动一样，一分钟的时间就这样被从"永恒"中切割下来。大钟又持续地开始了下一分钟的运转：一分钟——两分钟——三分钟。直到最后，在发出一阵警告似的震颤之后，众多轮子摩擦着，在我们头顶爆发出雷鸣般的轰响，仿佛在告诉世界：正午到了。

钟楼在更上面一层，那里还有许多精美的小钟。一个大钟位于中间，在庄严的孤独中，它好像在沉思着过去六百年的历史（在这六百年间，它和鹿特丹人分享着欢乐与哀愁）。众多小钟整齐地挂在它的周围，就如同老式药铺里整齐排列着的蓝色罐子。每过两周，它奏响的美妙音调就会在乡间回荡，在那个日子里，乡亲们会来赶集，有的买，有的卖，探听着大千世界里所发生的一切。在无人问津的角落里，还有一口孑然独立的黑色大钟，它远离同类，肃然而严厉，这是宣布死亡的丧钟。

突然之间，我们的面前出现了宽阔的天宇。原来，我们已经到达最高的楼顶，天空在我们头上，城市在我们脚下——那城市如同一个小小的玩具，城里的人如同蝼蚁一般，急匆匆地来回奔忙，所有的人都在专注地想着自己的事儿。而开阔的乡村绿野，就点缀在石头城墙之外。

这是我平生头一次看到如此浩瀚的世界。

从那以后，只要有机会，我就会爬上塔顶自娱自乐。尽管爬楼梯是一件极其辛苦的事情，不过，对我来说，花费这点儿力气还是相当值得的。

另外，我也清楚自己可以得到怎样的回报。我可以看到大地和天空，可以听到我的更夫朋友讲的故事（他在一个建在楼座避风处的小棚里居住，负责看管大钟，可以说是这些钟的父亲）。此外，他还承担着发布火警的任务。当然，他也会享受平常的闲暇时光，每逢那时，他就会将烟管点上，沉浸于自己平和的思绪中。他大概在五十年前进过学校，尽管几乎没有读过什么书，不过，因为在塔顶待了这么多年，他已经从围绕着他的广阔世界中汲取到了丰富的智慧。

他对历史如数家珍，对他来说，历史是鲜活的。他指着河道的拐角对我说："看那儿，我的孩子，你看到那些树了吗？就是在那儿，奥兰治公爵凿开堤岸，将土地淹没，使得莱顿①幸免于难。"或者，他会将马斯河②的故事讲给我听，一直讲到这条宽阔的河流从河港变身为一条奇妙的通衢，让米歇尔·阿德里安松·德·勒伊特和科内利

———————————

① 荷兰西南部城市。

② 从法国东北部流出，途经比利时，在荷兰西南部注入北海。

斯·范·特龙普①的船队开始最后一次声名远播的征程（这些人最终献出了自己的生命）。

我们还看到了那些环列于教堂周围的小村庄。许多年以前，那座教堂曾经是那神圣的护佑者的家。远远的，我们可以看到代尔夫特②的斜塔。就在与斜塔穹顶相距不远的地方，荷兰国父威廉·奥兰治③被暗杀，而也就是在那儿，胡果·格劳修斯④造出了首个拉丁语句子。再远一些就是狭长的高德教堂，那是德西德里乌斯·伊拉斯谟⑤早年的家园。事实证明，此人的智慧力量之强大，远胜众多国王的军队。如今，这个在修道院里出生的智者的大名已响彻寰宇。

最后，是广阔无际的银色海岸线。而在我们脚下，是斑驳的屋顶、烟囱、房屋、花园、医院、学校、铁路，这些我们称之为"家"的地方，与大海形成了鲜明的对照。

不过，这座塔楼让我们得以用全新的眼光谛视古旧的家园：嘈杂混乱的街道和集市，工厂和作坊象征着人类强大的的能力和意志。而从四面八方将我们包围着的、浩瀚辉煌的过去，就是这一切中最好的东西。当我们重新回到日常生活中时，可以从这辉煌的过去中获得面对未来的勇气。

历史是宏伟的经验之塔，是时间在过往岁月的无边原

---

① 荷兰17世纪的两位海军将领。

② 荷兰西部一个小城。

③ 即奥兰治的威廉一世（1533—1584），尼德兰革命时北方七省联盟的首领。

④ 胡果·格劳修斯(1583—1645)，荷兰法学家，世界近代国际法学的奠基人。他提出了"国际法理论"和"公海自由理论"。

⑤ 德西德里乌斯·伊拉斯谟（1466—1536），荷兰哲学家，16世纪欧洲人文主义运动的主要代表人物，其作品是《愚人颂》，他在书中对教会和贵族的腐败生活进行了强烈的谴责。

野上构筑起来的。想到达这古老建筑的穹顶，得以一窥历史的全景，并不是一件容易的事情。要知道，塔内是没有电梯的，因此，攀到顶上全靠年轻人强健的双脚。

　　现在，我要将打开大门的钥匙送给你们。

　　当你们回来的时候，就会明白，我之所以热衷于此的原因。

亨德里克·威廉·房龙

目 录
CONTENT

第一章　成长环境

我们生活在疑惑之中。

我们是什么人？

我们来自何处？

我们去向何方？

慢慢地，我们仅凭着坚忍的勇气，将这些疑问一步一步深入延展，越过遥远的界限，越过地平线。我们希望可以在那里找到自己想要的答案。

我们还没能走得更远。

我们所知的仍旧相当有限，不过，我们已到达了如下境地：我们已经可以（以极大的准确度）将众多的事情推测出来。

在本章里，我会以现在确定无疑的知识告诉你们，当人类首次出现时，是怎样的环境。

就我们所知，我们居住的这个星球，在最初始的时候是一个燃烧着的大火球，是浩渺宇宙之海中的一团小小的烟云。逐渐地，历经数百万年，地球的表面被烧光了，一层薄薄的岩石覆盖在外面，瓢泼大雨始终在倾泻着，敲击着这无生命的岩层，侵蚀着坚硬的花岗岩，并将泥沙冲入山谷。在冒着热气的地球上，高高的悬崖之间隐藏着一些山谷。

当太阳破空而出时，最后的时刻到来了——此时，这个小星球上有几个小水洼，而正是这些小水洼，在后来发展成了横亘东西半球的浩瀚的大海。

最终，伟大的奇迹出现了——原先的无生命之物竟然创造出了生命。

在茫茫大海之中，首批包含着生命的细胞漂浮其上。

在数百万年的光阴里，这批细胞漫无目的地随波逐流。在经历了漫长的一段时间后，它们产生了一些习性，这让它们可以更容易地在环境恶劣的地球上生存下来。这些细胞中，有些特别喜欢待在湖泊和水洼的黑暗深处，愿意将根扎在水中沉积的淤泥里（淤泥是被雨水从山顶上冲下来的），于是，它们就长成了植物。

其他的细胞则对到处游荡特别感兴趣，于是，它们就长出了奇怪哺乳动物让幼子长时间地跟随在自己身边，在它们依旧太弱小，无法自保和对敌的时候呵护着它们。如此一来，哺乳动物幼崽的成活率大大增加，因为它们可以从母亲那里学到很多的本领。假如你曾见过母猫教小猫咪怎样照顾自己，如怎样洗脸、怎样捕鼠的，你就可以明白这一点。

关于这些哺乳动物，我就说这些，因为你们已经了解得太多了。在你的周围，生活着很多哺乳动物——它们可能还是你的玩伴。而在动物园的铁栅栏后面，你还可以看见可能比较陌生的、它们的远亲。

现在，我们到了将分界线指明的时候了：人类从各色各样的生物种群的漫长队伍中离开，开始用理性来掌控自己的种群的命运。

有一种哺乳动物，其寻找食物和栖身地的能力要远胜于其他族类。它学会了在捕捉猎物时使用前脚。经过长期的练习，它发展出了像手掌一样的爪子；又经过无数次尝试，它学会了将全身的重心放在两条后腿上（这是一个难度极大的动作，尽管人类做这个动作已有一百多万年的历史，不过，每个孩童还是得从头学起）。

这种动物介于猿和猴之间，但比它们都要优越。它最后进化成最成功的猎捕者，不管在怎样的气候条件下都可以生存下来。为了让自己更安全地生活，它们常常成群结队地活动。它们还学会了用奇怪的叫声给孩子们发信号，警告它们危险的来临。数十万年之后，它们开始用喉部发出的这些声响来彼此交流。

这种动物（也许你无法相信），就是最早的"类人"祖先。

第二章　人类始祖

我们对于第一个"真正"的人知之甚少。我们从未看过他们的照片。有时，我们会在某片古老土地的最深处发现他们的骨头碎片。这些骨头与其他动物的残骸埋在一起，而那些动物早已从地球上灭绝了。古人类学家（这些博学的科学家毕生致力于把人类当作动物王国的一员进行研究）得到了这些碎骨，并依此将我们先祖的容貌相当准确地重现出来。

人类种群的曾曾祖父是一种丑陋的、毫无魅力的哺乳动物。他的个头远比现代人矮小。因为炎夏赤日的暴晒，严冬寒风的吹刮，所以，他的皮肤变成了深褐色。长而粗的毛发覆盖在他的头部、大部分的躯干和他的胳膊和腿上。他有特别细但相当有力的手指，这让他的手看上去如同猴子的爪子。他的前额特别低，下颚和野兽很相像（这是由于他将自己的牙齿当作刀叉使用而导致的）。他的身上一丝不挂，只见过轰鸣的火山喷涌出的火焰（大地上到处都是火山爆发后产生的浓烟和熔岩）。

就像现在的非洲矮人一样，潮湿而黑暗的广袤森林是他生活的场所。当他感到饥饿的时候，就采食植物的叶子和根茎吃，或者盗取一只愤怒的鸟雀的蛋给自己的孩子充饥。有时，他会经历漫长而耐心的追逐，将一只麻雀或小野狗，或是一只野兔抓住。对他来说，这些东西都可以生吃——他那时压根儿不知道食物经过烹煮之后，味道会更好。

白天的时候，这个原始人为了寻找食物四处晃悠。

夜晚的时候，他让妻儿藏在空树干里，或是一些大石头的后面，因为他身处猛兽出没的环境之中。这些野兽一到天黑就会到处转悠，为它们的配偶和孩子寻找食物，而它们也相当愿意吃人肉，因为它们喜欢人肉的味道——这个世界就是或者吃他人，或者被他人吃的世界。恐怖和悲惨充满了这个世界。因此，在那时，能活下来相当不容易。

夏天，他不得不接受毒辣的阳光的暴晒；而冬天，或许他会目睹自己的孩子冻死在自己的怀里的情景。一旦他受了伤（要知道，在捕猎动物的时候，他一不小心就会将自己的骨头扭断或将脚踝扭伤），假如同伴不能提供帮助，他就一定会凄惨地死去。

早期的人类会发出咕哝声，就如同动物园里的很多动物发出的奇怪的叫声一样。换句话说，他不断地重复着相同的、含混不清的咕哝，原因是他愿意听到自己的声音。后来，他慢慢意识到，一旦危险来临，他可以用这种喉音或某些小小的尖叫声（大意是"那里有一只老虎"或者"五头大象来了这里"）对同伴发出警告。然后，别人也会用一些声音——像咆哮声的意思就是"我看到它们了"，或者"我们快逃走并躲起来"——进行回应——这或许就是所有语言的起源。

但是，就像我在此前说过的那样，我们对于这些有关起源的事知之甚少。早期的人没有工具，也不会为自己造房子。他们自生自灭，一旦死去，除了几根锁骨和一些头骨碎片，再没有曾经存在的任何迹象。

我们从这些骨头推测，在数百万年前，世界上曾经生活着一些哺乳动物，他们不同于其他所有动物。他们或许是由另一种未知的类猿动物进化而来的，他们学会了用后腿走路，并将前爪当作手来用——他们极有可能和我们的直系祖先有着某种联系。

对于这些初始的故事，我们知道得太少太少，其余的一切全都湮没在时间的洪流中了。

第三章 远古人类

远古人类开始自己制作物品。

早期人类不清楚时间代表着什么。他不会留下与生日、结婚纪念日或忌日相关的记录，也不存在天、星期甚至年的概念。不过，总体而言，他知道季节如何更替——他已经发现，严冬之后跟着的永远是温暖的春天。随即，炎热的夏天取代了温暖的春天，果实成熟了，野稻谷的谷穗可以吃了。然后，当树叶被突然刮起来的风吹落，夏天就结束了。接着，一些动物就准备进入长长的冬眠。

不过，此时发生了一件非同寻常的、令人生畏的事情：这件事与气候有关。温暖的夏天来得过晚，果实还没来得及成熟，过去绿草如茵的山顶，如今被厚厚的积雪覆盖着。

然后，某天早晨，几个和当地人不同种类的野人由高山地区游荡下来。他们看上去有点儿瘦，这说明他们正处于饥饿状态。他们发出了一些让当地人听不懂的声音，好像在说他们饿了。此时，没有足够的食物同时供给老居民和新来者。所以，当新来者想多待几天时，可怕的争斗就发生了——有些人家全家被杀。余下的人就会逃回到自己的山坡，却死于接踵而至的暴风雪中。

居住在森林中的人们感到异常恐惧。此时，白天变得更短，而夜晚则变得异常寒冷。

最后，一块发绿的小冰块开始出现在两座高山之间的一个裂隙中，并迅速增大。然后，一块巨大的冰块滑落在山脚下，将巨大的石块推进山谷中。伴随着雷鸣般的巨响，泥浆、冰块、成块的花岗岩铺天盖地地砸向还在睡梦中的林中人，许多人一下子就被砸死了。同时，很多百年老树也被压断。接着，下起雪来。

雪一连下了好几个月，此地的植物全都死了，动物们纷纷逃到南方，寻找明媚的阳光。幸存的人们背着自己的孩子，也随着这些动物南逃。不过，与动物相比，人类无法跑得太快。或者快些想出办法，或者迅速走向死亡——人们只好在这二者之间做出抉择。他们好像更倾向于前者——他们一定要千方百计地在可怕的冰川期生存下来。在地球的历史上，像这样的冰川期一共有四次，差一点儿将地球上的人类消灭殆尽。

首先，人一定要让自己穿上衣服，从而避免被冻死。就这样，他们学会了怎样挖洞，并把洞口用树枝和树叶覆盖住。同时，他们还学会了用这种陷阱来捕获熊和土狼，然后将它们用大石头砸死，用野兽的毛皮为自己和家人做衣裳。

接着，就是居住的问题。这比较简单，很多动物都习惯于以黑暗的洞穴为家。人类如今也向它们学习。他们将野兽从温暖的巢穴赶出去，再将其洞穴据为己有。

就算是这样，对大多数人来说，这样的气候还是过于严酷了。老人和小孩以惊人的速度死去。然后，人类中的一位天才想到了使用火。在一次外出打猎时，森林大火曾将他围困住，他记得自己险些被烧死。一直以来，在他的心目中，火都是敌人。而现在，火成了人类的朋友。他将一棵枯树拖进洞穴，并用燃烧着的树林中的一块灰烬将其点燃。于是，洞穴因此变成了一个舒适的小房间。

然后，某天晚上，一只死鸡掉进了火堆里，当人们将它翻拣出来时，它已经被烤熟了。人们发现，火烤后的鸡肉格外鲜香、酥嫩。从那之后，人们开始放弃了和其他动物一样的生食习惯，开始吃熟食。

就这样，千百年过去了。那些具备最聪明头脑的人类得以生存下来。他们必须日夜和寒冷、饥饿进行抗争。他们不得不发明出各种工具，学会了怎样将石头削成斧子，怎样制作锤子。他们学会了为度过漫长的冬天而储存大量食物。

他们发现，可以用黏土做成碗和罐，然后将其放在阳光下暴晒，让其硬化——人类差一点儿就被冰川期毁灭了，然而，幸运的是，人类却在它的引导下，迫使自己学会运用自己的头脑。

可以说，冰川期成为人类最伟大的导师。

第四章　象形文字

古埃及人创造了书写的技术，于是，有文字记载的历史开始了。

一些居住在欧洲旷野中的先祖，在极短的时间里就学会了许多新鲜事物。我完全可以说，仅需一些时间，他们就可以将其野蛮的生活方式改变，进而发展出一套文明来。不过，因为被外界所发现，他们与世隔绝的状态很快就结束了。

一个流浪者跋山涉水，从鲜为人知的南方走来——这些欧洲大陆上的野蛮人就这样被他发现了——这个人是从遥远的非洲一个叫古埃及的地方来的，那里是他的家乡。

早在西方人学会使用刀叉、车轮、房屋的数千年前，尼罗河流域就已经发展出了高度的文明。所以，让我们暂时将远祖留在其洞穴里，先去探访地中海的南岸和东岸，了解那里的人类最初的学校。

我们从古埃及人那里学到了很多的事情。古埃及人是出色的耕种者，他们精通灌溉，善于兴建神庙。后来，古希腊人向他们学习，仿照埃及神庙的样子建造了最早的教堂（直到现在，我们还在这样的教堂里做祈祷）。他们发明了一套被证明是有效的测量时间的历法，这种历法几经改进，被沿用至今。不过，相比其他发明，古埃及人最为重要的发明，就是如何将语言记录下来，流传给后代——他们发明了书写技术。

现代人已经习惯了阅读报纸杂志和书籍，想当然地认为，人类与生俱来的本领就是阅读和书写。可是，实际上，文字这一最重要的发明是在很晚的时候才出现的。试想，假若文字记录不存在，我们就会如同猫和狗一样，只能将一些最简单的事情教给后代。因为不会书写，我们也就无法利用前人所积累的生活经验。

早在公元前1世纪初，到达古埃及的古罗马人就发现，河谷中满是各种稀奇古怪的图案，好像和这个国家的历史相关。不过，因为古罗马人对任何异域的东西均不感兴趣，于是他们也就没能对这些怪异图案的来源详加追究。

此类图案遍布于古埃及的神庙、宫殿四壁以及很多莎草纸上。几年前，最后一位通晓图案制作技术的埃及祭司去世了。埃及，作为人类重要历史文献的储藏室，有太多的秘密无人能破解，而且，它们也好像没有太多的实际用途。

17个世纪过去了，对世人来说，埃及依旧充满了神秘感。然而，在1798年，法国将军拿破仑·波拿巴[1]来到非洲东部，打算进攻英属印度殖民地。不过他最后没能渡过尼罗河，战争也失败了，但古埃及象形文字的问题，却因为这场著名的远征而得到意外的解决。

事情的经过如下：一天，一位年轻的法国军官厌倦了尼罗河口罗塞塔河边驻地中的单调生活，就到尼罗河流域的废墟中四处寻找，以打发无聊的时间。偶然间，他发现了一块奇异的石头，其上布满了在埃及其他地方都可以看到的小图案。不过，不同于此前发现的那些小物件，这枚黑色玄武石上的图案非常独特，它的上面刻着三种文字，其中一种是古希腊文。他对古希腊文十分熟悉，于是他断言："只需将古希腊文与古埃及图案进行对比，这些图案的秘密就可以马上被揭开。"

他的计划看上去特别简单，不过，最后，揭开这个谜底却花费了二十多年时间。1802年，法国教授让－弗朗索瓦·商博良（1790—1832，法国著名历史学家、语言学家、埃及学家。他是世界上第一位破解古埃及象形文字结构并破译罗塞塔石碑的学者，被誉为"埃及学之父"）开始了对这块著名的罗塞塔河石头上的古希腊文、古埃及图案的研究工作，直到1823年，他才宣布，破译了其中的十四个小图案。没过多长时间，他就因为劳累过度而死。不过，那时人们已经弄清楚了古

---

[1]　拿破仑·波拿巴(1769—1821)，法国政治家、军事家，法兰西共和国第一执政（1799—1804），法兰西第一帝国皇帝(1804——1815)。

埃及文字的重要法则。

今天，我们对尼罗河流域历史的了解程度，要远胜于密西西比河，这完全要归功于我们拥有这样一种历经上千年时光的文字记录。

古埃及人的象形文字在历史上发挥了非常重要的作用，一些象形文字甚至在变形之后成为我们所使用的字母。所以，我们应该了解一下，这些五千年前的古人类，究竟运用了怎样高妙的技法，将这些语言信息为后人保存下来的。

想必你是了解符号语言的。美洲平原上，印第安部落发生的事件，差不多都要用一些小图案记录下来，它们代表了一些特有的信息。比如，在某次狩猎中杀死了多少头野牛，有多少名猎手参与其中，等等。通常的情况下，这些记号都相当浅显易懂。

古埃及文字却是一种十分深奥的符号语言。数千年前，尼罗河两岸的智慧人类早已跨越了语言的初级阶段。他们的图案的意义远比图案所代表的物象更为抽象。下面，我试着为你们做些解释。

假设你就是商博良，此时，你正在对一叠写满象形文字的莎草书卷进行研究，突然之间，你发现了一个画着手握锯子的人的图案。你会说："没错，它的意思必定代表着一个劳动者在伐木。"然后，你发现，另一张莎草纸记载的是一位女王在82岁死去的事件，而在其中的一个句子里面，又出现了"人手握锯"的图案。很明显，82岁的女王是不会去拿锯子的。那么，这一图案必定另有他意。

就这样，法国人商博良慢慢解开了文字中的奥秘。他发现，古埃及人已经开始使用"语音文字"——当然，这一文字系统的叫法是由现代人发明的，其特点在于将口语的"声音"重现出来，让任何口头语言均可以以书面语言的形式转化出来，方法就是在上面添加几个小点、横线或者S。

回到刚才那个人手握锯的图案。"锯"(saw)这个字，可以用以表示你在木匠铺子里看到的某种工具，同时，还可以被用作"看"(see)这个动词的过去式。

这一字在千百年间经历了以下变化过程：开始的时候，它仅仅代表它所描摹的那种工具。后来，它的原始意义消失了，成为一个动词过去式。数百年后，古埃及人将这两种含义都抛弃了，于是，这个图案就开始成为一个抽象字母的代表，也就是S。我会用下面这个句子来进一步说明我的意思。

一个现代英语的句子假若用象形文字进行表达，或许会用下面的形式写出来：

![图案]

![图案]不但可以指你的双眼，而且可以指"I"（我），也就是说话人（eye和I同音）。

图形![图案]，不但可以指一只采蜜的昆虫，而且可以代表动词"to be"（bee和be同音）。它表示存在。再进一步，它可以是动词"become"或"behave"的前面部分。在前面列举的句子中，它后面的图案是![图案]，它不但可以指"叶子"(leaf)，也可以表示"leave"（离开）和"lieve"（欣然地），它们的读音是一样的。然后，又是前面见过的"eye"。

句子最后的![图案]是一只长颈鹿，它源于古老的符号语言，而象形文字正是从符号语言发展而来的。

如此一来，你就可以轻松地将下面的句子读出来了：

"I believe I saw a giraffe." [1]

正是凭借着超凡的智慧，古埃及人发明了这种语言体系，并用了数千年的时间将其不断发展、完善，直至可以用它自由地记录一切。他们就是用这些"框中字"记录账目，将信息传送给朋友，记载国家的历史，从而留存给后人。

———————————

[1] 意思是："我确信我看见了一只长颈鹿。"

第五章 尼罗河流域

尼罗河流域，是人类文明最初的那道曙光。

人类历史就是一个饥饿的生命为填饱肚子而不停地寻找食物的历史。什么地方有丰富、充足的食物，人类就会迁徙到哪里。

尼罗河流域盛产粮食这一点，早就四海皆知。那些来自非洲大陆、阿拉伯沙漠、西亚的人群之所以一代代涌入古埃及，为的就是去那里攫取丰富的物产。入侵者组成了一个新民族"雷米"（也就是"人们"的意思），就好像希伯来人自称为"上帝的选民"一样。他们真应该感谢命运之神将其带到了这片狭长的土地上。

每年夏天，尼罗河会将整块谷地变成一个浅湖，而等到河水退去时，厚厚的肥沃泥土就会覆盖在所有的耕地上。

这条满怀慈爱的河流，用相当于百万人力的巨大能量养育着人类最早的几个大城市中的人民。当然，并不是说河谷中的每个地方均为水源富足的良田。不过，在那些地方，人们用小型运河和升降装置组成了一个复杂的灌溉系统，将河水从尼罗河中引导到高岸上，然后，再借助更为复杂的灌溉系统，将河水浇灌到岸上的每寸田地里。

远古人类一般一天用于寻找食物的时间长达16小时，而古埃及农民和市民的生活却相对悠闲。于是，他们利用闲暇时间为自己做了很多装饰性的、没有实际用途的小物件。

一天，一个古埃及人突然发现，他的头脑竟然可以思考各种和吃饭、睡觉、给孩子寻找住所无关的事情。此时，古埃及人就开始思索一些超越日常生活的问题，如：天上的星星是从哪里来的？那些恐怖的雷声是谁制造的？尼罗河定期泛滥，以至于人们可以根据潮水涨落来编订历法，是由什么力量支配的？而他自己又究竟是谁？像他自己这么一个奇怪的小生命，常年被死亡和病痛困扰着，却又为什么可以整天沉浸于快乐和欢笑之中呢？

他问了许多类似的问题，一般会有人礼貌地为其尽力作答。这些善于给出问题答案的人，就是古埃及人所称的"祭司"，他们成了古埃及人的思想卫士，在社会上享有崇高的威望。他们由于学识渊博而被赋予保管文献记录的神圣职责。他们以为，人生在世，若只考虑自身利益，是不能善终的，所以，他们将注意力投向来世。

他们认为，在来世，人的灵魂飘荡于西方群山外的遥远地方，并将自己的行为向奥西里斯这位掌管生死的神祇进行汇报，好让他做出最后的审判。实际上，祭司将伊西斯①和奥西里斯统治的来世王国的重要性过分夸大了，以至于古埃及人只将今生今世当作通往来世的短暂过渡，甚至将生机勃勃的尼罗河流域当作充斥着死亡气息的坟场和墓地。

更为奇特的是，古埃及人相信，肉体是灵魂在尘世的寄居地，灵魂一定要占有肉体才得以进入奥西里斯的王国。所以，每当有人死去时，亲人们就会将香油涂满尸体，并将尸体在碳酸钠溶液里浸泡好几周，然后，在尸体里填入树脂。

波斯语将树脂称为"木米埃"(Mumiai)，所以，这些涂满香油的尸体就叫"木乃伊"(Mummy)。木乃伊被专用麻布包起来，然后放在一口特制的棺材里，最后被送进坟墓。古埃及人的坟墓绝对是货真价实的"家"，那里摆放着各种家具，用以消磨无聊时光的乐器，甚至还有厨师、面包师和理发师的雕像，为的是确保这个黑暗之家的主人可以享用食物，并整理仪容。

开始的时候，这些坟墓被开凿在西边山上的岩石上。后来，古埃及人北迁，于是不得不在沙漠中修建坟墓。但在沙漠里，凶狠的野兽数不胜数，此外，还有盗墓贼会来破坏木乃伊并劫掠陪葬物品。为了防止盗墓者亵渎死者的尸体，古埃及人只好在坟墓上摞起石堆。后来，这些小

---

① 埃及神话中大神奥西里斯的妻子，最伟大的女神，万物的创造者。

丘变得越来越大——有钱人总想将自己的坟墓修得比穷人的坟墓高大一些，于是，大家竞相攀比。

后来，生活在公元前3000年的胡夫（Khufu，前2598—前2566，古埃及法老），创下了最高的坟墓纪录。古希腊人称他为奇阿普斯（Cheops），他的坟堆被称作金字塔（pyramid，在古埃及语中，pir-em-us表示"高"）。

胡夫金字塔有500多英尺高，面积达13英亩（1英亩等于4046.86平方米），相当于基督教世界里最大的建筑——圣保罗大教堂的3倍。

在长达20年的时间里，10万多人被迫沦为苦力，将沉重的石料由尼罗河对岸运过来（他们是怎样做到的，我们无从知晓），在沙漠中长途拖拽石料，最后，还要将石料吊到准确的高度和位置。更让人感到惊奇的是国王的建筑师和工程师的出色施工：金字塔底通往国王墓室的那些狭窄甬道，直到今天竟然还没被上万吨重的石料压变形！

第六章　古埃及的故事

古埃及的兴衰起落。

尼罗河虽然是人类亲切的朋友，然而，它偶尔也会成为一个严师，为两岸人民送去"团结协作"的高贵精神。住在此地的人为了保护堤坝，就要学会相互依赖，共同修建灌溉沟渠，所以，他们学会了和邻居和睦相处，从而发展出了"国家"这种社会组织。

在这些人中，总会有一个人远远强大于其大多数邻居，并一跃成为众人的首领。当西亚的邻邦心怀忌妒和贪婪，想要侵入土地肥沃的尼罗河流域时，这个首领又摇身一变成为军事统帅。之后，又经过一系列事件，他终于当上了这块从地中海沿岸延伸到西部山区的广阔疆域的国王。

然而，对于终日在田地里劳作的农夫来说，法老们（意思是"住在大屋里的人"）的政治博弈对他们实在没什么吸引力。假如不强迫其向法老缴纳过多的赋税，他们就会如同接受奥西里斯的统治一样，心甘情愿地服从于法老的统治。

后来，事情发生了变化，外来侵略者闯入家园，将属于古埃及人的财产夺走了。在经历了2000年的与世隔绝之后，阿拉伯游牧民族喜克索斯[①]攻入古埃及，统治尼罗河流域长达500年之久。原先住在这里的古埃及人极其痛恨他们，同时，古埃及人对古希伯来人也心存怨恨。这些古希伯来人在沙漠中游荡良久之后，也来到了所谓的歌珊地[②]，充当了侵略者的帮凶，做了侵略者的仆人或征税官。

公元前1700年，底比斯[③]的居民起兵反抗，在经历了长期战争之

---

① 由亚洲侵入古埃及的游牧部族，原居于叙利亚、巴勒斯坦一带，公元前18世纪后半叶侵入尼罗河三角洲，公元前16世纪上半叶被古埃及人驱逐出境。

② 《圣经》所载以色列人在出埃及以前所居住的下埃及地区。

③ 中王国和新王国时代古埃及首都，古埃及政治、经济、宗教中心。原名瓦塞，古希腊人把它叫作底比斯。位于今开罗以南约700千米的卢克索村。

后，将喜克索斯人赶了出去，古埃及得以重获自由。

1000年后，整个西亚地区被亚述[①]人征服，古埃及也成为萨丹纳帕路斯[②]统治的强大帝国的组成部分。公元前7世纪，古埃及再次独立，位于尼罗河三角洲塞伊斯城中的国王对其进行统治。

公元前525年，古埃及被波斯[③]国王冈比西斯[④]占领。公元前4世纪，波斯被亚历山大大帝[⑤]所灭，古埃及又成为马其顿[⑥]王国的一个省。后来，亚历山大手下的一位将军自立为新埃及托勒密王朝的国王，将新建的亚历山大城定为首都。从此，古埃及进入了准独立状态。

公元前39年，古罗马人又踏上了古埃及的土地。克利奥帕特拉——这位古埃及最后一位女王，想尽全力挽救自己的国家。然而，对古罗马的将军们来说，克利奥帕特拉的美貌的危险程度，远胜于六七支古埃及军队——两位罗马统帅[⑦]先后拜倒于她的裙下。

公元前30年，恺撒大帝的侄子和继任者奥古斯都大帝[⑧]来到了亚历山大城。与其叔叔不同的是，他对这位美丽的女王毫不动心。他将女王的军队一举击溃，不过并没有杀死她，而是准备将她当作凯旋时的战利品。

———————

① 古代西亚奴隶制国家，位于底格里斯河中游。

② 亚述的最后一任国王。

③ 古代伊朗。

④ 即冈比西斯二世（公元前529—前522年在位），居鲁士二世的儿子。公元前525年征服古埃及。

⑤ 亚历山大大帝（公元前356—前323），古代马其顿国王，卓越的军事统帅。早年曾师从亚里士多德，公元前334年发动侵略亚洲和非洲的远征，历时10年

⑥ 公元前5—前4世纪的奴隶制国家，位于巴尔干半岛北部。

⑦ 指罗马统帅恺撒和罗马大将安东尼。

⑧ 奥古斯都大帝（公元前63—公元14），罗马帝国第一位皇帝，元首制的创立者，恺撒的侄子，原名盖乌斯·屋大维。

　　克利奥帕特拉在知道他的这一计划后，马上服毒自尽了。于是，古埃及最终成了罗马帝国的一个行省。

第七章　两河流域

另一个东方文明的中心是两河流域。

我会带你到巍峨的金字塔顶端，让你向下俯瞰，让你想象自己拥有鹰隼般锐利的眼睛，可以看到遥远的地方，那无尽沙漠的漫漫黄沙之外，你会看见一片莹莹绿色，两条大河滋养着那块地方，那就是《圣经·旧约》中所提到的天堂。那块奇妙的土地，被古希腊人称为"美索不达米亚"，意思是"两河流域"。

"两河"即幼发拉底河（古代巴比伦人称其为"普罗图河"）和底格里斯河（也叫"迪科罗特河"）。亚美尼亚群山（传说中挪亚方舟的停泊处）上的皑皑积雪是其发源地，之后，它们缓缓流经南方平原，直到波斯湾。随后，它们将西亚这块不毛之地变成肥沃的花园、良田。

尼罗河流域的诱人之处在于，它可以将丰富的食物提供给人们，而两河流域受人欢迎的原因也在这里。这块土地曾见证了无数的许诺，无论是北方的山民还是南方的沙漠游牧民，都一边自称自己是这片土地的法定拥有者，一边进行着毫不妥协的争夺。因此，这里也常年战火不息。

一般情况下，唯有最强壮、彪悍的人才能生存下来。正因为如此，我们说两河流域培育了一个强悍的民族。这个民族所创造的文明，无论从何种意义来说，都不亚于古埃及的伟大文明。

第八章　苏美尔人

苏美尔人用楔形文字刻写而成的泥板文书，讲述了闪米特民族的大熔炉——亚述和巴比伦王国的故事。

15 世纪，是地理大发现的时代。在那个伟大的时代里，哥伦布[①]想要找到一条通往震旦之岛[②]的路线，却无意中发现了新大陆；一位奥地利主教[③]装备了一支探险队伍，向东进发，打算寻找莫斯科大公的家乡，最后却失败而归。整整隔了一代人之后，西方人才第一次来到莫斯科。就在这时，威尼斯人巴贝罗探索了西亚文明的废墟，并在回国后声称，他发现了一种罕见的文字，这些文字有些被刻在设拉子[④]庙宇的石头上，也有些被刻在数不胜数的焙干的泥板上。

不过，当时欧洲人正专注于其他事物而没时间管这件事情，直到18 世纪末，丹麦测量员尼布尔将第一批"楔形文字"（之所以称它为"楔形文字"，是因为这些字母的形状像楔子）带回来。30 年后，德国教授格罗特芬德凭着自己的耐心，将其中四个字母：D、A、R 和SH 破译出来，并认为它们代表着波斯国王大流士的名字。又过了20 年，英国官员亨利·罗林生发现了贝希斯敦铭文[⑤]，从而找到了破解西亚地区楔形文字的线索。

与法国人商博良的工作相比，解读这些楔形文字的工作要困难得多：古埃及文字至少是具体可感的图像，而这些居住于两河流域的苏美尔人，却出人意料地将刻写在泥板上的文字的图像表意功能完全抛弃了，进而发展、演变出了一套与早期象形图案没有关系的V 形字母系统。

例如，最初用钉子将"星星"刻画在泥板上时，得到的图形就是

---

① 哥伦布 (1451—1506)，世界著名航海家，美洲的发现者。

② 当时欧洲人对中国的称呼。

③ 指提洛尔大主教。

④ 今伊朗法尔斯省省会，以产酒著称。

⑤ 指记录波斯帝国国王大流士功勋的石刻，是流传至今最重要的波斯铭文。它用古波斯文、新埃及文和巴比伦文三种楔形文字，刻在贝希斯敦崖壁上。

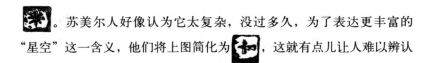。苏美尔人好像认为它太复杂，没过多久，为了表达更丰富的"星空"这一含义，他们将上图简化为 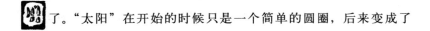，这就有点儿让人难以辨认了。因为相同的理由，"牛"从 变成了 ，"鱼" 从变成了 。"太阳"在开始的时候只是一个简单的圆圈，后来变成了

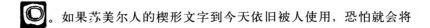。如果苏美尔人的楔形文字到今天依旧被人使用，恐怕就会将

 写成 。

　　这种记录人们思想言行的文字体系尽管看上去相当复杂难解，不过，苏美尔人、巴比伦人、亚述人、波斯人，以及其他侵入这一地区的民族却接受了它，并沿用了3000多年。

　　两河流域同样战乱频繁。开始的时候，从北方山区来的苏美尔人占据着这块风水宝地，他们是白种人，来到两河流域后，依旧保留着在高山顶上祭拜神灵的民族习惯，所以，他们会在平原上垒起山丘，还在山丘顶上筑造起祭坛。他们不会造楼梯，于是，就在祭坛周围修建了一圈倾斜上升的游廊。

　　我们今天在大型火车站里看到的层层相接的倾斜长廊，或许就是现代工程师仿造苏美尔人祭坛游廊的结果。人们很可能还从苏美尔人的创造发明中获得了其他不少灵感，只是我们自己不曾发现罢了。后来，侵入这片新月形土地的其他民族将苏美尔人同化了。不过，苏美尔人的祭坛却一直傲然挺立着。许多年以后，流亡到巴比伦的犹太人看到了这些祭坛，就称其为"巴比利塔"，或"巴别塔"。

苏美尔人进入两河流域的时间是公元前4000年，不久之后，他们被来自阿拉伯沙漠的阿卡德人征服。阿卡德人属于"闪米特人"（即我们通常所说的闪族人）的一支，之所以称其为"闪族人"，是因为据说他们是诺亚的大儿子闪的后代。

1000多年以后，另一支闪族部落阿摩利人又打败了阿卡德人。其国王汉谟拉比在巴比伦城建造了一座豪华宫殿，并向民众颁布了一部法典[①]，如此一来，巴比伦王国就成为一个政治清明的著名古国。此后，这片肥沃、富足的地方遭到了《圣经·旧约》中提到的赫梯人的洗劫。不过很快，信仰沙漠神阿舒尔的亚述人又将赫梯人征服了。这些人是如此彪悍，以至于整个西亚和古埃及都被其占据了。他们在这些地方横征暴敛，从而让其都城尼尼微成为一个广阔而森严的大帝国的中心。

这样的局势保持了相当长的时间，直到公元前7世纪末，闪族部落迦勒底人重建了巴比伦，让它又一次成为当时显赫的城市。迦勒底人的著名国王尼布甲尼撒在他的治地大力鼓励科学研究工作，从而将许多现代天文学和数学的最基本的准则建立起来。

公元前538年，这片古老的土地被一支来自古波斯的游牧蛮族侵入，迦勒底帝国被推翻。200年后，亚历山大大帝又将这些人的统治推翻。亚历山大大帝雄才大略，一举将这片融合很多闪族部落的肥沃土地征服，使之成为古希腊的一个行省。

不过，随后罗马人跟来，紧接着土耳其人也赶来分一杯羹。在众多外来民族的劫掠下，两河流域——这个曾经的世界文明中心在历经沧桑巨变之后，最终成为一片沧桑寥落的荒野，只有祭坛和石丘还辉映着这块土地昔日的荣光。

---

① 即《汉谟拉比法典》，是迄今所知古代奴隶社会第一部比较完整的法典。

第九章　摩西

本章讲述的是犹太领袖摩西的故事。

公元前20世纪的某一天，幼发拉底河口的乌尔地区，一支弱小的闪族部落离开了他们的家乡，向巴比伦奔去。他们想到那里去开拓牧场。然而，在那里，他们遭到了国王军队的驱赶，不得不向西方流亡，希望可以找到一块尚无人占据的地方，建立起自己的家园。

这支到处流亡的游牧部落就是古希伯来人（即犹太人）。在经历了长期的漂泊之后，他们最终在古埃及定居下来。这些人和古埃及人共同生活了500多年。后来，希克索斯的侵略者将其驻地征服（我在关于埃及的故事中已经提到过），他们不得不臣服于喜克索斯人，才得以将自己的牧场保住。不过，在经过经年累月坚持不懈的反抗之后，侵略者终于被埃及人从尼罗河流域驱赶了出去，而因此之故，他们和犹太人之间的友谊也断绝了。古埃及人将犹太人贬为奴隶，迫使他们从事修建金字塔的工作。而且，古埃及人还在边境派重兵把守，防止这些犹太奴隶出逃。

犹太人在古埃及经历重重磨难，最终，某一天，年轻人摩西成为他们的首领，他发誓要让大家脱离苦海。摩西因为早年长期居住在沙漠里，所以学到了犹太先祖的美德——远离浮华的城镇生活，可以抵挡住安逸和奢靡生活对人的诱惑。

摩西决心要让其人民重拾昔日简朴、诚实的生活。为此，他逃脱了古埃及士兵的追击，带领族人转移到西奈山脚下的广阔地带。在经历了漫长的沙漠生活后，摩西明白了，应该对雷电与风暴之神心存敬畏——这位神祇高居于九天之外，手握游牧民的呼吸、生命、光明，他就是在西亚地区广受崇拜的"耶和华"。经过摩西的四处传道，耶和华慢慢成为古希伯来人唯一的神。

突然有一天，摩西从犹太人的驻地消失了，有人看到他是带着两块粗石板消失的。那天下午，突然之间，天空乌云密布，刮起了狂风，下起了暴雨，西奈山被笼罩在昏暗之中。过了很长的时间后，摩西才回来。人们发现，在他拿回的石板上刻满了神启的文字，那是耶和华利用雷电向以色列人民发出的训谕。从那一刻起，犹太人就尊奉耶和华为唯一的真神，并在其"十诫"的训导下过着一种简朴、圣洁的生活。

摩西率领着犹太人继续在沙漠中前行。他教导族人应该怎样吃喝，需要注意什么禁忌，从而免于在炎热干燥的沙漠中因患病而丧命。经过很多年的长途跋涉后，犹太人最终找到了一处叫作"巴勒斯坦"的丰饶富足的土地。

"巴勒斯坦"的意思是"法利赛人之国"。作为克里特人的一支，法利赛人在被赶出海岛后始终居住在西亚沿岸。可是，相当不幸，这时，另一支闪族部落迦南人早已经将巴勒斯坦占据了。不过犹太人还是强行闯了进去，并在那里将自己的城市修建起来。他们在那里为耶和华建造神庙，称神庙所在的城市为"耶路撒冷"，意思是"平安之地"或"和平之城"。

这时，犹太人的首领已经不是摩西了。他在生命的最后一刻，幸运地看到了遥远的巴勒斯坦群山，然后就合上了疲惫的双眼。

他自始至终都虔诚地侍奉着耶和华。他将自己的族人从外族的奴役中解救出来，最终，带领他们找到了新的家园，并过上了幸福自由的生活。除此之外，摩西还通过自己的努力，让犹太人成为人类历史上首个只信仰一个神的民族。

第十章　腓尼基人

我们现在使用的字母，就是腓尼基人创造的。

腓尼基人是犹太人的邻居，也是闪族的一支。在很早的时候，他们就已经沿地中海海岸定居下来，还修筑起泰尔和西顿①这两座坚固的堡垒。对于西部海域的所有贸易，他们仅花费了一点儿时间就将其垄断了。

他们的船队定时到希腊、意大利和西班牙进行贸易，甚至还会穿过直布罗陀海峡②，从锡兰群岛（今斯里兰卡）买回锡矿。他们将自己在各地建立起来的贸易据点称为"殖民地"，现代的众多海港城市，实际上都是从这些早期的腓尼基殖民地发展而来的。其中，加的斯③和马赛④就是最典型的两个。

任何可以赚钱的东西都被腓尼基人拿来买卖，而他们压根儿不会受到良心的谴责。据说，腓尼基人对于诚实和正直一无所知，其人生信条就是装满自己的财宝箱，这也是所有合格公民的无上荣耀。的确，他们惹人讨厌，而且没有一个贴心朋友。不过，他们发明的字母文字却成为人类文明中最伟大的宝贵遗产。

腓尼基人早就熟悉了苏美尔人的楔形文字，不过在他们看来，这些图案太不规范，过于拙劣和繁杂。作为职业商人，他们在做任何事情的时候都讲求实用和效率，不愿意在两三个表意符号上花费数小时的时间。为此，商业的刺激让其发展出一种比楔形文字更先进的新型文字系统。他们以古埃及人的象形文字为基础，将苏美尔人的楔形文字进行简化，为了提高书写速度，他们牺牲了原有文字的优美外观，最终将数以千计的文字图案精简成22个字母，从而让文字变得更加简便、易写。

---

① 古腓尼基重要城市，位于今黎巴嫩西南部海岸附近的小岛。
② 大西洋和地中海之间唯一的海上通道，位于欧洲伊比利亚半岛南端与非洲西北端之间。
③ 西班牙的一座城市。

很久之后，这些古老的字母经过爱琴海传到了古希腊。古希腊人在其原来的基础上，将自己发明的几个字母添加进去，然后将这些字母带到了意大利。古罗马人又对这些字母的外形略加修改，再将它们传授给西欧的蛮族。这些野蛮部落即现代欧洲人的祖先。如此看来，这本书其实是用腓尼基人发明的字母文字写成的，而不是古埃及人的象形文字或苏美尔人的楔形文字。

第十一章　印欧民族

属于印欧民族的波斯人，征服了闪族和古埃及。

在世界文明史上，古埃及、古巴比伦、亚述和腓尼基，存在了大约3000年的时间，而随着时光的流逝，这些在大河流域的沃土上成长起来的古代民族慢慢衰落下来。此时，一支充满活力的新兴民族出现在地平线上，好像在向世人宣告这些古老民族的衰亡命运。这支新兴民族由于同时是英属印度地区和欧洲大陆的统治者①，所以，后来被称为"印欧民族"。

这些印欧民族和闪族一样都是白种人，不过，其语言却截然不同。印欧语是所有欧洲语言（匈牙利语、芬兰语和西班牙北部的巴斯克方言除外）的共同始祖。

在我们得到关于他们的最早信息时，印欧民族已经在里海沿岸居住了数百年的时间。突然有一天，他们离开故土，去遥远的世界建设新的家园。其中的一部分人（即所谓的雅利安人）到达了西亚的群山中，从此，以伊朗高原的山峰为家。另一部分人则朝着日落的西方前行，越过欧洲平原，并在那里安家落户。关于这些，我会在讲到古希腊罗马的内容时进行更详细的讲解。

接下来，让我们紧跟雅利安人的行踪，了解其事迹。一些雅利安人在其伟大导师查拉图斯特拉（又称琐罗亚斯德）的带领下，离开了高山地区的家园，顺着印度河往下，最终到达了大海之滨，从此在这里定居下来。

其他留在西亚群山中的雅利安人，则慢慢发展成了米底亚人和波斯人。这两个民族的名字最早源于古希腊史书。公元前17世纪，米底亚人将米底亚王国建立起来。后来，安善部落的首领居鲁士②自立为波斯

① 在房龙所处的时代，印度还未获得独立，还是英国的殖民地。
② 即居鲁士二世（约公元前590或公元前580—约前529），古代波斯帝国的建立者。

帝国国王，他先是征服了米底亚王国，随后经过四处征战，他和他的后代占据了整个西亚和古埃及，成为这一地区的统治者。

属于印欧民族的波斯人身强体壮，在胜利之风的吹拂下，一路向西挺进。然而，在几百年前，欧洲的希腊半岛和爱琴海岛屿已经被另一支印欧部落长期占据着，于是，这两个同属印欧民族的强悍部落之间就展开了激烈的混战。

随即，爆发了世界古代史上非常著名的、历时近半个世纪的三次希波战争。波斯军队先后在其国王大流士一世和薛西斯一世的统率下，向希腊半岛北部挺进，希望在欧洲大陆上建起一个稳固的据点。

不过波斯人的这三次侵略战争均以失败而告终。而雅典海军所向披靡的气势也为世人所知。在战争中，雅典水兵每次都能够机智地将波斯军队的补给线切断，并将其赶回亚洲老家。这是亚洲与欧洲之间首次真正意义上的交锋，战争的双方分别是老态龙钟的师父和年富力强的徒弟。

在这本书的其他章节里，我们也会多次看到这种爆发于东西方之间的、至今未绝的战争。

第十二章　爱琴海

很早以前，古老的亚洲文明就被爱琴海人带到了还处于蛮荒状态中的欧洲。

　　小时候的海因里希·谢尔曼①最喜欢听他父亲讲特洛伊战争的故事。早在那时，他就下决心长大后一定要到希腊去寻找特洛伊城的真实遗迹。谢尔曼的家位于德国梅克伦堡州一个荒凉的小乡村，父亲是一名穷困潦倒的乡村牧师。不过，对于自己的出身，谢尔曼并不特别在意。为了攒够探寻特洛伊城的昂贵费用，他加紧赚钱，计划等钱攒得差不多后就投入考古。

　　幸运的是，他真的在短时间内赚到了大笔金钱，这让他可以组建一支职业探险队。随后，他就率队信心十足地向小亚细亚的西北角进发。之所以选择那里，是因为他坚信，传说中的特洛伊古城就埋藏在那里。

　　在小亚细亚，谢尔曼找到一座小丘，其上杂草丛生，据说，在它的下面就是普里阿摩斯王曾统治的特洛伊城。谢尔曼为此满怀激情，在未做任何先期考察的情况下，就马上带人开始了挖掘工作。在热情的驱使下，他们不眠不休地进行着挖掘工作，开挖的壕沟径直越过了他要寻找的特洛伊城，却令深藏于地底的另一座城市废墟重现人世——这是一处远古文明遗迹，相比《荷马史诗》中记载的特洛伊城还要古老1000年！

　　随后，发生了十分有趣的事情：假如谢尔曼仅仅找到几把磨光的石锤，或者几个粗糙的陶器，人们是不会感到惊讶的，最多是将这些物品和比古希腊人更早的远古人类联系起来。然而，谢尔曼发现的并非这些东西，而是极其精美的雕像、价值不菲的珠宝，和绘有非希腊风格图案的花瓶。

　　根据挖掘所得，谢尔曼进行了大胆的猜测：早在特洛伊战争发生的1000年前，一个神秘的民族就曾在爱琴海沿岸地区居住着，其文明程

---

① 著名的德国考古学家，迈锡尼文明遗址和古希腊特洛伊城遗址的发现者。

度相当高，甚至比古希腊文明更为发达，极有可能这个国家最终被古希腊人侵入并征服了，而其文明也被古希腊人灭绝或同化了。谢尔曼这一大胆猜测被后来的科学研究证实了。

19世纪70年代末，谢尔曼又一次对这座迈锡尼城①的古老废墟进行考察，结果，他在一堵圆形小围墙的石板下面又一次意外地发现了神奇的宝藏，宝藏的主人还是那个比古希腊人早1000年的神秘民族。在希腊海滨，这些迈锡尼人曾建造了众多城市，那高大、厚重的城墙深受古希腊人羡慕，称其为"泰坦的杰作"（泰坦即古希腊神话中远古时代的巨神）。

附着在古迹表面的神奇推测，最终被考古学家的深入探究揭开。由此，我们得知，这些早期的工艺品和坚固城堡的制造者是住在克里特岛和爱琴海诸岛上的普通水手和商人。正是这些辛勤的海上劳动者，让爱琴海成为繁荣的商贸中心，让当时已经高度文明的东方世界与尚处于蛮荒状态的欧洲各族之间开始了物资交换与流通。

在其统一的1000多年里，这个海岛民族发展出令人赞叹的建筑工艺。他们在克里特岛北部沿岸建起了重要城市克诺索斯，这里的卫生设施和宜居度，都可以和现代人的城市建筑相媲美。

克诺索斯人的王宫具有非常精良的排水系统，普通住宅也配有火炉。甚至，他们在日常生活中还使用浴缸，这可以说是历史上最早使用浴缸的地方了。克里特王宫还有着极有名的弯曲的廊梯和宽敞的会堂，宫殿下面建有深入地下的用来贮藏葡萄酒、粮食、橄榄油的巨大地宫。

最早到达这里的希腊人面对这个庞大的地宫感到特别惊讶，所以，

---

① 位于伯罗奔尼撒半岛，其文明是古希腊青铜时代晚期的文明，与克里特文明同称为爱琴文明。

就产生了与克里特"迷宫"相关的神话传说。然而，最终是什么导致这一伟大的爱琴岛国在一夜之间彻底覆亡呢？我们暂时还不清楚。

克里特人也拥有比较成熟的文字，不过，直到现在，人们还没能将已出土的克里特碑文破译出来，所以，我们无法依据其文字了解其神秘的历史，所能依据的只是爱琴海岸残存的废墟加上想象，从而推知他们当时所经历的情形。

由遗留的废墟可以看出，爱琴海文明是突然间因遭到欧洲北部野蛮民族的攻击而被摧毁的。假如我们推测正确的话，将克里特人和爱琴海文明摧毁的野蛮民族，就是我们通常所称的古希腊人，即那个占据着亚得里亚海和爱琴海之间的岩礁、半岛的游牧民族。

第十三章　古希腊人

在爱琴文明辉煌发展的同时，属于印欧民族的赫愣人进入并占据了希腊半岛。

当屹立于沙漠千年的金字塔慢慢显出衰颓之象，当古巴比伦国王汉谟拉比已经在地下安眠了600年，这时，一支人数极少的游牧部落离开了多瑙河畔的家园，并向南行进，打算寻找新的牧场。他们称自己为赫愣人①，"赫愣"是丢卡利翁②和皮拉之子的名字。

赫愣人口耳相传着这样的故事：在久远的时候，人类突然变得异常邪恶，奥林匹斯山的众神之王宙斯为此而震怒，于是，降下洪水将尘世冲毁，将人类灭绝，而丢卡利翁和皮拉夫妇成为仅有的幸免者。

我们已经难以了解到早期赫愣人的事迹。修昔底德，这位古代世界最伟大的历史学家之一，也认为其先祖并不存在值得特别一提的历史功绩。我们仅知道，这些赫愣人非常野蛮，对待敌人十分残忍，经常将敌人的尸体当作其牧羊犬的食物。他们骄横霸道，希腊半岛的原住民佩拉斯吉人遭其烧杀抢掠。在赫愣人占领塞萨利山区和伯罗奔尼撒半岛的战争中，亚该亚人曾为之冲锋陷阵，而他们的英勇气概也得到了赫愣人的歌颂。

他们偶尔也会站在高高的石山上远望爱琴海人的城堡。不过，由于畏惧爱琴海人的金属兵器，赫愣人不敢轻易对这些城堡发起攻击——凭着粗陋的石斧，赫愣人是无法和装备先进的爱琴海人相抗衡的。

无数个世纪里，他们就靠着野蛮的方式在一个又一个谷地与山坡游走，直到将岛上的所有土地都占领后才停下脚步，开始了定居生活。

从那时起，古希腊文明的序幕拉开了。这些刚刚转型的古希腊农民，如今和爱琴海人比邻而居。终于，某一天，他们在好奇心的驱使下，对那些看似高傲的爱琴海人进行了拜访。于是，他们从这些居住在

---

① 也就是古希腊人的祖先。
② 古希腊传说中大神普罗米修斯之子。

迈锡尼和梯林斯的高墙后面的奇人那里学到了很多有用的东西。

作为学生，他们的确非常聪慧，在极短的时间内就学会了制造和利用铁制兵器的方法，而这种制铁方法最早是由爱琴海人从巴比伦和底比斯学来的。他们还渐渐学会了航海的知识和技术，甚至还曾驾着自己建造的船只出海航行。

这些恩将仇报的人一旦学会了任何对其有用的技艺后，马上就用刀剑长矛将师父赶回了爱琴海岛屿。后来，他们又出海对爱琴海岛屿展开进攻，并且，在公元前15世纪洗劫了克诺索斯城。

于是，在出现于人们眼中1000年后，赫愣人最终成为整个希腊、爱琴海和小亚细亚沿岸的绝对统治者。公元前11世纪，赫愣人征服了最后一个属于古代文明贸易中心的古城——特洛伊。从此，欧洲文明的历史拉开了序幕。

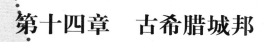

第十四章　古希腊城邦

古希腊的城市，就是一个个独立的王国。

　　"大"一词颇受现代人喜欢。我们始终为自己居住在全世界"最大"的国家而自豪，为这个国家拥有一支"最大"的海军而骄傲，为这里盛产"最大"的橙子和土豆而欣喜。我们对那些人口超百万的大城市情有独钟，甚至想死后也被葬在"最大"的墓地里。

　　假如古希腊人知道我们现代人的这一偏好，必定会认为我们发了疯。对他们来说，在生活中，遵从一种"适度"的理性原则才是正道，数量的巨大和规模的庞大没什么用处，也不会让其产生任何好感。

　　古希腊人对适度的追求并非体现在语言上，而是渗透于实际生活的细节中。我们可以在古希腊文学作品的任何章节找到适度原则，可以在精巧完美的神庙建筑上找到适度原则，可以在男女的穿着打扮上找到适度原则，可以在大家喜闻乐见的戏剧里找到适度原则——若哪个剧作家敢违背适度原则，在其作品中颂扬奢靡的场面，那么，一定会遭到观众的唾弃。

　　古希腊人甚至对政治家和运动员也提出了严守适度准则的要求。曾经，有一位卓越的长跑手来到古希腊的斯巴达城，吹嘘自己可以单脚站立，时间要比任何古希腊人都长。人们哄笑着将其赶出了斯巴达，并讥讽他：要说单脚站立的时间，没人可以和一只普通的鹅相比。

　　你也许会说："对人类来说，适度与节制是一种美德。不过，在古代世界里，何以仅古希腊民族培育、发扬了这种美德呢？"如果想回答这一问题，就一定要从古希腊人的日常生活说起。

　　古埃及或两河流域的神秘统治者，始终居住在高墙林立、守卫森严的宫殿里，普通老百姓身为"臣民"，则要和统治者保持遥远的距离，甚至可能终生陌路。而古希腊有上百个小型"城邦"，其中人口数量最多的城邦的规模相当于现代的一个小村落，这些古希腊城邦里的"自由民"都是古希腊人。

当一个乌尔农民说自己是巴比伦人时，实际上是说，他只是数百万个向巴比伦国王纳税、进贡的人之一；而当一个古希腊人自豪地声称他是雅典人或忒拜人时，那么，他所说的那个地方不但是其家园，而且是他自己的国家。古希腊的城邦国家没有最高统治者，普通老百姓决定着所有的事情。

对古希腊人来说，祖国就是其出生之地，代表着他在雅典卫城的神圣柱廊下玩捉迷藏、与小伙伴共度童年的地方，代表着他埋葬双亲的那块神圣土地，代表着卫城之内他和妻儿共享安宁生活的幸福小屋。你必定会发现，生活在这种环境下的人们，其思想言行一定是独特的。

亚述人、古埃及人、古巴比伦人，都仅仅是淹没于其各自国家广大人群中的一个个渺小的臣民，而古希腊人却一直与周围的环境和他人保持着亲密的联系和接触，在那座大家都互相熟识的城市里，每个人均是重要的组成部分。他可以感受到，他那些聪明的邻居每时每刻都在关注着他。无论他在做什么，不管是写戏剧还是雕刻大理石塑像，甚至谱曲写歌——他都会明白，所有的乡邻都会用职业眼光对其成果进行评判。

正是在这种独特氛围的驱使下，他会将任何事情都做到尽善尽美。依据其从小接受的教育，他知道，假如缺乏节制的品质，那么，就永远无法达到公众要求的完美。

经过这种环境的严格训练，古希腊人在人类文明的各方面均取得了惊人的成就。他们将前无古人的政治体制创造出来，为后世留下了高尚的文学形式，并发展了独树一帜的文艺理念，令现代人惊叹不已。虽然他们的居住地只是一个小城，而其面积只不过是现代都市的四五个街区那么大。

但是，接下来发生了什么事情呢？

公元前4世纪，当时的整个西方文明世界都被马其顿的亚历山大大

帝征服。战争刚一结束，亚历山大就急着将真正的古希腊精神传播给其
所统治下的人民。他让世界知道了偏居一隅的古希腊精神，让这种精神
在新征服的各国宫廷里发扬光大。

　　可古希腊人赖以创造美与永恒的均衡感和适度精神，一旦离开了日
夜守望的神庙，丧失了传统的人情风俗，也就永远消失了。当古希腊的
自治城邦失去了独立自主的地位，成为一个强大帝国的政治附庸时，古
老的希腊精神也就寿终正寝了。

第十五章　古希腊的自治

古希腊人筚路蓝缕地开始了民主自治的第一步。

　　最初，古希腊人在财产上奉行"贫富均等"原则，每一个人都拥有一定数量的牛羊，以及可以随意进出的泥土小屋。需要讨论公共事务时，全体村民都要聚集在市场上进行商议。人们常常选出一位德高望重的长老，以确保人人得到发表意见的机会。若遇到外敌入侵，大家就会推选出一名勇敢、自信的男子，让其担任军事统帅。而那些将领导权交给他的选民们，也都拥有在战事过后免除其领导权的权力。

　　可是，慢慢地，原来的小村庄渐渐发展成了具有一定规模的城市，就这样，分化出现了：有人终生辛苦耕耘，有的人却整天东游西逛，不务正业；有人憨厚朴实却命途多舛，有人则凭借坑蒙拐骗而腰缠万贯。于是，城邦市民中均等的财富现状被打破——他们中的一些人富可敌国，另一些人则一贫如洗。

　　就在这时，另一件事情也在发生变化。过去那些凭着本领而被公民选举出来的军事统帅消失了，取而代之的是那些在社会分化过程中获得了超额土地和财产的贵族。

　　这些贵族拥有许多普通公民无法享有的特权：他们可以到地中海东部去购买优良的武器，拥有很多空闲时间来操练军械，住在坚固的城堡里花钱雇人替自己卖命打仗。他们出于争夺城邦统治权的目的而相互争斗，战胜者可以对其他贵族颐指气使，直到某一天他被其他野心勃勃的贵族赶下台或杀死为止。

　　这种拥兵自重并夺取了城邦统治权的贵族，就是"僭主"。公元前7世纪到公元前6世纪，几乎每个古希腊城邦都处于僭主的统治下。应该说，他们中有些人还是具备一定的才能的。不过，最终，大家都无法忍受了，于是聚在一起商议改革事宜。这样一来，世界上最早的民主制度就产生了。

公元前7世纪初，雅典人决定将落后的僭主制废除，让众多自由民获得管理城邦的政治权力。这些人的先祖亚该亚人从前就曾拥有这样的权力。众人委托一位名叫德拉古的公民制定了一套法律，希望借助法律来保护穷人，使其免遭富人的盘剥。不过，德拉古属于职业律师阶层，他并不了解普通公民的实际生活。对这一点，那些推举者之前并没有清醒地认识到。律师出身的德拉古主张，犯罪就是犯罪，不论具体情由，对于犯罪行为一律应严惩不贷。结果，他的立法工作刚一完成，雅典人就发现，他制定的法律过于严苛，实在难以贯彻落实。按照德拉古制定的法律条文，即使偷一个苹果也要被判处死刑。若果真照此行事，那么，估计整个雅典都没有足够的绳子对罪犯实施绞刑了。

雅典人努力找寻比较仁慈、宽厚的立法者。最终，最佳人选梭伦①被找到了。梭伦出身贵族，曾经到全世界游历，对各国的政治体制进行过考察。在深入调查、研究之后，梭伦设计了一套绝对符合古希腊人"适度"精神的法律。该法律一方面力求改善穷人的处境，一方面也尽量不去触犯贵族的利益（贵族毕竟还要在战争期间承担重任）。法律规定，法官无薪水，一般由贵族中选出。为避免穷人遭到贵族法官滥用职权的侵害，梭伦专门规定，假如有人对判决不服，那么，他有权向由30位雅典公民组成的陪审团提起申诉。

《梭伦法典》的重要意义在于，它敦促所有的普通公民都关心和参与城邦事务。他们再也不能赖在家里不承担自己的社会责任："噢，今天我真的太忙了！"或者说："你看天又下雨了，我还是不出门了！"城邦要求所有的公民都履行自己的义务，出席公民大会，替全社会的安定繁荣出一份力。

---

① 公元前6世纪初雅典的执政官，著名的改革家。

全体"公民"共同处理事务时，必定会存在过多的空谈，当然不容易成功。同时，一部分人出于个体的私利，也会在议事时互相攻击、吵闹。可是，古希腊人毕竟因为民主法制创造了独立自主的生存空间，从而让其可以依靠个人力量获得自由——这就是它最好的结果了。

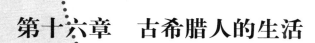

第十六章　古希腊人的生活

古希腊人如何生活。

你也许会问，古希腊人一直忙于参与社会公共事务，何来时间照顾到家庭生活？答案就在本章中。

按照古希腊民主制的规定，只有自由民才能拥有管理城邦的权力。在所有古希腊城邦里，自由民仅为少数，余下的则是数目众多的奴隶和若干外乡人。

一般，仅在个别情况下，如战争时期需要征兵的时候，古希腊人才会将公民权短时间地赋予那些"野蛮"的外乡人。自由民的身份得自血统，你之所以是一个雅典公民，完全是由于你的父亲和祖父均为雅典公民。假如你父母并非雅典公民，那么，不管你是一个多么成功的商人，或是立下多少战功的士兵，你终生都不过是一个没有资格享受城邦管理权的外乡人。

古希腊城邦推翻了僭主的统治之后，又处于自由民的统治下，替自由民争取利益。雅典城里奴隶的数量相当大，为自由民人数的五六倍，他们整年为自由民料理生意和家务。要知道，我们现代人为了做这些工作不得不付出所有的时间和精力。所以，城邦如果离开奴隶就无法独立运转。

城邦里的厨师、面包师和蜡烛匠人是由奴隶担任的，木匠、教师、理发师、珠宝匠和图书管理员也是由奴隶担任的。他们要将主人的店面和工厂看顾好，好让主人安心地在城邦会议上讨论是战是和等重大问题，或者安心地到大剧院看一场埃斯库罗斯[①]新创作的悲剧，又或者去和大伙儿一起讨论欧里庇得斯[②]对主神宙斯表示怀疑与不敬的先锋思想。

---

① 　古希腊著名悲剧作家。详见下一章。
② 　古希腊著名悲剧作家。详见下一章。

古代雅典如同我们今天的俱乐部一样，那些自由民就如同世袭的会员一样，而奴隶则如同世代相传的服务人员，要服从自由民的差遣和命令。因此，关键之处在于，只有成为俱乐部的终身会员，方能享受到快乐。

当然，我们所说的奴隶，并非《汤姆叔叔的小屋》^①里描绘的那种特别悲苦低下、一无所有的奴隶。古希腊的奴隶每天替人耕田种地，的确特别劳累，不过，那些家境普通的自由民出于生计着想，也只好替贵族做工干活。甚至，城市里的众多奴隶要比众多最底层的自由民还富有。古希腊人从来就将"适度"和"节制"作为人生信条，从来不会在对待奴隶上采用罗马人的行事方法——要知道，罗马人的奴隶没有任何人身权利，仅仅是罗马人的机器，被当作苦力役使，一旦主子稍不满意，就会把奴隶扔进斗兽场里喂野兽。

对古希腊人来说，奴隶制是一种不可或缺的城邦制度，它可以确保古希腊城邦成为真正的文明人的家园。

奴隶们所做的工作，相当于今天的商人和专业人员。至于那些耗费现代人很多时间，为此时常让大家犯愁的琐碎家务，古希腊人从来都会将其极力压缩到最低限度——他们对生活不存在过高的物质追求，只要安宁舒适就可以。

古希腊人的家庭条件极为简陋，就算是富有的贵族也会终身居住在土造的房屋里。你根本不可能在其家中找到现代人所追求的家居物件——四面土墙和一个泥屋顶，就成了他们的家，当然，外面还有一扇临街的木门，不过没有窗户。厨房、厅堂、卧室中间是一个露天的小院子，院子里一般建有用来美化环境的小喷泉，或是一些雕塑和植物。

----

① 美国作家斯托夫人的一部现实主义小说。

在天晴的日子里，全家人常常待在院子里各做各的事：奴隶厨师在院子的一角替大家做饭；奴隶教师在院子的另一角教孩子们学习希腊字母和九九乘法口诀表；女主人和女裁缝则在院子另一端合作缝补男主人的外衣。女主人很少出门，在古希腊，妇女在街上抛头露面总会招致非议。在隔壁的办公室里，男主人正拿着农庄的奴隶监工送来的账本在细心地对账。

用餐时间一到，全家人就会聚在一起吃饭。吃饭也相当简单，用不了多长时间。与现代人不同，古希腊人并不会将吃饭视为享受或者消遣，而是当作一件必须要做的事情。他们每顿饭的主食就是面包和葡萄酒，此外，略加一点儿肉类和蔬菜。他们好像认为喝水不利于身体健康，于是，仅仅在葡萄酒已经喝完了的情况下，才会偶尔喝一次水。他们也会请客，不过，他们没有现代人那种吃得越多越好的奢侈观念，他们聚餐仅仅是为了增进交流，完全不会大吃大喝。

在他们的衣着上，同样可以发现这种崇尚俭朴的风范。他们相当爱整洁，总会将头发和胡须修饰得特别干净。他们崇尚体育运动，经常去的场所就是运动场。与亚洲人喜欢穿得奢华艳丽不同，古希腊人则偏爱简单的套一件白色长袍的着装风格。这样的打扮使得他们看起来就和现代的意大利军官一样富有活力。

当然，他们也愿意让自己的妻子佩戴少量小首饰，却不会让她们到公共场合去炫耀。妇女偶尔外出时穿着也十分朴素。

总之，古希腊人过着节俭的生活。在他们看来，擦拭和保养桌子、椅子、书籍、房子、马车等事物，会白白浪费他们大量的时间。一旦人陷入其中，就会成为物的奴隶。古希腊人追求的精神境界是内心的绝对自由。从这一点来看，日常的物质需求则要退居第二位，甚至被视为累赘。

第十七章　古希腊的戏剧

作为人类的头号公共娱乐形式，戏剧的起源是怎样的？

古希腊人很早就开始采集和编写英雄史诗，赞颂其英勇的祖先。这些早期的英雄史诗，叙述的是希腊人的祖先怎样将佩拉斯吉人从希腊半岛赶出去，怎样将特洛伊城摧毁的伟大战功。这些英雄史诗最早是由行吟诗人当众吟诵给大家听的。不过，那种现代人生活中所必需的戏剧，并非起源于这些最初传唱的英雄史诗。戏剧的起源是特别独特的，我需要用一章的篇幅来专门介绍。

古希腊人对游行情有独钟，他们每年都要举行一次盛大游行，向酒神狄奥尼索斯致敬。古希腊人格外喜欢喝葡萄酒，认为水仅仅对游泳或者海上航行有好处。你可以由此想象，酒神在他们心目中的受欢迎程度。

传说，酒神和一群叫萨提尔的半人半羊的奇怪动物共同居住在葡萄园里。所以，任何参加游行的人，都会在身上披上羊皮并模仿山羊的叫声。在古希腊语中，山羊的写法是"tragos"，歌手的写法是"oidos"，所以，这些山羊歌手就被称作"tragos-oidos"，这就是"悲剧"(tragedy) 一词的来源。仅从戏剧的角度来看，悲剧指的是结局悲惨的戏，就好像情节令人发笑的喜剧"comos"，始终有着圆满的结局一样。

你也许疑惑，这些山羊歌手的嘈杂叫声是怎样发展成享誉千年的希腊悲剧的。

实际上，山羊歌手向《哈姆雷特》[①]的过渡，并不像你想象的那样困难和复杂。让我尝试着加以说明。

最初的时候，大批观众因为山羊歌手的咩咩声而被吸引，在路边围观、嬉笑。不过，不久之后，人们开始对种声音感到厌烦了。在古希腊

① 文艺复兴时期英国戏剧大师莎士比亚的四大悲剧之一。

人眼中，沉闷乏味跟丑陋、疾病一样令人厌恶。为此，他们极力要求看到更加有意思的表演。

后来，一位从阿提卡地区的伊卡利亚村来的青年诗人想出了一个妙法，事实证明，这一想法获得了巨大成功。他让羊人合唱队的一名成员出列向前，和走在游行队伍前排吹奏牧神潘之笛的乐队领队对话。这位合唱队队员可以走出队伍，一边挥舞着双臂做出多种手势，一边大声说话（意即当别人站在一旁歌唱的时候，他是在那里"表演"）。他大声问问题，乐队领队就依据作家写在莎草纸上的答案作答。

这类粗糙的对话，内容多为酒神狄奥尼索斯或其他神祇的故事。一经推出，就受到了群众的热烈欢迎。于是，自此而后，每年的酒神节游行都要安排一段此类"表演"。没过多久，人们就认为，这种"表演"比游行和咩咩叫更重要。

作为古希腊最伟大的"悲剧诗人"，埃斯库罗斯生于公元前526年，死于公元前455年，在其漫长的一生里，累计写了不下80部悲剧。他对酒神节的表演进行了大胆改革，将"演员"由一个增加到了2个。下一代悲剧诗人索福克勒斯则将演员数量增加到3个。公元前5世纪中期，当欧里庇得斯写作他那些动人心魄的悲剧时，演员数量已经随便由剧作家选择了。后来，阿里斯托芬在其创作的喜剧中嘲笑天下人，甚至讥笑奥林匹斯山上的众神时，主要演员已经位于合唱队的前面，合唱队员会在前台主人公犯下渎神大罪时齐声高唱："看这个可怕的世界吧！"

这种新戏剧形式需要合适的舞台。很快，所有的古希腊城市都建起了剧场，那是在附近小山的崖壁上开凿出来的。观众们坐在木凳上，朝着一个相当于现代剧场中的乐池的宽敞圆圈。舞台就是圆圈里面的半圆形场地，演员和合唱队就在那里上演戏剧。他们身后是专供演员化妆的帐篷。实际上，化妆就是在脸上戴一个黏土面具，用来表达角色的喜怒哀乐。在古希腊文中，帐篷的写法是"skene"，这就是"舞台布景"(scenery) 一词的最初来源。

当观看悲剧成为古希腊人生活中不可或缺的一部分之后，人们就对它持极其严肃的态度，而不会单纯为了放松心情或娱乐而去一趟剧场。对古希腊人来说，新剧上演的重要性要超过选举，所有成功的戏剧诗人所获得的赞誉，都远超立下赫赫战功的将领们。

第十八章　希波战争

古希腊人最终赢得了这场欧亚对抗，把波斯人从爱琴海赶了回去。

爱琴海人教会了古希腊人做生意，而腓尼基人在这方面又是爱琴海人的老师。古希腊人建起了很多腓尼基式的殖民地。他们还对腓尼基人的交易方式进行了改进，大量采用货币和外国商贩做买卖。公元前6世纪，他们已经在小亚细亚沿岸站稳了脚跟，迅速将腓尼基人的大部分生意抢走。腓尼基人当然很不高兴，不过因为他们还未强大到敢跟希腊人决战的地步，为此，只好忍气吞声，默默等待着报复的机会。

我在前面一章里曾说过，一支很小的波斯游牧部落四处杀伐，在极短的时间里就把西亚的大部分地区都征服了。这些波斯人不杀已投降的臣民，由此可见还算文明，不过，这要有一个前提——这些臣民每年要按时向他们纳贡。

当波斯人到达小亚细亚海滨时，他们强硬地要求吕底亚地区的希腊殖民地将波斯国王当作自己的主人，并依照波斯国王的规定向他们纳贡。对于波斯人开出的条件，那里的希腊殖民地拒不接受，而波斯人也拒不让步。结果在无奈之下，这些希腊殖民地只好向爱琴海对岸的宗主国求助，如此一来，希波战争就打响了。

假若史书的记载没错，那么我们可以知道，从前，所有的波斯国王都把古希腊的城邦制看作是极端危险的政治制度——它会引起其他民族的仿效。而波斯国王当然希望这些民族老老实实地当他的奴隶。

当然，古希腊处于汹涌的爱琴海对岸，相对其他国家来说更具有安全感。不过，值此关键时刻，腓尼基人——古希腊人的宿敌站出来，明确表示自己愿意对波斯人伸出援助之手。结果双方达成一纸协议，由波斯人出兵，由腓尼基人提供船只。公元前492年，当亚洲方面一切就绪时，欧洲的新贵即将承受来自西亚的重击。

战前，波斯国王向希腊发出最后通牒，让人到古希腊索要"土和水"（表示臣服于波斯的信物）。结果，希腊人将波斯使者扔到了水井里，声称让波斯人到那里取自己想要的"土和水"。就这样，希波战争爆发了。

古希腊人得到了英明的奥林匹斯山诸神的保佑。当腓尼基船队载着波斯士兵驶过阿瑟斯山时，风暴之神怒不可遏地刮起了飓风，将船队吞没，波斯军队全军覆没。

两年后，波斯人卷土重来。这次，他们安全地驶过爱琴海，在希腊半岛的马拉松村附近成功登陆。雅典人获得这一信息后，组织了十万大军驻守马拉松平原，同时，让一名长跑能手费迪皮迪兹前去斯巴达请求援助。因为斯巴达人忌妒雅典，结果拒不出兵。其他古希腊城邦纷纷仿效斯巴达，只有小小的普拉提亚城邦派来了1000名援军。

公元前490年9月12日，雅典统帅米泰亚德率领英勇的战士以长矛冲破了波斯人的密集箭阵，虽然人数处于劣势，但还是把号称无敌的波斯军队一举击溃了。

决战的那天晚上，雅典市民看着天被熊熊战火染成了红色，都急切地盼望着前方能早些传来捷报。终于，长跑能手费迪皮迪兹从通往北方的道路上跑来，将胜利的消息带给大家。但由于过度劳累，在终于到达目的地时，这位英雄仅仅留下一句大家期待已久的"我们获胜了"，就死在亲人的怀中——他虽然英勇地死去了，却得到了所有人的深深景仰。①

战败的波斯人又想在雅典附近再次登陆，结果看到海岸线上驻守着重兵，他们只好垂头丧气地退回亚洲。这样一来，希腊的国土得以重获

① 为了纪念费迪皮迪兹的英勇事迹，古希腊人在举办第一届奥林匹克运动会时设立了马拉松长跑比赛项目。

和平。

此后八年的时间里，波斯人一直在积蓄力量，等待时机，而古希腊人也时刻保持警惕。他们知道，波斯人最后的全力反扑马上就要到来，不过，在怎样应对新的战争危机的问题上，古希腊人内部存在着分歧。有的人认为，应当积极扩充陆军，有的人认为，应当建立强大的海军。阿里斯提得斯是主张扩充陆军的一方的首脑，德米斯托克勒斯①是主张建立海军一方的领袖。他们各抒己见，互不相让，直到最后，阿里斯提得斯被流放才结束了这次争执。于是，德米斯托克勒斯抓紧时机全力打造战船，并将比雷埃夫斯港建成了坚固的海军基地。

公元前481年，塞萨利②迎来了装备一新的波斯军队。在这关乎全希腊生死存亡的危急时刻，斯巴达因其军事力量强大而被希腊盟国推为联军盟主。不过，他们相当自私，只顾自己，对北方的军事布防全然不放在心上。

李奥尼达受斯巴达人派遣，率领300名勇士前去守护连接塞萨利和南部诸省的交通要道。那是一道处于高山和大海之间的险要关隘。英勇的斯巴达士兵在李奥尼达的指挥下死守关口。然而，关键时刻，斯巴达人被叛徒伊菲亚特斯出卖。在他的带领下，一支波斯军队顺着马里斯附近的小路穿过山区，包抄李奥尼达率领的军队。结果，就在温泉关口，一场激战爆发了。战斗的双方都异常英勇，激烈的厮杀直到深夜。最后，李奥尼达及其部下全部英勇就义。

温泉关口失守之后，波斯军队在希腊平原上长驱直入，希腊大片领土落入波斯人手中。波斯人攻到了雅典城下，经过一番激战，他们攻占

---

① 德米斯托克勒斯（公元前525—前460），雅典海军将领，在希波战争中大败波斯军队。

② 古希腊北部省份。

雅典卫城，然后放火将那里夷为平地。幸存的雅典人狼狈地逃往萨拉米岛。乍一看，好像希腊人已不存在翻盘的机会了。

公元前480年9月20日，雅典海军在德米斯托克勒斯的率领下与波斯海军作战。他采用诱敌深入的方法，引导波斯舰队驶进大陆和萨拉米岛之间的狭窄海面。仅仅经过几个小时的战斗，雅典海军就将波斯人四分之三的战舰击沉了——萨拉米湾海战彻底扭转了希波战争的走向。

这场战役后，波斯人在温泉关口之役获得的胜利战果化为泡影。波斯国王薛西斯无奈之下只好率残部退回塞萨利地区，希望在未来可以和希腊人进行最后的决战。

斯巴达人最终从这场战争中认识到情况的严重性。为此，在英勇的鲍萨尼亚斯的率领下，他们毅然向波斯将领马尔东的军队主动发起攻击。在普拉提亚附近，由12个城邦组成的10万希腊军队与30万波斯军队的总对决开始了。像前次马拉松平原战役一样，波斯人的箭阵再次被希腊步兵的重兵器粉碎了，波斯人被打得丢盔弃甲，希腊步兵取得了普拉提亚大捷。与此同时，就在这一天，在小亚细亚附近的米卡尔角，雅典海军将敌人的战舰全部击沉。

就这样，发生于亚欧两洲之间的首次争斗结束了。雅典人赢得了荣耀，斯巴达人也因其骁勇善战而名满天下。假如这两个城邦可以消除彼此间的嫌隙，同心同德，那么，他们理应建立起一个强大而统一的希腊共和国。

可是，事实却让人相当遗憾，当胜利的热情随时间而流逝后，这两个希腊世界的领袖白白丧失了合作的机会。

第十九章　雅典与斯巴达

为争夺希腊的领导权，雅典与斯巴达之间爆发了旷日持久的战争，古希腊人因此承受了深重的灾难。

雅典和斯巴达都属于古希腊城邦，二者之间除了语言相同外，不再有任何相同之处。雅典位于平原上，在海风的吹拂下，雅典人喜欢用孩子那纯真的目光看待世界；斯巴达坐落于山谷中，四面环绕的群山是它的一道天然屏障，同时也将外来的新鲜思想阻挡在外。

雅典是贸易繁荣的商业城市，生活在这里的斯巴达人如同身处军队的训练营，所有的人都以成为一名出色的战士为目标。雅典人喜欢沐浴在阳光下，谈诗论赋或者倾听哲人散发着智慧之光的对话。斯巴达人却不屑于和文字打交道，一心想着怎样将对方击倒或者怎样在战争中抢得先机，为此，他们甚至不惜牺牲掉所有的人类情感。

如此一来，就可以轻松地理解严肃的斯巴达人之所以那么忌恨雅典的强盛的原因了。在保卫家园的战争中，雅典人表现出旺盛的精力，战后他们又将这些精力用于重建家园。他们心怀崇敬之心修复了雅典卫城，使之成为供奉雅典娜女神的壮丽的大理石神殿。

雅典的民主制领袖伯里克利[1]为了美化家园、教育年轻人，还邀请著名的雕塑家、画家和科学家一同进行城市建设。同时，他还对斯巴达的军事动向时刻保持警惕，筑起了一道连接雅典和海洋的高耸城墙，从而让雅典具备了全希腊最完备的防御工事。

然而，一个极其普通的小争端却导致了两个强大的城邦之间发生了武力冲突。结果这一冲突延续了30年的时间，直至雅典在一场灾难中败下阵来。

开战后第三年，雅典就被可怕的瘟疫笼罩了，一半以上的雅典人及其英明的领袖伯里克利都被瘟疫夺去了生命。瘟疫过后，继任的城邦领导人没能得到雅典人的信服。最终，聪明的年轻人阿尔西比亚德斯在公

---

[1] 伯里克利（约公元前495—前429），古代雅典政治家。

民大会中取得了民众支持，提出了派兵远征西西里岛上的斯巴达殖民地西拉库斯的计划。雅典人的远征军整装待发，可是，倒霉的阿尔西比亚德斯却不知因何卷入一场私人仇杀，不得不逃离家乡。结果，接替他的军事统帅多次指挥失当，导致雅典海军损失了很多战船，继而雅典陆军又遭到沉重打击。只有少数雅典人幸存下来，他们在敌人的驱赶下，到西拉库斯的采石场做苦力，最终在饥渴中悲惨地死去。

雅典的青壮年差不多都在这场战争中殒命了，雅典城在劫难逃。最终，在坚持反抗了一段时间之后，公元前404年4月，雅典人宣布投降。斯巴达人将雅典人辛苦建造起来的高大城墙推倒，将军舰全部抢走。

昔日，雅典在其全盛期曾威震四方，建立起强大的殖民帝国，如今，却永远地失去了帝国中心的崇高地位。就算是这样，雅典人还始终保留着在强盛时期所持有的对真理的无限执着和对自由的强烈渴求，而且，这种信念和渴望始终存在于雅典人心中，并在今后慢慢展示出来。

如今，雅典已经无力决定整个希腊半岛的政治、经济走向。不过现在，作为历史上第一所高等学府的诞生地，凭借着对那些热爱智慧的心灵的滋养，希腊半岛的狭隘边界并不能将雅典精神限制住，其影响所及早已深入到世界文明之中。

第二十章 亚历山大大帝

马其顿人亚历山大打算建立一个希腊化的世界帝国，他能实现自己的宏
图伟业吗？

当亚该亚人为了寻找新的牧场离开多瑙河畔的家园时，马其顿山区曾经是其居住过很久的地方。自此之后，古希腊人就和这些北方邻居互有来往，而马其顿人也同样关注着希腊半岛的势力消长。

如今，雅典和斯巴达之间战火已歇，而这时的马其顿君主菲利普[①]能力出众。他对古希腊的文学艺术怀着深切的感情，但对古希腊人在政治上的无能相当不满。他经常对这个优秀民族发动的一些徒劳无益的战争大光其火。在他看来，若想解决希腊问题，唯一的办法就是由他自己来统治他们。他是个敢想敢干的人，就将计划付诸实施。之后，他命令被降伏的希腊民众与他一起远征波斯，以报复150年前薛西斯对希腊的侵略。

不幸的是，在远征军出发之前，菲利普就被人谋杀了。于是，征讨波斯为希腊人一雪前耻的重任就落到了他的儿子亚历山大（古希腊哲学集大成者亚里士多德的得意门生）的身上。

公元前334年春，年轻的亚历山大离开欧洲，七年后，率军到达印度。在一路征战中，他征服了古希腊的世仇腓尼基人，将古埃及纳入自己的版图，进而成为尼罗河流域的法老继承人。他还攻克了波斯帝国，宣布要重建巴比伦，甚至还率军深入到遥远的喜马拉雅山腹地。总之，他差不多将整个世界都变成了强大的马其顿帝国的行政区域，然后，他停下征战的脚步，实施了一套让人惊讶的宏伟计划。

依据这一规划，新帝国的各个行政区域的民众要居住在仿古希腊风格的城市里，必须学习古希腊的语言，必须广泛发扬古希腊精神。于是，亚历山大的士兵们开始弃武从文，所有的人都成为传播古希腊文明的文化导师。昔日充满杀气的军营转眼之间成为开明的文化中心。亚非

---

① 菲利普，也称腓力二世（公元前359—前336年在位），他统一了上、下马其顿。

欧各地经受了古希腊生活方式和精神理想的狂潮洗礼。然而，公元前323年，年轻的亚历山大大帝突患热病，这位欧洲历史上最伟大的军事统帅带着壮志未酬的遗憾，在巴比伦王宫中与世长辞。

随着亚历山大的英年早逝，希腊化浪潮渐渐消退，不过，它播下的文明种子却已经在各地生根发芽。在人类文明史上，亚历山大大帝以其天真和雄心留下了不可磨灭的影响和贡献。然而，在他死后，马其顿帝国开始分裂，这个国家最终被利欲熏心的将军们瓜分了，然而，他们始终怀着先主的美好梦想（将古希腊文明和亚洲文化融合起来）。

这些从马其顿帝国中分立出来的小国，在相当长的时间内都保持着各自的独立，直到很久以后，古罗马人一路征伐，吞并了西亚与古埃及。如此一来，古罗马人就承担起了希腊化文明（既有古希腊的，也有波斯的，还包括古埃及和古巴比伦的）精神遗产的薪火。

在此后的几个世纪里，古希腊文明在古罗马大地上发扬光大，并且影响至今。

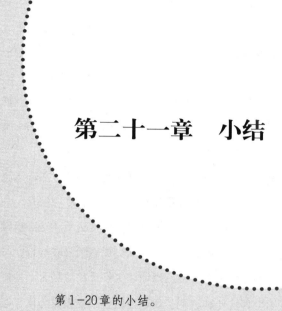

第二十一章　小结

第1-20章的小结。

截至目前，我们始终将关注的目光放在世界的东方。不过随着世界历史的前行，当古埃及和两河流域的文明越来越暗淡，我们就要将目光投向西方。

在了解新的文明世界之前，让我们暂停脚步，回顾一下此前所了解的内容。

史前人是我们最先看到的人类，其生活方式淳朴且低调。我曾经说过，在所有的早期生物中，他们是最缺乏身体优势的一类。然而，凭着勤劳、智慧和创造力，他们在恶劣环境中幸存下来。

后来，世界经历了冰川期，寒冷持续了几百年。人类的生存环境变得越来越艰难，需要具备更加出色的创造力才能生存下去。于是，各种生物在求生本能的驱使下奋力拼搏。人类更是在这样极端恶劣的气候条件下高速发展，进化着自己的大脑，凭着顽强和智慧，得以从令无数动物丧命的寒冷中挺了过来。当地球气候重获温暖时，他们已经学会了诸多独特的生存技巧和法则，而这也让他们慢慢成为优于其野蛮邻居的生物的主要原因。

我曾说过，人类的远祖曾于前光明的世界里驻足不前了相当长的时间，然后，在尼罗河流域突然实现了文明的突破，建起了最早的文明中心，虽然个中情由我们至今也无法弄清。

接着，我们读到了两河流域美索不达米亚的故事，这是人类文明进步的第二个营地。此外，还有神奇的爱琴海诸岛，它们均在人类的发展中起着桥梁的作用，让古老的东方和年轻的西方之间得以实现文明的对接。

后来，我们了解了印欧民族的赫愣人，这些人在几千年前离开亚洲，在公元前11世纪到达满是山崖的希腊半岛，从此成为古希腊人。我们还讲到，实际上是一个个蕞尔小国的古希腊城邦，那里的智慧人群对古埃及和亚洲的文明进行改造，从而发展出了比之前的任何一种文明都更优越的全新文化。

我想，此刻，你会发现，在你面前展开的文明地图，已经露出了一个半圆，它从古埃及开始，途经两河流域、爱琴海诸岛，然后向西而行，最后到达欧洲大陆。在人类走向光明的最初4000年里，古埃及人、古巴比伦人、腓尼基人，以及包括犹太人在内的很多闪族部落，都一度承担起"文明火炬手"的责任，而属于印欧民族的古希腊人又由他们手中接过文明的火种，之后，从另一支印欧民族发展而来的古罗马人——地中海东部的绝对统治者，将古希腊人传递的火种接了过去。而几乎是与此同时，闪族人开始从非洲北海岸西行，最后，在地中海的西部建立起势力范围。

下面，你还会看到，这些各具悠久历史和伟大文明的民族之间会发生异常惨烈的战争。在战争中，古罗马人获胜，并建立起罗马帝国，将古埃及、两河流域、古希腊的文明全部搜罗到欧洲大陆，使之成为西方现代社会的精神之源。

或许，你对这一切感到惊讶，不过你只要抓住最关键的线索，就可以将我们接下来要讲的内容理解得更透彻。请你看一看地图，就会弄清那些我用语言无法表述的内容。如今，经过短暂的整理之后，让我们一起去看看迦太基和古罗马之间发生的激烈斗争。

第二十二章　古罗马与迦太基

在非洲北海岸，闪族开辟了一片殖民地，人称迦太基。为了争夺地中海西部的霸权，意大利西海岸的印欧民族罗马人和闪族人展开激战，最终，迦太基战败后亡国。

卡特哈德沙特是腓尼基人的贸易中心，位于山丘之上，其下正对着90英里①宽的、将亚欧大陆分隔开的阿非利加海②。作为贸易中心，卡特哈德沙特是如此完美，它在相当短的时间内就变得非常富裕。公元前6世纪，泰尔被巴比伦国王尼布甲尼撒③征服，于是，迦太基乘机和其宗主国腓尼基断绝了联系，进而发展成一个独立的国家。从那以后，它就成为闪族向西扩张的有力触角。

可是，不幸的是，这座城市深受在这里居住了数千年的腓尼基人身上的很多不良习性的影响——这里的人热衷于经商，却并不了解什么是生活，什么是艺术。一帮满脑子都是金钱的富商们掌控着迦太基的每一个城市、每一个乡村和较远的殖民地。富人在古希腊语中被叫作"ploutos"，由这些富人所组成的政府，则被古希腊人称作"plutocracy"（财阀政府）。

迦太基绝对是最典型的财阀政府，12个商人、矿主、大船主把持着整个国家的实权。这些人就在办公室后面的密室中商讨国事，而国家则成为他们赚钱的机器。不过，受着经济利益的驱策，他们在办事方面倒是效率挺高，处世也很机敏。

随着时间的流逝，迦太基的影响力渐渐得到扩大，将非洲北部海岸的大部分地区都纳入了自己的势力范围，现今属于西班牙和法国的一些地区都臣服于它，定期向这个位于阿非利加海滨的强大城邦进贡和纳税。

---

① 1英里等于1.609344千米。

② 即突尼斯海峡。

③ 尼布甲尼撒二世（约公元前630-前562），古代西亚新巴比伦王国国王，著名的军事统帅，曾在巴比伦的王宫中修建了被誉为"古代世界七大奇迹"之一的空中花园。

当然，民意有时也会对财阀政府的运转产生影响。假如不能为民众提供工作机会和合理的薪水，那么，不满意的民众就会拒绝听从掌权者的命令，而且会顽抗到底。若碰到船只无法航行或缺乏冶炼的原材料，造成码头的搬运工人失业，民众就会发牢骚，吵嚷着要召开公民大会。很久以前，早在迦太基还是自治共和国的时候，这种情况就已经出现了。

为了避免出现类似的情况，财阀们想到的最好的办法就是保持高效的商业运营。他们在500年时间里，始终维持着高效的商业活动。突然有一天，这些财阀因为来自意大利西海岸的某种流言而深感不安。那流言声称，台伯河边的一个小村庄在一夜之间成了意大利中部所有拉丁民族的核心领导。更糟的是，这个名叫罗马的村庄正在积极修建船只，打算和西西里①及法国南部海岸建立贸易联系。

为了避免夜长梦多，影响自己在西地中海贸易区的绝对优势，迦太基决定马上铲除掉这个还不成气候的竞争对手。他们在深入了解敌情之后，掌握了对方的情况。

文明好像将意大利西海岸长时间地抛诸脑后。在古希腊，每个港口城市均向东仰望着爱琴海上的文明世界，从它那里充分地汲取养料。而对意大利西海岸来说，他们唯一可以面对的景象，就是地中海冰冷的海浪和荒凉的海岸。此地是如此贫瘠，来自文明世界的商贩极少踏足这里，生活在这片绵延宽广的山脉和辽阔无际的平原上的仅仅是少数原住民。

这片土地首次被从北方来的民族侵占的时间，现在已经无法弄清楚了。当时，一个印欧民族发现了这个阿尔卑斯山脉②的险要隘口，并且跨越过它，然后，由此开始向南发展，然后深入到这个靴形半岛③的所

———————

① 地中海岛屿，后属于意大利领土。

② 欧洲最高大的山脉，最高峰勃朗峰位于法国和意大利边境。

③ 指意大利所在的亚平宁半岛状如皮靴。

有角落。

对于这些最初占据这个地方的人，我们并不清楚其底细，这里没有像古希腊那样辉煌的《荷马史诗》为之赞颂的历史。直到800多年之后，当古罗马成为帝国中心时，他们才留下了一些关于罗马城初建时的记述，不过，那仅仅是一些神话传说，而并非历史真相。

有关罗马的建造者罗慕洛斯[①]或瑞摩斯[②]的传说特别有意思，不过，罗马城的真实修建过程恐怕要无趣得多。最开始的时候，罗马之所以成为一个城市的中心，应该和其他任何城市一样，是因为处在交通要冲的地位，人们可以由此获得一个交换粮食、马匹的地方。

古罗马位于意大利平原中部，台伯河是其内河，可以直通大海，沿河分布着七座小山，成为当地百姓用来抵御外敌入侵的据点。罗马的四周都是虎视眈眈的敌人，或来自山区，或来自海洋。

野蛮的萨宾人来自山区，他们以劫掠为生，但装备相当落后，所用的武器不过是石斧和木制盾牌，压根儿无法和罗马人的铁制刀剑相抗衡。伊特鲁里亚人[③]来自海洋，相对来说，他们才是比较危险的敌人。关于这些人的历史，至今还是一个未解之谜，我们所能看到的只是他们在意大利海岸边留下的城市、墓地、水利设施等遗迹。当然，他们也留下了很多石碑，不过，直到现在，仍旧没人能识别这些石碑上面的伊特鲁里亚文字。所以，对我们来说，这些碑文充其量只是一些让人费脑筋的神奇图案。

对此，我们所能做的猜测仅仅是：伊特鲁里亚人在开始的时候居住在小亚细亚，后来，因为战争或瘟疫，他们不得不离开了家乡，外出寻

---

① 罗马城的建造者，传说中战神马尔斯之子。

② 罗慕洛斯的孪生兄弟，因在修建城墙时与罗慕洛斯争吵而被杀。

③ 生活在的亚平宁半岛中北部，对古罗马及后来的西方文明产生过深远的影响。

找新的家园。无论是何种原因导致他们迁到了意大利，我们都必须承认，这个民族在历史上发挥过重要的作用。他们将东方的古代文明带到了西方，让从北方而来的古罗马人学会了诸如战术、艺术、烹饪、建筑、医疗、天文、道路建设等基本的文明、技能。

古希腊人对他们爱琴海的文化导师一向瞧不上，而古罗马人对其伊特鲁里亚老师也同样厌烦，为此，他们始终在寻找可以征服伊特鲁里亚人的机会。

古希腊商人在和意大利诸民族的通商中得到了好处，于是就将商船直接开进了罗马城。其实，这些古希腊人原本打算到这里做生意，后来却莫名其妙地成了古罗马人新的文明导师。古希腊人发现，这些当时被称作"拉丁人"的古罗马人最喜欢实用的东西。在希腊文明的影响下，古罗马人慢慢认识到，文字记录可以为其带来巨大的便利，于是，就在希腊字母的基础上创造了拉丁文。他们还发现，货币制度和度量衡体系的统一，对商贸活动具有极大的促进作用，于是也加以仿效。就这样，古希腊文明的渔钩被古罗马人一口咬住，甚至连渔线和浮坠也被吃进了肚子。

对于古希腊人的任何东西，包括其崇拜的神明，古罗马人也全盘接受。古罗马人将古希腊人的主神宙斯迁到了古罗马，并将其改名为朱庇特，并采用同样的方式，将其他的古希腊神祇吸收进了古罗马文化里。不同之处在于，古希腊神祇是与古希腊人的具体生活相伴而生的，而当它一旦成为古罗马诸神之后，情形就截然不同了。古罗马的神祇就像政府官员，各自管理着属于自己的部门。同时，作为对他们工作的回报，信徒一定要对其绝对服从。古罗马人在这一点上绝对小心，而且做得相当出色。也正是由于这个原因，古罗马人从不像古希腊人那样，可以与奥林匹斯山诸神保持一种极其亲密、和谐的关系。

在政治体制上，古罗马人并没有盲目地模仿古希腊人。不过，这些和古希腊人同属于印欧民族的古罗马人，因其早期历史和雅典人及其他古希腊人的历史相当接近，于是，他们也费了一番精力，推翻了意大利原住部落的酋长，然后，开始设法对贵族的势力进行限制，并用了足足几百年的时间，才将一套全民参与管理城邦事务的民主政治制度建立起来。

在政治上，古罗马人比古希腊人更有天赋，他们在管理国家时总是相当务实。古罗马人不具备古希腊人丰富的想象力，所以，与古希腊人天花乱坠的语言相比，他们更喜欢用实际行动说话。

他们认为，平民议会(plebs)最易流于形式，所以，将处理城邦实际事务的权力赋予了两名执政官，并专门设立了一个元老院来监督、协助他们工作。按照传统，同时也考虑到实际效果，元老一般由贵族担任，其权力也被严格地限制在一定范围内。

公元前5世纪，雅典人出于解决穷人和富人之间的矛盾，相继制定了《德拉古法典》与《梭伦法典》。同时，还设计了一套全新的"保民官"制度，目的在于保护自由民免受贵族法官的欺凌。作为城市的行政长官，保民官由自由公民共同推选产生，其工作内容就是防止政府官员的不公行为对公民的正当利益造成伤害。按照罗马法律，执政官手握判决死刑的权力，而如果案子的证据不充分，保民官就有权插手，将某个或许是含冤入狱的倒霉蛋解救出来。

在我讲到"古罗马"的时候，好像只指那个仅有数千人口的小城市。可是，事实上，罗马一词的真实含义，指的是藏在城墙外的郊区和村野。古罗马人作为殖民帝国的潜质，在其管理外省的手段上早就表现出来了。

在很久之前，罗马本是意大利中部唯一的坚固堡垒。由于它始终大方行事，愿意为所有正遭受外敌侵袭的拉丁民族提供庇护场所。于是，逐渐地，罗马的拉丁邻居们开始认识到，拥有如此强大的一个朋友，对自己来说可谓受益无穷，所以，他们极力想用一种较合理的方式和罗马结盟。与以前的古埃及、古巴比伦、腓尼基、古希腊不同（这些国家均坚持要那些寻求庇护的蛮族对自己绝对臣服），古罗马人对外来者一视同仁，不管对方的血统如何，均可以成为共和国的合法公民。

　　古罗马人说："假若你想成为我们中的一分子，我们当然欢迎，而且会将你当成罗马的正式公民对待。不过，作为回报，希望你能在罗马需要的时候，为罗马、为我们共同的母亲奋战到底！"

　　古罗马人的崇高姿态获得了外来者的感激，也赢得了他们的忠心相待。

　　古希腊城邦每逢遭受外敌入侵时，外来居民必定会在第一时间逃出去，在他们看来，那里只是临时居所，如果他们想在那里居住，就要向希腊人缴税，而他们根本无须替希腊人卖命。

　　可是，当罗马遇到敌人的侵犯时，任何一个拉丁民族的人都会挺身而出和对方浴血奋战，在他们看来，他们共同的"母亲"遭到了敌人的侵扰。就算是那些与罗马城相距甚远，甚至是终生没有机会看到罗马圣山和城墙的拉丁人，也会将罗马当作他们真正的家园。

　　拉丁人对罗马的深厚感情，就算是遭遇失败和天灾人祸也无法改变。公元前4世纪初，野蛮的高卢人攻进意大利，在亚利亚河畔将罗马守军打败，然后进军罗马。他们在罗马城里坐等罗马人前来求和，可事与愿违——高卢人发现，四周充满了敌意，所有可以维持生命的供给都被切断了。在苦苦支撑了7个月后。饥饿令他们不得不仓皇退兵——这正是古罗马人平等对待外来公民的政策发挥的功效，而它也确保了古罗马逐步走向强盛。

　　你可以由这些古罗马的早期历史获知，古罗马人和迦太基人的治国理念截然不同。古罗马人的政体是建立在与外来公民平等合作的基础上的，而迦太基人则以古埃及和西亚的统治方式为模仿对象，要求外来公民绝对地服从，假如这种要求无法实现，他们就会雇用职业军队进行镇压。

如此一来，你就会更清楚，迦太基在面对这个强大的后起之秀时竟然如此恐惧，甚至怕到了急于发动战争的程度。

不过，迦太基的这些老谋深算的商人也深知，如果莽撞行事，必定达不到预期的效果。于是，他们和罗马人商定，将各自的势力范围在地图上划分出来，并确保互不侵犯对方的经济利益。结果，协议达成没多久就被撕毁了。当时的西西里岛虽然政治腐败，但经济富庶，对所有的窥伺者而言都是一块肥肉。迦太基和古罗马都盯上了这块肥肉，都想派兵吞并它。

紧接着，历经24年的第一次"布匿战争"爆发。战争是在海上打响的。开始的时候，人们都认为，深谙战争之道的迦太基人必定会轻松地将稚嫩的古罗马军队制伏。

迦太基人采用了传统的战术，即用自己的坚固战船猛烈地撞击敌船，或者由侧面将对方船只的桨折断，并发射弓箭和火球。熟料，技艺精湛的古罗马工程师发明了一种配备了吊桥的新式战船，这种战船可以让罗马士兵迅速登上敌舰，和敌军展开面对面的厮杀。如此一来，在海战中所向披靡的迦太基人就和胜利无缘了。在马累战役中，迦太基舰队被罗马海军打得仓皇而逃。迦太基舰队不得不投降，将西西里岛拱手相让。

23年后，双方又发生了新的争端。罗马人为了获得铜矿而将撒丁岛牢牢地握在手中，而迦太基人为了争夺银矿，想将整个西班牙南部抢到自己手中——如此一来，两个敌国之间的地理距离瞬间拉近，变成了邻居。罗马人对此十分不满，就派兵翻越比利牛斯山，对迦太基的军事动向进行密切监视。

　　此时，战争的局势已经形成，第二次"布匿战争"马上就要爆发。在这个关键时刻，战争的导火线在一个古希腊殖民地点燃了——西班牙东海岸的萨贡托首先承受了迦太基的攻击，于是，萨贡托人马上向古罗马人发出求救信号。罗马人如同过去一样慨然应允，一支罗马军队在元老院的派遣下前去增援。然而，在古罗马人为组织远征军做准备的时候，迦太基人已经攻下了萨贡托，并将其夷为平地。罗马人为此极为恼火，元老院马上向迦太基宣战。

　　罗马军队兵分两路向迦太基人进攻。一支罗马军队渡过阿非利加海，在迦太基本土登陆，另一支罗马军队前往打击还在西班牙境内的迦太基部队，切断了其增援母国的后路。所有人都认为，这是一个十分完美的计划，也一定可以达成所愿。然而，这一次，罗马人没能得到神祇的庇护。

　　公元前218年秋，计划向驻西班牙迦太基军队攻击的罗马士兵向目的地开拔，所有罗马人都期盼着大获全胜的好消息。就在这个时候，一个恐怖的流言开始在波河平原①上传开，众多山区的牧民都战栗地说，他们看到有数十万骑着大如房子的巨型怪兽的棕色人，突然出现在格莱恩山口的云端里——在神话传说中，1000多年前，赫拉克勒斯②曾经驱赶着吉里昂公牛③跨过这个山口，由西班牙前往古希腊。

　　这个流言引起了大家的恐慌，由此联想到这次战争。没过多久，众多狼狈的溃退者陆续到达古罗马城，也带回了相对比较详细的战报：迦

---

①　意大利最大和最重要的平原，在阿尔卑斯山脉和亚平宁山脉之间。

②　宙斯的儿子，古希腊神话中最伟大的大力士。

③　被赫拉克勒斯杀死的怪物。

太基军的统帅——名将哈米尔卡①的儿子汉尼拔率领着5万步兵、9000骑兵和37头战象，连夜翻过比利牛斯山，在罗讷河②畔重创了西庇阿麾下的罗马士兵。

虽然10月的北方山区被冰雪覆盖，汉尼拔却凭着惊人的意志力率军跨越了阿尔卑斯山。然后，和高卢人合兵一处，将正在抢渡特雷比亚河③的另一支罗马军队彻底击败。如今，汉尼拔已经率军将皮亚琴察重重围住——此地是古罗马的战略要地。

元老院震惊异常，不过很快就镇定下来。他们用尽方法掩饰古罗马军队战败的消息，并重新组织起两支罗马军队，对抗汉尼拔的大军。可是，汉尼拔又在特拉西梅诺湖④边的狭路上对罗马军队进行突袭，这一仗中，罗马军队全军覆没。得到消息后，古罗马人更加惊慌了。此时，唯一保持冷静的是元老院，他们又装备了第三支军队。这回，昆图斯·费边·马克西姆斯受命指挥这支军队，他还得到授命，在不得已的情况下可以行使特权。

费边心里明白，一定要加倍小心，才能让自己和将士们避免重蹈覆辙。对他来说，更严峻的形势是，他手下的这支军队是临时召集拼凑起来的，很多人没有接受过正规的军事训练，无法和汉尼拔手下身经百战的精兵强将相抗衡。所以，费边一直跟在汉尼拔军的后面，尽量不与其发生正面冲突，并想尽办法与对方打游击战，然后将对方的粮草烧掉，将对方或许要走的道路毁坏掉，就这样，不停地骚扰迦太基人的小股部队，打算用这种方法扰乱敌方军心，一点一点地将汉尼拔拖垮。

---

① 迦太基著名将领。

② 流经瑞士和法国的河流。

③ 在意大利北部。

④ 意大利境内最大的淡水湖。

　　然而，躲在古罗马城里的市民们已经无法忍受如此漫长的等待，他们从费边的这种战术中看不到任何希望，所以极力要求采用更为坚决果敢的战术。一个名叫维洛的市民在古罗马城里吹嘘说，自己有一套比羸弱的费边所采用的方法更高明的战术。于是，他很快就得到了群众的拥戴，从而成为新的司令官。公元前216年，康奈战役爆发，维洛率领的军队遭到惨败，7万官兵全军覆没——自此，汉尼拔率军纵横意大利。

　　汉尼拔在亚平宁半岛上不停地厮杀、讨伐，四处宣扬自己才是救世主，并号召各省份的民众参与到他的军团中来。此时，古罗马那套最英明的民族政策再次发挥了强大威力。除了卡普亚和西拉库斯这两个边陲小省，余下的各省份都对古罗马无比忠诚。"拯救者"汉尼拔企图将自己打扮成百姓的朋友，结果发现，自己听到的反抗声远大于附和声，加之经历了远征和长期作战的疲乏，他所率领的军队情况越来越糟糕。无奈之下，他派人回迦太基请求支援，很遗憾的是，迦太基给不了他任何东西。

　　由于罗马海军拥有神奇的吊桥战船，因此，海上成为不可逾越之地。这时，汉尼拔唯一可以依靠的就只有自己了。他将古罗马派来的一支支后续部队一一战胜。而与此同时，他本人的兵力也几乎被消耗殆尽。而那些意大利农民由于对这位自封的"民众解放者"心存敌意，这让他很难找到足够的补给。

　　长此以往，尽管汉尼拔也获得了相当多的小胜利，不过，他慢慢发现，自己正陷入深不可测的重围之中。曾有一段时间，迦太基军队好像出现了转机，这是由于汉尼拔的兄弟哈斯德鲁拔在西班牙挫败了罗马军队，打算翻越阿尔卑斯山支援汉尼拔。他派人到意大利联络汉尼拔，想约汉尼拔到台伯河平原会师。不幸的是，古罗马人抓获了联络员，致使汉尼拔苦等无望。直到某一天，哈斯德鲁拔被古罗马人打败，其头颅被装在篮子里扔进了汉尼拔的驻地，汉尼拔才明白，不可能等来任何援兵了。

之后，古罗马将军普比流斯·西庇阿征服了西班牙。4年后，古罗马人开始打算和迦太基展开决战。迦太基国王将汉尼拔急召回国，于是，他渡过阿非利加海，在迦太基城全力部署防御工事。

公元前202年，迦太基军队在扎马战役中遭受了最后的失败。汉尼拔由泰尔逃出，跑到小亚细亚后，又打算让叙利亚和马其顿攻击古罗马。结果，他在亚洲失望而归。不过，古罗马却得到了一个最好的借口，可以光明正大地将军事势力扩张到东方的爱琴海地区。

汉尼拔只好在一座座异域城市中继续着流亡生涯。他已经处于绝望之中——他看到自己毕生维护的迦太基城毁于战争，看到迦太基海军最后被消灭。最后，迦太基人和罗马当局签订了屈辱的和约——从此，迦太基人不经罗马批准无法擅自派兵，此外，还要给罗马支付巨额的战争赔款。汉尼拔完全绝望了，最终于公元前190年自杀身亡。

40年后，罗马人再次入侵迦太基。为此，迦太基人和新兴的罗马共和国进行了不屈的斗争。最终，在力战3年之后，因为饥饿，迦太基人不得不缴械投降。罗马人将活着的迦太基人卖为奴隶，将迦太基人的城市付之一炬，这其中包括粮仓、王宫、军械厂……大火足足烧了14天。罗马士兵一边大声咒骂着，一边随意地踩踏着这片悲惨的焦土，然后志得意满地满载而归。

在此后的1000年里，地中海事实上成了欧洲的一个内海。等到罗马帝国最终灭亡时，这片内陆海域才重新为亚洲人所控制。

第二十三章　古罗马的崛起

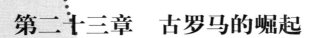

罗马帝国是怎样崛起的。

罗马帝国的诞生纯属偶然，它是在无人策划的情形下自然形成的。当时，并没有任何一位统帅、政治家在人群中振臂高呼："诸位罗马公民，我们现在要建立一个大帝国！"

古罗马是一个杰出军事统帅、著名政治家和刺客辈出之地，这里的军队非常有名。不过，罗马帝国并不是经过一番详尽的计划后建立起来的。古罗马人相当务实，普通百姓不关心国事，要是他们遇到什么人激情四射地对其说："我认为，罗马应该向东方扩张势力范围……"大家必然会敬而远之。

实际上，古罗马之所以扩张疆域，完全是环境所迫，而非古罗马人天性好战或贪心所致。古罗马人更喜欢从事农业，更愿意一生守护着温暖的家园。不过，一旦有外敌入侵，古罗马人会立刻奋起抗击。假如敌人是从遥远的地中海对岸而来，古罗马人也会无怨无尤地经过长途跋涉，跨海追击敌人。他们会在战争结束后用自己的方式管理这些地区，避免此处再度处于野蛮人的管理下，以致不利于古罗马。或许，你认为这有些复杂，不过，对当时的人来说，这是件特别简单的事情。让我们来看看以下例子。

公元前203年，古罗马军队在西庇阿的率领下，渡过阿非利加海直取非洲。迦太基军事统帅汉尼拔率军抗击。因为得不到援军的支持，汉尼拔最终战败于扎马。汉尼拔无视古罗马人的劝降，孤身一人逃往叙利亚和马其顿。关于这一点，我们在上一章已经说过。

作为亚历山大大帝开创的强大帝国的两个残留部分——叙利亚和马其顿，当时其统治者正在盘算着怎样瓜分尼罗河流域。古埃及国王听到消息后，急忙向古罗马求救。此时，是公元前197年，舞台已经搭好了，地点就塞萨利中部辛诺塞法利平原一个人称"狗头山"的地方，一场阴谋攻奸的精彩戏剧马上就要上演。没想到，死板的古罗马人在戏剧尚未开场之前就把幕布拉开了——罗马士兵以雷霆之势冲垮了马其顿学自古希腊人的步兵方阵。

然后，古罗马人向南行军，目标是阿提卡，声称要将古希腊人"从马其顿的迫害下彻底解救出来"。然而，已因长期奴役而变得麻木的古希腊人对可贵的自由反而不加珍惜。结果，才刚刚获得独立，古希腊城邦之间就和从前一样发生了没完没了的争吵。这个奇怪民族的行为让古罗马人感到十分厌烦，起初，他们还能克制自己，后来干脆在失去耐心后派兵攻入古希腊，放火烧毁了科林斯城——作为对其他古希腊城邦的警示。并将古希腊划为自己的一个行省。如此一来，马其顿和希腊就成了罗马东部边陲的巨大屏障。

就在这时，达达尼尔海峡①对岸辽阔的叙利亚王国，处于安条克三世的统治下。到处流亡的汉尼拔成了叙利亚国王的座上宾，他正尽力劝说安条克三世攻入罗马城。在他的怂恿下，安条克三世心动了。

鲁修斯·西庇阿是在扎马击败汉尼拔的西庇阿将军的弟弟，受命前往小亚细亚展开军事行动。公元前190年，在马革尼西，小西庇阿大败叙利亚军队。没过多久，叙利亚人刺杀了安条克三世，小亚细亚从此成为古罗马的附属地区。

古罗马最终由一个小小的城邦，发展成为整个地中海沿岸的强大统治者。

———————————

① 今黑海海峡的南段，为沟通马尔马拉海和爱琴海之间的唯一航道。

第二十四章　罗马帝国

经历了几百年的社会动乱和政治运动，罗马帝国终于建立起来。

罗马大军取得一连串的胜利后凯旋，热情的民众夹道欢迎。不过，人们的生活并不因为战争的胜利而改善，相反，因为年复一年的兵役，民众始终无法过上正常的乡间生活。那些立有战功的将士是战争唯一的直接获利者，因为他们在战后获得了大量的财富。

古罗马共和国的上层人物曾经和百姓一样过着极其朴素的生活。不过，如今，人们因为在战争中夺取了大量财富，反而以俭朴生活为耻。他们丢弃了祖先简朴、崇高的生活方式，让古罗马变成一个物质优先、财富至上的贵族共和国。正是由于这一点，古罗马必无善终。让我慢慢地讲给你听。

古罗马仅用了不足150年的时间，就成为地中海沿岸的绝对统治者。在早年的征战中，古罗马人总是将战俘的自由剥夺，将其贩卖为奴。古罗马人的战争态度极其严肃，对待战俘绝不心慈手软。我曾说过，在迦太基被攻陷之后，当地的妇女、儿童及其仆人全部被卖作奴隶。那些大胆反叛的古希腊人、马其顿人、西班牙人、叙利亚人的下场也都一样。

奴隶，在2000多年的人类社会中就好比是机器。现代的有钱人会将多出来的钱用于投资置业，同样，古罗马的那些瞬间暴富的元老、将士、商贩们也将自己的大笔钱财用于投资，不过，这种投资是为了购买土地和奴隶。

对罗马人来说，获得土地的方式除了花钱购买之外，再就是通过战争掠夺。奴隶则要被公开出售，如果在市场上发现合意的，就可以将其买下。在公元前3世纪和前2世纪的古罗马，奴隶的供应量始终十分充足。所以，主人们随意地驱使奴隶，假如其在耕作中累死了，主人就会到附近的奴隶市场再购买一些新的来自科林斯或者迦太基的俘虏。

再来看看古罗马农民的生活与命运。

　　战争时期，古罗马的自由民会誓死为国效忠，然而，在经过10年、15年甚至20年的漫长战争后，满怀喜悦的他回到家乡时，目睹的却是荒草丛生的衰败景象。于是，这个坚毅勇敢的男子汉发誓，要用双手重建新的生活。为此，他开始了勤劳的播种和耕作，然后耐心等待收获，再满怀喜悦地把稻谷、牛羊、家禽等农产品运到农贸市场。但他突然发现，市场上的农产品价格很低——许多农庄主使用大批奴隶耕种土地，从而导致了农产品价格愈趋低廉，这个可怜的农民不得不将自己农产品的价格降低。数年之后，他再也无法支持下去，不得不离开家园去城市谋求出路。

　　可是，到了城市他还是要忍饥挨饿。像他这样的无权无势的底层人民，只能过着三餐不继的生活。这些人群居在城郊臭气熏天的贫民区里，因为生活环境的恶劣而疾病不断。他们开始发牢骚：国家竟然用这样的方式报答这些曾经为国浴血奋战的功臣！于是，那些有野心的政治家的鼓动性演讲就唤起了他们的共鸣——通过利用这些可怜的、无知的人们，政治家提升了自己的影响力，却埋下了动乱的根源。

　　新贵族对此毫不放在心上，他们辩解说："想引发骚乱的暴徒会被军队制伏的。"他们深藏于院落重重的别墅花园里，悠闲地阅读着六韵拉丁文体的《荷马史诗》。就连这书也是由希腊奴隶翻译过来的。

　　古代罗马人的质朴精神，只在几个古老的贵族家庭里还能看到。古罗马贵族格拉库斯娶了阿·阿夫里卡努斯的女儿科内莉亚，她为其生下了两个儿子，分别叫提比略和盖尤斯。这两兄弟后来都从政，开始酝酿改革方案。经过详细的调查，他们了解到，2000个贵族占据着意大利的大部分土地。

　　在大选中，提比略·格拉库斯被推举为保民官，他想替绝望的自由民争取到更多的权利。所以，提比略启用了两个被搁置了很久的古老法律，对个人拥有的土地数量予以限制，这样一来，小生产者阶层就可以从中获益，而且对国家复兴有利。对于此举，新贵族必然极力反对，还称提比略为"强盗""国家公敌"。最终，在一次街头动乱中，这位爱民如子的保民官被暴徒刺杀了。其兄弟盖尤斯在10年后继承了哥哥的遗愿，打算推行新一轮的改革，以此压制特权阶层。为了救助贫苦的农民，他颁布了《贫民法》，然而，结果却让更多的农民沦为乞丐。

为了防止盖尤斯·格拉库斯做出更多"糟糕"事情，贵族们派人谋杀了他，其部分追随者也遭到了被刺杀或是被流放的悲惨命运。不同于这两位出身贵族阶层的改革者，接下来，两名出身军人的改革家登上政坛——他们就是马略和苏拉，两人都是追随者众多。苏拉是农场主的代言人。马略曾在阿尔卑斯山下打退了条顿人①和辛布里人②的进攻，所以，成为被剥夺了权力的自由民心目中的英雄。

公元前88年，罗马元老院收到了一则消息：黑海边有一个国家，其国王米特里达提斯是古希腊人的后裔，他正在全力打造一个新的"亚历山大帝国"。为了开始其征服全世界的伟大征程，他将小亚细亚的古罗马公民部分妇孺屠杀殆尽！这种行为简直就等同于向古罗马宣战，为此，元老院马上组建了一支军队，讨伐米特里达提斯。不过，在选择军队统帅的问题上，古罗马人之间发生了分歧。元老院更属意苏拉，因为他是现任执政官。但普通民众坚决反对，他们更倾向于马略，因为他是五任执政官，能为他们争取更多权利。

在争吵中，起决定性因素的往往是财富。苏拉依靠手中的势力掌握了军权，率军征讨米特里达提斯。马略则不得不流亡到非洲，等待新的

① 指古代日耳曼民族。
② 指古代奥地利民族。

机会到来。当苏拉及其军队远赴亚洲时，马略突然返回意大利，纠集了大批不满现状的人一举攻入古罗马城，并进行了持续五天五夜的杀戮——元老院里的异党全部被其清除，马略最终成为执政官。但出人意料的是，因为极度的兴奋，马略突然间暴毙。

此后，就是古罗马城混乱的四年。苏拉将米特里达提斯击败后，发誓要秋后算账。他言出必行，回到古罗马后，将城里所有支持改革的人全部杀死，这场屠杀又持续了数周。某一天，苏拉的部下抓住了一个经常与马略斯混在一起的男孩儿，受命要将他绞死。围观的人于心不忍，纷纷替他求情："他仅仅是个小孩子啊！"听到这些话，士兵就把他放了。这个小男孩就是尤利乌斯·恺撒，过一会儿我会再说到他。

苏拉后来自封为"独裁官"（意思是统治古罗马一切的、唯一的最高统治者）。他在做了4年独裁官之后去世。晚年的苏拉将大部分时间用于浇花、种菜，就像其他众多古罗马暴君一样。

此后，古罗马的局势不但没好转，而且越来越坏。苏拉的亲密战友庞培再次率大军东征，对战乱频仍的米特里达提斯国王进行讨伐。这位满腹雄心的国王最终被驱赶进深山，因为深知成为战俘的悲惨下场，他被迫服药自尽了。

于是，在叙利亚，古罗马的威望被再次树立起来。接着，庞培他又征服了耶路撒冷，然后横扫整个西亚地区。公元前62年，庞培大军凯旋。他带回了12艘战船，上面全是被俘房的国王、王子和将军。在古罗马人的庆功宴上，这些人被无情地示众。此外，庞培还带回了难以计数的战利品，全是些价值连城的宝物，其价值之高就连最贪婪的人都不能想象。

这时的古罗马急需一位铁腕人物来整顿。数月前，一个无德无能的年轻贵族差一点儿就攫取了罗马城的领导权。这个名叫喀提林的家伙输光了所有的家产，打算盗取政治权力来为自己捞油水。幸好，正义的学者西塞罗获知其诡计并及时向元老院告发，于是此人仓皇逃走。此时的罗马城里已是危机四伏，这种莽撞的年轻贵族为数不少。

于是，庞培组建了一个3人小组来共同行使管理权，而其本人则顺理成章地成为这几人的核心领导。尤利乌斯·恺撒因为在做西班牙总督时获得了良好的声誉，也位列其中。另一名成员克拉苏并没有强大的政治背景，而他之所以当选，完全是由于他给古罗马军队捐了一大笔军费。很快，他就随军远征帕提亚①，然后不幸战死了。

作为3人小组中最精明能干的一个，恺撒雄心勃勃，并清醒地认识到，如果想成为众人信服的大英雄，就一定要多建立显赫的战功。于是，他开始率军远征，越过阿尔卑斯山，攻占了现在的法国。接着又在莱茵河上成功地架起木桥，给条顿人以致命的打击。他还乘船直逼英格兰，如果不是由于紧急的国内事态令其匆忙赶回古罗马，还不知道他会剑指何处。

据国内传来的情报说，庞培此时已经成为"终身独裁官"，意即恺撒就得退居幕后了。恺撒无法容忍自己处于如此的境地。他想到了当年跟随马略纵横沙场的场景，于是决定给元老院及其"终身独裁官"一个大教训。

他向南渡过阿尔卑斯高卢②行省和意大利之间的卢比孔河③，挥师直逼罗马。沿途的老百姓都对他表示热烈欢迎，将其视为民众之友。他没费一兵一卒就进入了罗马城，并发现庞培已经向古希腊逃去。恺撒随后展开追杀，最终在法萨鲁斯将庞培的护卫军歼灭。庞培本人则仓皇地渡

---

① 伊朗古代奴隶制王国，在大致相当于今天伊朗的呼罗珊地区，中国称之为安息。

② 指荷兰、卢森堡、瑞士和德国的一部分。

③ 欧洲西部的第一大河流。

过地中海，打算到古埃及避难。没想到，他刚一上岸，就被年轻的埃及国王托勒密的手下杀死了。几天后，恺撒率兵追到古埃及，随后却落入了圈套，遭到了古埃及士兵和庞培残部的联合袭击。

幸运的是，恺撒反败为胜，还烧毁了埃及人的战舰。然而，这场大火却波及了海岸边的亚历山大图书馆，导致这座文化史上著名建筑被毁灭。随后，埃及军队被恺撒赶入了尼罗河，托勒密本人也被淹死。后来，托勒密的妹妹克利奥帕特拉又建立了新的埃及政权。

此时，北方又传来战报，声称米特里达提斯的儿子法纳塞斯在积极备战，想为父亲报仇。恺撒又挥师直取北方，用了五天五夜的时间击败了法纳塞斯。在传给元老院的捷报中，他写下以下旷世名言："Veni，vidi，vici"，意思是："我来了，我看见了，我征服了！"

然后，恺撒又返回埃及——他竟然无可救药地爱上了埃及女王克利奥帕特拉。公元前46年，恺撒和克利奥帕特拉女王共同返回罗马城，二人共同执掌罗马国政。在其一生中，恺撒共赢得四次堪称辉煌的重大胜利。每次战后回师，他都会行走在仪仗队的最前面，可谓威风凛凛、不可一世。

恺撒因此向元老院邀功，臣服于他的元老们决定，让他做期限为10年的"独裁官"。不幸的是，这一决定带来了致命的后果。

恺撒马上颁布了众多整顿现状的新条令。他首先让自由民加入元老院，又恢复了古代的制度，让边远省份的百姓也可以享受到正常的公民权。他还让具有外族血统的人参政议政，大力革新边地的行政管理，防止贵族将边疆各省的利益中饱私囊。

总之，恺撒替民众做了很多事，也因此成为特权阶层仇恨的对象。没过多久，50多个年轻贵族打着拯救共和国的名义，策划对恺撒实施谋杀。当年3月的伊迪斯日（按照恺撒由古埃及带来的新历法计算即3

月15日），恺撒在走入元老院时遭到了刺客的暗杀——古罗马再度失去了英明的领袖。

这时，有两个人努力要继承恺撒的荣耀，一个是恺撒从前的秘书安东尼，另一个就是恺撒的养子屋大维。恺撒遇刺时，屋大维正好在罗马，而安东尼则远在埃及——安东尼也疯狂地爱上了埃及女王克利奥帕特拉。

于是，屋大维与安东尼展开了竞争，最终，在激烈的阿克提姆战役中，屋大维将安东尼击败。走投无路的安东尼自杀，克利奥帕特拉只好独自一人面对强敌。克利奥帕特拉想对屋大维施展美人计，打算让他成为拜倒在她裙下的第三位罗马军事统帅。但让她意想不到的是，这位高傲的罗马贵族压根儿不曾心动。最终，克利奥帕特拉害怕被当作罗马军队凯旋的战利品示众，也自杀了事。从此，古埃及成为古罗马的海外行省。

屋大维行事机警，没有走恺撒的老路。他深谙过于张扬招致嫉恨的道理，所以，回到罗马后，在论功行赏时，他仅提了一些普通的要求。他说自己不做"独裁官"，只要给他个"光荣者"的名号就够了。

数年之后，对于元老院授予他的"奥古斯都"（意思是神圣、光荣、显耀）称号，他就不再拒绝了。又过了好几年，他开始被市民们称为"恺撒"，而那些一向将他当作军事统帅的将士们则叫他"元首"或"皇帝"。就这样，在无声无息中，罗马共和国演变成了帝国，古罗马民众压根儿没有感觉到这种变化。

公元14年，屋大维已经稳稳地坐在了古罗马最高统治者的宝座上。人们如同敬拜神一样崇敬着他，他的继任者也公开以"皇帝"自称。

实际上，古罗马民众已经厌倦了这种你争我夺的混乱政治局面，对他们来说，如果新皇帝可以将安宁带给他们，不再进行没完没了的战争，那么，皇权由谁掌握是无所谓的。在屋大维统治期间，罗马民众安享了足足 40 年的平静生活。

已经取得皇权的屋大维没有再进行开疆拓土的征伐。他仅仅在公元 9 年，派人到欧洲西北荒野攻击条顿人，结果，在条顿堡森林，罗马将军瓦卢斯及其部下惨遭覆灭。此后，罗马人彻底打消了打击北方蛮族的念头。

罗马人开始关注国内的政治改革，不过，为时已晚。历时 200 多年的皇权斗争和不断的战乱，罗马的青年才俊死伤过半。自由民因为奴隶的强大劳动力而丧失了竞争力，农民阶层很快就土崩瓦解。这导致农民大量涌入城市，城市则成为一个巨大的难民收容所。官僚机构高度膨胀，很多小公务员由于收入微薄，只好靠接受贿赂来维持生计。最可怕的是，民众面对暴力、流血和他人的痛苦时，已经麻木不仁了。

从表面上看，公元 1 世纪的罗马帝国仍旧政治昌明、幅员辽阔，就算是当年辉煌一时的亚历山大帝国也仅是其中的一个边陲小省。然而，生活在这一辉煌表象之下的大众却过着水深火热的生活，他们每天如同背负着巨石而行的蚂蚁一样辛苦劳作，但劳动果实却被少数人攫取，而他们本人只好和牲畜同吃同住，直至绝望而死。

古罗马建国的第 753 年，时任帝国皇帝的盖尤斯·尤利乌斯·恺撒·屋大维·奥古斯都在帕拉蒂尼山的宫殿里，每天面对着堆积如山的政务。

就在这时，遥远的叙利亚小村里，木匠约瑟夫之妻玛利亚生下了一个小男孩，并全心全意地看护着他。

世界是如此奇妙。

不久之后，王权和平民之间发生了公开对抗。

最终的获胜者就是耶稣。

第二十五章　拿撒勒的约书亚

拿撒勒人约书亚（古希腊人之为耶稣）的故事。

罗马历815年（即现代历法所说的公元62年）秋天，古罗马的外科医生艾斯库拉皮乌斯·库尔特鲁斯给他的外甥写了一封信，当时，后者正在叙利亚服兵役。信的内容如下：

我亲爱的外甥：

几天之前，我受邀去为一个名叫保罗①的人看病。他好像是一个犹太裔的古罗马公民，他看上去温文尔雅，很有教养。听说他被牵扯进了一桩刑事诉讼案，此案件由恺撒利亚或地中海东部某省的省级法院负责审理。我曾听说，保罗极其"野蛮、凶狠"，曾在各地发表反人民的违法演讲。我并不这么认为，相反，我认为他充满智慧，而且可以信赖。

我从一位在小亚细亚服过兵役的朋友处得知了一些与保罗相关的、在以弗所传教的事迹，他好像是在宣扬一位新的神明。我就将这些向我的病人求证，还问他是不是果真打算发动民众反抗我们可敬的皇帝。保罗答道，他所宣称的新国度，是一个超越了此世的"彼岸世界"。除此之外，他还说了许多稀奇古怪的话，我听不太明白。不过，我暗中猜想，这或许是因为发高烧而说的胡话吧。

不过，我对于他的高贵优雅印象深刻。过了没几天，我又听说了他在奥斯廷大道上被杀害了。我为此感到特别难过，所以给你写这封信。假如你下次路过耶路撒冷，请你多收集一些与保罗相关的故事，最好包括那位奇特的犹太先知的，我感觉，他似乎是保罗的老师。

我们的奴隶一听说这位救世主就会变得激动起来，有些人还由于公开谈到"新国度"（不管它的确切含义到底是什

---

① 基督教奠基人之一，耶稣的使徒，是一位拥有罗马公民身份的犹太人。

么）而被当局钉上了十字架。我对于这些传闻的真相特别感兴趣。

你忠诚的舅舅

艾斯库拉皮乌斯·库尔特鲁斯

六周之后，库尔特鲁斯医生的外甥格拉迪乌斯·恩萨（驻高卢第七步兵营上尉）回信如下：

亲爱的舅舅：

自从收到您的来信，我就专门去了解了一些事实。

我们部队在两周前受命到耶路撒冷公干。在上世纪，这座城市历经浩劫，原来的建筑已经消失殆尽了。我们在这里驻扎了一个月，明天就要到派特拉去，为的是处理一些阿拉伯牧民之间的小摩擦。今晚，我特意抽时间为您写回信，将您提出的一些疑问予以解答，不过，您不要对我给出的答案抱太大的希望。

我与耶路撒冷这座城市里的很多老人交谈过，不过，我几乎无法从他们那里获得明确的信息。几天前，恰好一个商人来到我们军营，我买了他的橄榄，然后向他询问关于那位在年轻时就被杀害的著名的弥赛亚[1]的情况。此人声称对此印象深刻，而他在父亲的带领下曾去各各他[2]观看这位弥赛亚被处决的情景，他的父亲还告诫他，这就是违反法律、成为全民公敌的下场。他告诉我，如果想了解更多的情况，可以去找一个叫约瑟夫的人。这个人据说是弥赛亚生前的好

---

① 即"救世主"。由希伯来语写成的《圣经·旧约》曾预言，上帝会派一位"弥赛亚"国王来拯救受异族压迫的犹太人。

② 意为骷髅地，是耶路撒冷城外的一座小山，耶稣被钉死在十字架上的地方。

友。这个商人反复强调，这位约瑟夫对弥赛亚的情况知道得特别详细。

我今天一早拜访了约瑟夫。他曾经是一名渔夫，如今，虽然年纪大了，不过还保持着强健的记忆力。从他那里，我才开始清晰地了解到，在我出生前的动乱年月里，发生过怎样的事情。

那还是在提比略皇帝执政的时候，本丢·彼拉多是当时的犹太和撒马利亚①总督。约瑟夫对彼拉多了解得极少，只记得他似乎为人比较正直，在做总督期间声名极好。约瑟夫说，他忘了到底是在罗马历783年还是784年，彼拉多奉命前往耶路撒冷处理一起骚乱。当时，传言说，一个拿撒勒木匠的儿子正在组织一场反抗古罗马当局的暴动。不过，让人不明白的是，一向信息灵通的情报人员却对此一无所知。

经过严谨的调查取证，他们发现，这位年轻的木匠之子，其实是一个遵纪守法的好公民。约瑟夫说，对于这份报告，犹太教长老很不满意。在贫困的希伯来地区，这位木匠之子受到了热烈的欢迎，所以，犹太教的各位长老对他相当嫉恨。他们去向彼拉多告发此人，说这个拿撒勒人公开宣扬：无论是谁，不管是希腊人还是罗马人、法利赛人，如果其作风正派、生活高尚，就可以和那些付出毕生心血钻研"摩西古律"的犹太人一样，获得上帝的护佑。

开始的时候，彼拉多起初对此并没放在心上。但后来事态的发展越来越严重，很多人在犹太神庙周围集会，高呼要将耶稣及其信徒处死。彼拉多只好将这位木匠之子收监，用这个方法保住了他的性命。

彼拉多一直不明白这起纷争背后的实质。他多次要求

---

① 古代巴勒斯坦的中部地区。

犹太教长老对这些人的不满给予解释，结果仅是听到"异端""叛徒"等激动的叫喊。约瑟夫告诉我，彼拉多最后让人将约书亚（约书亚即这个拿撒勒人的名字，但这里的希腊人都叫他耶稣）带到自己面前亲自盘问。两人之间进行了数小时的谈话。彼拉多问约书亚，他是否在加利利湖边宣扬"危险的教义"。约书亚却告诉他，自己从不过问政治，只关注人的灵魂生活而不是肉体行为。他的目标就是让每个人都可以爱其邻人如兄弟，并敬拜造物主为唯一的上帝。

彼拉多看上去似乎相当了解斯多噶学派[1]和其他古希腊哲学，所以，并不认为耶稣的言行够得上叛国。约瑟夫说，彼拉多曾多次想解救约书亚的生命，并用拖延的方式不对他定刑。可这时，愤怒的犹太人群受犹太教长老的教唆与煽动，已经脱离了控制。耶路撒冷在此之前曾经发生过多起暴乱，而可以维护秩序、制止暴乱的古罗马官兵的人数相当少。

犹太人甚至向撒马利亚的罗马政府控告彼拉多总督，声称他已经接受了拿撒勒人的危险教义。于是，全城的人都要求遣送已经成为皇帝的敌人的彼拉多回家。您知道，罗马对驻外总督有严格规定，不能和当地民众发生公开的冲突。面对来自四方的压力和可能引发战争的危险，彼拉多唯一的选择就是处死约书亚。约书亚自始至终保持着尊严，并对每个仇视他的人表示宽恕。最后，在耶路撒冷暴民的狂叫与嘲笑声中，他被钉上了十字架。

约瑟夫说完这些后泪流满面。我临走前将一枚金币送给他，他却拒绝了，他恳请我将金币留给真正需要它的人。我也问了他关于您的朋友保罗的事迹，不过他并不太了解。保罗原本似乎是一个制作帐篷的手工艺人，后来，他全身心地

---

[1]　古希腊晚期和罗马时期的哲学流派。

为其仁慈的上帝传播福音。保罗宣讲的上帝和犹太教长老口中的耶和华截然不同。后来，保罗在小亚细亚和西亚传道，他向奴隶们宣称，大家都是那位仁慈的天父之子，不管贫富，只要诚实地生活，乐于帮助任何受难的人，就一定可以进入幸福的天国。

　　以上，就是我所能给出的答复，不知您是否满意。但我真的无法看出这个故事存在任何和罗马帝国安全相关的问题。我们古罗马人恐怕真的不了解这一地区的人。我对您的朋友保罗被害表示深深的遗憾。希望我可以早日回家。

您永远忠诚的外甥

格拉迪乌斯·恩萨

第二十六章　古罗马的覆灭

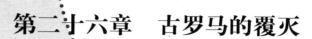

罗马帝国陷入了穷途末路。

　　公元476年，罗马的末代皇帝下台，这一年就成了古代史书中记录的罗马帝国正式覆亡的纪年。然而，如同罗马帝国经历了太多的起伏才得以建立，罗马帝国也是经历了漫长的过程才覆亡，甚至，太多的古罗马人还没有发现旧帝国正慢慢远去。他们仅在多变的社会形势中没完没了地抱怨物价变高了，收入变少了。同时，他们愤怒地对贵族、商人聚敛财富和垄断稻谷、羊毛和金币的交易行为进行谴责。他们时而也会对那些贪腐的地方总督进行反抗。

　　不过，总体而言，多数古罗马人还是可以安稳度日的。他们量入为出地生活着，按照每个人的本性生活着，当免费角斗士表演举行时，还会兴致勃勃地前去观看，也有一些人则因为饥饿而死在难民收容所。对他们来说，帝国依旧如日中天，黑暗的覆灭遥遥无期。

　　被罗马帝国的光辉外表弄得眩晕的罗马人，的确不太容易看到危机的实质。各个省区之间道路宽敞便利，执法者依旧敬业地维持着城市治安、打击犯罪，边疆英勇的将士让虎视眈眈的北方蛮族轻易不敢乱动，世界各地的朝贡者不停地到达，一批极具才干的政客正在打算对国家过去所犯的一些错误予以补救，希望可以让共和国初期的辉煌和美妙得以重现。

　　不过，我已经说过，罗马帝国的危机有着深刻的根源，就本质来说，局部的修补和浮光掠影的改革根本不可能解决问题。

　　从本质上说，古罗马仅仅是一个与古希腊雅典、科林斯相差无几的城邦，统治意大利半岛对它而言相当轻松。但它若想统治整个广阔复杂的文明世界，那么，就政治角度而言就相当困难了，即使它可以做到，也无法长久。古罗马的年轻人大多战死了，残酷的兵役和沉重的赋税令农民走投无路，只好去做乞丐，或者替庄园主打工，于是成为贵族的农奴。这样的农奴尽管并非奴隶，可也不再具有自由民的身份，他们已经成为所耕种土地的附属物，与一棵树木、一头牲口相差无异。

在帝国中，国家利益至上，普通公民的利益得不到任何保障。奴隶们在保罗的奇特话语中看到了光明，为此全身心地听从那位拿撒勒的木匠之子给予的训诫。他们不去反抗，竟然较之从前更加顺从。既然尘世生活仅是悲惨的过渡，那么，他们也不会对俗世中的任何事物产生兴趣。他们愿意"打美好的仗"①，目的是想进入天国，而并非想满足皇帝的私心——参加争夺帕提亚、努米底亚②或苏格兰。

时间就这样走过了数个世纪，帝国的情形则越来越糟糕。最早的几个皇帝还沿袭着民众领袖的传统，统治着将每个属地的地方首领。到了公元2-3世纪，那时的罗马皇帝都出身于行伍，全靠忠心耿耿的禁卫军的保护。要知道，这些皇帝上台的手段全是靠刺杀前任，所以，他们也面临着被下一个篡位者谋害的危险。而任何野心勃勃、利欲熏心的富有贵族都可能收买禁卫军，展开夺权行动。

就在这时，帝国的边境遭到北方蛮族的屡屡侵犯，而罗马本土的青壮年男子已经伤亡殆尽，若想抵御侵略，唯一的办法就是雇用外邦军队。要是不巧所雇的外邦军队和北方侵略者同属一个种族，那么，这些外邦雇佣军就会暗中作假。

皇帝最后实在没办法了，只好同意某些蛮族可以到帝国境内居住。于是，一批又一批的蛮族部落先后迁入罗马帝国，并很快开始对古罗马税务官员贪婪的盘剥行为进行反抗。要是抗议得不到回应，他们就大举涌入罗马城，直接向皇帝请愿。

因为这个原因，罗马城变得鸡犬不宁，不再是巍峨皇都的景象。为

---

① 这里的意思是指信仰基督教。

② 北非古国，位于今阿尔及利亚东北部与突尼斯毗邻的部分。

此，君士坦丁大帝（公元323—337年在位）开始打算建立新的都城。他首先看上了连接着欧亚两大洲贸易来往的拜占庭，于是将首都迁到那里，将其更名为君士坦丁堡。君士坦丁死后，他的两个儿子为了更方便地管理国家，将帝国分成东西两半。哥哥住在罗马城，负责管理帝国西部，弟弟留守君士坦丁堡，统治着帝国的东部。

公元4世纪，可怕的匈奴人杀到了欧洲。这个马背上的神秘民族纵横欧洲北部大约200年的时间，造成的结果就是生灵涂炭。一直到公元451年，在马恩河畔（今属法国）爆发的夏龙战役中，匈奴人才最终被消灭。

多瑙河①流域的哥特人因为受到匈奴人的侵略，无奈之下，他们只好转而侵略罗马。公元378年，在抗击哥特人的亚德里亚堡战役中，瓦林斯皇帝战死。22年后，西哥特人的首领阿拉里克率军攻入了罗马城，他们烧毁一些宫殿建筑，并未大肆杀戮。随后，汪达尔人又攻入这座历史名城。然后就是勃艮第人②、东哥特人、阿勒曼尼人、法兰克人③。最后，只要有野心，谁都可以纠集起一批盗匪轻松地蹂躏罗马。

公元402年，西罗马皇帝被迫逃离古罗马城，到达城池坚固的拉文纳港。公元475年，日耳曼雇佣军的长官奥多阿瑟来到拉文纳，他用软硬兼施的方法将最后一位西罗马皇帝罗慕洛斯·奥古斯塔斯赶下台，自封为罗马新帝。东罗马皇帝也只好无奈地对其予以认可。奥多阿瑟统治西罗马残部长达10年之久。

随后，东哥特首领西奥多里克又杀了奥多阿瑟，在西罗马帝国的废墟上建立起一个短命的哥特王国。公元6世纪，哥特王国又被伦巴底

---

① 欧洲仅次于伏尔加河的第二长河。
② 日耳曼民族的一支。
③ 北方日耳曼民族的部落名。

人①、萨克森人②、斯拉夫人③和阿瓦尔人④联手消灭了。

　　古罗马城因连年战火而变得伤痕累累。经过数次劫掠，古老的王宫仅余一个残存的躯壳。野蛮人将贵族从豪宅中驱赶出去，自己取而代之。帝国赖以为荣的交通大道和桥梁均遭到破坏，关系国家经济命脉的贸易活动处于停滞状态。凝聚着古埃及人、古巴比伦人、古希腊人、古罗马人数千年智慧和辛劳的光辉文明，正面临着彻底消失于欧洲大陆的危险。

　　远方的君士坦丁堡，还依稀保有着罗马帝国的余晖，并坚持了1000年，不过，它毕竟不属于欧洲大陆。伴随着其思想和文明的日渐东方化，那旧有的西方色彩慢慢褪去了光彩。在这一过程中，罗马语被希腊语取代，罗马字母被人们抛弃，来自希腊的法官拥有了对法律的解释权。

　　蛮族人则彻底洗劫了西方世界，整整12代人处于杀戮、战争、焚烧、劫掠之中。这时，能让文明免遭覆亡，能让欧洲人避免倒退到原始生活状态的唯一依靠，就是基督教教会。在这混乱不堪的世界里，拿撒勒的木匠之子耶稣拥有了越来越多的信徒。

---

① 　日耳曼民族的一支，公元568年在意大利北部建立封建王国，公元774年为法兰克王国所灭。

② 　北方日耳曼民族的一支。

③ 　古代中亚地区的游牧民族。

④ 　其来源和语言还都未能确定的一个民族，原居高加索，后来介入日耳曼民族与古罗马的战争。

第二十七章　穆罕默德

穆罕默德成了阿拉伯沙漠的先知，其信徒为维护真主安拉的光荣而展开了征服世界的行动。

继迦太基和汉尼拔之后，我们再未提及闪族人。而实际上，古巴比伦人、亚述人、腓尼基人、犹太人、阿拉密人还有迦勒底人都是闪族，西亚在他们的统治下持续了三四个世纪。后来，来自东方印欧民族的波斯人和来自西方印欧民族的古希腊人将他们的统治权先后夺走。

到了公元7世纪，闪族部落的代表阿拉伯人再次向西方宣战。这个长期以来始终生活在沙漠中的游牧民族在此之前却没表现出一点儿争夺世界霸权的先兆。后来，他们在先知穆罕默德的教导下，骑上战马开始远征。仅仅不到一个世纪，欧洲内地就被阿拉伯骑兵攻占了。

穆罕默德本名艾哈迈德，后来被尊称为"穆罕默德"，意思是"将受赞美的人"。他的故事听起来就像《一千零一夜》[①]中的传说一样神奇。穆罕默德出生于麦加，他认识到，真正的神绝对是唯一的。

当时的阿拉伯人敬拜对象是一些奇形怪状的石头和树干，和数万年前的人类祖先一样。他们的圣城麦加有一座长方形神庙，名字叫作"天房"，这些信徒崇拜的神物就摆放在那里。

穆罕默德向麦加的邻居声称，自己就是真主安拉派往人间的先知。

邻居们放声嘲笑他，穆罕默德则相当执着，反复陈说，最终将邻居惹烦了，认为他是一个疯子，准备谋害他。所幸，穆罕默德预先得知了消息，于是连夜带着忠实的信徒阿布·贝尔向麦地那逃去——因为这件事发生在公元622年，这一年就成为伊斯兰教历史上的重要日子，被定为伊斯兰教纪元的元年。

麦地那的人们都不认识穆罕默德，没过多久，他的追随者就开始多了起来，这些人自称穆斯林，意思是"服从神意的忠实信徒"。而穆罕默德最为推崇的品德就是"服从神意"。穆罕默德用7年的时间在麦地

[①] 阿拉伯民间故事集，也就是《天方夜谭》。

那传教，然后带着麦地那大军穿过沙漠，轻松地攻入麦加。

此后，至死为止，穆罕默德都没有遭遇更大的挫折。

穆罕默德教导的信条极为简单。他让信徒知道，一定要热爱真主安拉，一定要孝敬父母，和邻人交往不撒谎，要乐于援助穷人和病人，不能酗酒和浪费粮食……

伊斯兰教的清真寺都仅是一些巨型石砌大厅，里面没有长凳或者画像等摆设。信徒们如果愿意，随时能在那里聚会阅读和讨论圣书《古兰经》。穆斯林的信仰是发自内心的，所以不会认为教会的规条是对自己的束缚。他们每天都要面朝麦加祈祷5次，在余下的时间里则耐心地接受安拉对自己的安排。

受这种生活原则指导，穆斯林可以从中获得一种精神满足，对自己和他人保持一种平和的心态，从这一角度来看，这也是一件好事。

另一方面，穆斯林在作战时以信仰作为动力——先知说过，那些在抗击敌人的时候英勇牺牲的穆斯林可以直接升入天堂。很多时候，与漫长而艰辛的人生相比，战场上的一时痛苦似乎更容易让人忍受。于是，心怀这种信念的穆斯林在作战的时候，必然比十字军更有战斗力[1]。而对来自欧洲的十字军战士而言，死后的黑暗世界是十分让人恐惧的，所以，他们对今生今世的美好特别留恋。

在成功地建立起信仰的大厦之后，穆罕默德已经成为阿拉伯民族众望所归的统治者。为了博取富人的支持，他制定了一些可以吸引富人的教规，比如，他准许信徒娶四个妻子。但对阿拉伯人来说，娶一个妻子就要花费一大笔钱，娶四个自然花费更多，这恐怕也只有那些拥有数不

---

[1]　指中世纪时期基督教世界发起十字军东征，与伊斯兰教徒作战以保卫圣地耶路撒冷。

尽的骆驼、单峰驼和枣椰林的大富豪能做到。

公元632年6月7日，先知穆罕默德因热病去世。穆罕默德的岳父阿布·贝尔成为他的继承者。在创教初期，阿布和穆罕默德同甘苦共患难，为此被穆斯林敬称为哈里发（即领袖的意思）。两年后，阿布·贝尔也去世了，奥马尔·伊比恩·阿尔成为其继任者。这个人用不到10年的时间，就征服了包括埃及、波斯、腓尼基、叙利亚、巴勒斯坦在内的大片土地，并在此基础上，建起了一个以大马士革为首都的伊斯兰帝国。

穆罕默德的女儿法提玛的丈夫阿里，是奥马尔之后的又一位哈里发。后来，阿里因为一场关于伊斯兰教教义的争端而被杀。从此之后，哈里发的传位就开始采用世袭制，早先的宗教精神领袖开始成为帝国统治者。在幼发拉底河畔古巴比伦遗址附近，这些人修筑了新都巴格达。他们将阿拉伯游牧民改造成一支强大的骑兵部队，开始四处征战，同时将自己的教义向外邦传播。公元700年，穆斯林将军塔里克在顺利跨过赫丘利大门之后，登上了欧洲海岸的高耸山岩。他用自己的名字命名，称其为吉布尔-阿尔-塔里克，即塔里克山的意思。今天，我们通常称其为直布罗陀。

11年后，在帝国边陲的薛尔斯战役中，塔里克将西哥特军队击溃。穆斯林骑兵随后顺着当年汉尼拔的远征路线，越过比利牛斯山口向欧洲纵深挺进。阿奎塔尼亚大公原打算在波尔多伏击阿拉伯人，却被击失败了。穆斯林骑兵继续北进，目标是巴黎。

公元732年（也就是穆罕默德死后100年），在图尔和普瓦提埃两地之间的欧亚对决中，穆斯林军队惨败。在那场惊心动魄的战役中，法兰克人的首领查理·马特①（即"铁锤查理"）力挽狂澜，挽救了整个欧洲。但西班牙地区还被穆斯林控制着。在那里，阿布杜勒·拉曼建起了科尔多瓦哈里发国——此地成为中世纪欧洲最大的科学和艺术中心之一。

这个摩尔王国在历史上延续了700多年的时间，之所以称其为摩尔王国，是由于这里的统治者最早是从摩洛哥的毛里塔尼亚来的。1492年，欧洲人将穆斯林在欧洲的最后一个占领区格拉纳达夺回。这时，哥伦布因为获得了西班牙王室的资助，开始了他地理大发现的伟大航程。

此后，穆斯林又再展雄风，将自己的统治地域扩充到亚洲和非洲。

---

① 查理·马特（676—741），法兰克王国的首相，著名的军事统帅，矮子丕平之父，也即查理曼大帝的祖父。

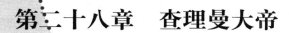

第二十八章　查理曼大帝

法兰克人的国王查理曼大帝争夺到象征皇权的皇冠之后，古老帝国的光辉得以再现。

普瓦提埃战役中，欧洲人得以从穆斯林的铁蹄下逃脱。但此时的欧洲已经变得极其混乱，这种来自内部的威胁一直都存在着。

神圣而务实的教皇为此开始四处寻找强大的、可靠的盟友。没过多久，他就发现了日耳曼人中极其有发展前途的一支——罗马帝国灭亡以来，长期盘踞在欧洲西北部的法兰克人。

公元486年，法兰克国王克洛维认为自己已经具有挑战罗马的强大实力，但其后代却相当无能，将国家大事完全交给了首相处理。

矮子丕平，即著名的查理·马特之子，他在接替其父出任首相的初期就遇到了一些困难。当时的国王吉尔德里信仰基督教，痴迷于神学而不关心政治。为此，丕平征询教皇的意见，教皇给出的回答是："实权人物应该拥有政权。"丕平深谙其中的道理，于是，干脆劝说这位墨洛温王朝的末代国王放弃政权遁入空门，并在日耳曼其他部族首领的拥护下自立为法兰克国王。

野心勃勃的丕平并未因为自己成为蛮族领袖而满足，他请卜尼法斯（当时西北欧最有名望的传教士）为其主持册封他为"上帝恩赐的国王"的加冕仪式。为这一事件，丕平对教会心存感激。他为了帮助教皇夺回拉文纳（当时被伦巴底人占有）等地，两次赴意大利远征。在他的帮助下，教皇得以在新的领土上建起了一个"教皇国"——这是一个独立的国家。

公元768年，丕平之子，著名的查理曼大帝继位做了法兰克国王。在他的带领下，法兰克将德国的东萨克森吞并，并在北欧修建城镇和教堂。后来，查理曼在阿布达尔·拉曼的敌人的邀请下，进入西班牙和摩尔人作战。但在经过比利牛斯山区时，他率领的军队被野蛮的巴斯克人顽强地击退了。在最危险的时刻，查理曼国王受到了布列塔尼侯爵罗兰的保护，得以安全撤退，而这位侯爵却与其部下一起壮烈牺牲——可以说，罗兰骑士是早期法兰克贵族忠君精神的楷模。

公元799年12月，一群流氓在罗马大街上将教皇列奥三世打得半死，幸亏遇上几个好人将他救了下来，从而让其安全逃到查理曼的军营。为此，查理曼马上派出一支法兰克军队前去平定罗马暴乱，并派兵护送列奥三世返回拉特兰宫（自从君士坦丁在位时起，那里就始终是教皇的居住地）。次年圣诞节，查理曼到罗马的圣彼得大教堂参加教会的祈祷仪式。当查理曼祈祷完毕正要离开之际，教皇突然走上前，将一顶皇冠戴在了他头上，并册封其为罗马皇帝，并将搁置了好几个世纪的"奥古斯都"的称号重新授予他。

公元814年，查理曼大帝去世，其后代为争夺这块广阔领土而爆发了战争。公元843年签订的《凡尔登条约》和公元870年签订的《梅尔森条约》，先后两次瓜分了加洛林王朝。后者直接将法兰克王国划分为两部分，包括古罗马高卢行省在内的西部领土，成为"勇敢者"查理的领地。

被日耳曼人称为日耳曼尼亚的东部领土则成为查理曼大帝另一个孙子的领地。这个地方的民众因为与罗马的高级文明相距甚远，为此，日常生活中还使用着通行的条顿方言。后来，这里发展出了德意志民族。

而加洛林王朝的继承者则失去了那顶令大家欣羡不已的帝国皇冠，意大利平原的统治者将其据为己有。最后，这顶皇冠落在了一个更强大的国家手中。无奈之下，教皇又一次向北方求救。这回，他让人越过阿尔卑斯山，求见日耳曼各部的统领萨克森亲王奥托。

奥托及其臣民一向对意大利及其人民怀有好感。得到教皇的请求后，他马上率军前去援助教皇。而教皇列奥八世为了回报奥托的功绩，将其册封为"皇帝"。从此以后，查理曼王国的东部领土称为"日耳曼神圣罗马帝国"。

此后，神圣罗马帝国一直存在了839年，直到1801年拿破仑大军到来为止。

第二十九章　北欧人

为什么公元10世纪的人们都在祈祷不被北欧人侵犯呢？

公元3—4世纪时，中欧的日耳曼人杀入罗马帝国，对当地的物产与财富进行大肆劫掠。到了公元8世纪，原本劫掠他人的日耳曼人也遭到了别人的劫掠。为此，他们感到特别生气。要知道，劫掠他们的这些盗寇竟然与他们具有亲缘关系，这些人就是住在丹麦、挪威和瑞典的北欧人。

这些人在当海盗的过程中乐趣十足，并且所向披靡。他们会突然登陆到岸上，将位于入海口的法兰克人或弗里西亚人的村庄洗劫一空，杀光男人，抢走女人，然后扬长而去。等到闻讯而来的军队赶到时，他们早已消失得无影无踪，空余一堆烟尘漫飞的废墟。

查理曼大帝死后，欧洲变得混乱不堪，北欧海盗得以到处肆虐。他们的船队到欧洲每一个沿海国家进行劫掠，他们的水手在荷兰、法国、英国、德国（甚至还有遥远的意大利）的海岸上，建立起无数的据点。北欧海盗都很聪明，会在短时间内学会被征服地区的文明和语言，从而丢弃了早期维京人（也就是海盗）野蛮、肮脏的生活习惯。

公元10世纪初，维京人罗洛多次进犯法国的沿海地区。软弱的法国国王面对这些北方强盗时束手无策，不得不笼络他们。他答应罗洛，如果他们不再继续侵扰法国，他愿意将整个诺曼底送给他们。对于这一提议，罗洛真是喜不自胜，于是他就带领部下安顿下来，成了诺曼底大公。

罗洛的后代身上仍然流淌着当年侵略者的血液，当他们望向海峡对面时，发现仅需数小时航程就可以到达英格兰海岸的青山绿野。这片土地一向多灾多难，罗马人先奴役了两百年，随后，来自石勒苏益格的日耳曼人（盎格鲁人和撒克逊人）又将其征服。后来，丹麦在此建立起克努特王国。公元11世纪，撒克逊人"忏悔者"爱德华赶走了丹麦人，自立为王。此时，爱德华已经命不久矣，加之他没有后代，于是，野心勃勃的诺曼底大公邪念顿生。

1066年，爱德华去世。诺曼底大公威廉马上率军渡过海峡，在黑斯廷战役中将威塞克斯的哈罗德杀死，自己做了英格兰国王。

第三十章　骑士制度

欧洲中世纪的职业军人试着建立一种互助组织，正是在这种协作意识下，产生了骑士制度。

对于骑士制度最初的起源，我们知道得并不多，只知道当时的欧洲因为它的出现产生了所需的行为准则，野蛮的习俗因它的出现而渐趋文明。为此，人们的生活比之前500年的黑暗时代要稍微舒适一些。当然，进步是需要付出代价的，最终，就连那些狂放不羁的骑士都开始恪守起这一套行为准则。

在欧洲各地，骑士准则或许表现不同，但强调服从与忠诚是其共同的原则。在中世纪，服从被认为是一种高尚的品德，如果你工作出色、恪尽职守，那么，做一个善于服从的仆人也会为人称道。此外，这个时代的发展需要人们承担一些并非出于本心的责任，所以，对骑士来说，忠诚的品德至关重要。

在成为年轻骑士的时候，要举行一个重要的仪式，那就是发誓，保证永远忠于上帝和国王。除此之外，他还要起誓对穷人乐善好施，在他人面前保持谦卑，与任何一位受苦受难的兄弟成为朋友……

实际上，骑士的这些誓言源于《摩西十诫》的中世纪翻版。在此基础上，骑士们发展出一套与言行举止相关的礼仪规范。对他们来说，行吟诗人唱颂的亚瑟王[①]的圆桌武士和查理曼大帝的贵族骑士是其行为的榜样，他们以这类人物作为自己的楷模。所以，骑士们总是希望自己可以像兰斯洛特[②]那样英勇无敌，像罗兰那样忠贞不渝。虽然这些骑士衣着朴素，也没什么钱，但他们竭力令自己进退有度、谈吐文雅，不给自己骑士的声名抹黑。

如此一来，骑士团队成为学习教养的最好学校，而对于社会的发展来说，教养和礼仪无疑是发酵剂。骑士精神在其谦恭有礼的言行中

①　亚瑟王是6世纪不列颠岛上威尔士和康沃尔一带凯尔特人的领袖，也是传说中抵抗盎格鲁－撒克逊人入侵的英雄。
②　亚瑟王传说中最重要的一个圆桌骑士。

表现出来，这种精神会对其周围的人们产生一定的影响，人们由此学会了如何穿着、进餐，如何向女伴邀舞，如何让生活充满乐趣和雅致，等等。

如同人类其他制度一样，骑士制度一旦变得和时代不相符，也必定会走向灭亡。

十字军东征以后，欧洲的商业慢慢发展起来，各地都出现了繁华的城市。市民生活富裕起来后，开始聘用教师提高修养和礼仪，于是，大多数人在言行举止方面变得和骑士一样有风度。

此外，长矛重甲的骑士在火药面前变得脆弱不堪，雇佣军的突然出现也让战争变得残酷起来。如今的骑士阶层成为可有可无的装饰品。而一旦骑士失去其存在的价值，那么，他在人们面前就和小丑差不多了。据说，尊贵的堂·吉诃德先生①是欧洲世界最后的骑士。他活着的时候将盔甲和宝剑视作性命，不过在其死后，为了偿付其欠下的大笔债务，这些东西都被卖掉了。

然而，不知是什么原因，堂·吉诃德的宝剑好像始终流传在人类历史中。当华盛顿将军在福奇谷②接近绝望之际，他用这把宝剑保持自己的尊严；当戈登将军③在喀土穆突围战的浴血之际，为解救众多部下的生命，他在这把宝剑的支持下奋战不息，直至最后英勇捐躯。

而在最近结束的世界大战④中，这神奇的宝剑更是爆发出超乎人们想象的力量！

---

① 西班牙著名作家塞万提斯的小说《堂·吉诃德》中的主人公。

② 美国独立战争时期，华盛顿曾被困在这里。

③ 英国将领。

④ 此处指第一次世界大战。

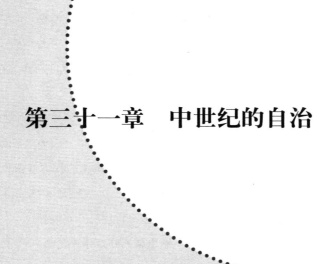

第三十一章　中世纪的自治

城市的自由民怎样在皇家议会中得到发言权。

在游牧民过着那种四处迁移游荡的生活期间，人们都享有平等的权利和义务，都要承担起保护集体安全和利益的义务。等到他们定居在某处后，贫富分化就出现了。变得富有的人自然要获得统治权，他们无须为了生存而艰苦劳作，可以将全部身心投入到政治活动中去。

这样的发展过程在古埃及、两河流域、古希腊和古罗马就发生过。当日耳曼人在西欧站稳脚跟后，同样的变化也发生了。

西欧最早的时候处于皇帝的统治下，皇帝是从神圣罗马帝国的七八个较强大的诸侯国的国王中选出来的。不过，慢慢地，因为皇帝的实权被逐步侵吞，最终成了一个虚名。而各诸侯国国王的权力好像也没变大，甚至，他们连王位也未必坐得稳——实际上，是那些封建领主享有实权并管理各地日常事务，他们拥有许多可供使唤的农奴。

那时，城市是极其少见的，当然也就不存在中产阶级。到了13世纪的时候，中产阶级（即工商阶层）在销声匿迹将近1000年后，得以重登历史舞台。伴随着这一阶层的兴盛，封建势力开始衰落。

从前，各个封建国王仅对贵族和主教的意见心存顾忌，可是，在十字军东征之后，日益繁盛的商业贸易让他们不得不正视中产阶级的力量——中产阶级的力量决定着国库的富足和空虚。

英格兰国王"狮心"理查[①]率领十字军去东征，结果，却在奥地利监狱度过了大部分时间。在此期间，其兄约翰接受其委托管理国家。约翰打仗比不上"狮心"理查，就治国水平而言，却和理查一样差劲。他开始执政不久，就将诺曼底和大半个法国领地给丢了。接下来，他又和

---

① 第三次十字军东征的主将，当时英、法、德联合出兵，法王与英王理查不合，率先率部回国。德王在渡河时不慎淹死。"狮心"理查与穆斯林将领订下休战协议后，在回国途中被奥地利公爵绑架，后来英国以10万马克的赎金才把他赎回。

教皇英诺森三世发生了争执，教皇于是宣布将约翰的教籍革除。1213年，约翰只好向教皇求和。

约翰虽然经历了一连串的惨败，但并不影响他继续胡作非为。最后，已经忍无可忍的诸侯只好将他幽禁起来，强迫他承诺会好好管理国家，并且，不再对民众已经拥有的权利进行干涉——这件事发生在1215年6月5日，地点就是泰晤士河①的一个小岛上——《大宪章》就是约翰被逼签署的文书。

这一文书依旧保持着原来的样子，不同之处只是将国王的古老职责予以强调，对诸侯的权力予以明确。它毫不涉及农民大众的权利，仅仅为新兴工商阶级提供了一些权利保障。不管是资质还是品行，约翰都相当糟糕。他先是装模作样地答应遵守《大宪章》，然后又陆续将其中的多项条款废弃，还好他没活多久，他的儿子亨利三世继位当上国王。

几年以后，新王召开议会，事情发生了变化。

亨利三世迫于压力，不得不重新恢复了《大宪章》。那时，其叔父"狮心"理查在十字军东征中耗费了大笔钱财。无奈之下，亨利只好借钱还清犹太人的债务。可是，国中的大地主和大主教都不愿意为他提供还债所需的钱财。于是，亨利不得不召集市民代表举行大议会。1265年，新兴阶级的代表第一次出现在议会上。虽然当时的他们仅仅是作为提税收建议的财政顾问，根本没有权力对国家政务进行干涉。

可是，逐渐地，市民代表开始就众多问题发表意见。最终，这个由贵族、主教和市民代表共同组成的议会发展成定期召开的国会。

这种具有行政权力的议会并不像大家一般认为的那样，是英国人的

---

① 英国南部主要河流，源于科茨沃尔德山，流域大部分在伦敦盆地内，经伦敦、牛津等地注入北海。

独创。事实上，国王及其议会共同参与国家管理的制度并非属不列颠诸岛独有，欧洲的很多国家都存在这种制度。在法国，进入中世纪后，国王把议会的权力压到最低。早在1302年，法国的市民代表就已经参加议会，而足足经历了500年后，议会才慢慢拥有维护中产阶级（即"第三等级"）利益的能力，开始突破皇权的压制。然后，他们就尽其所能地弥补昔日未能得到的一切。法国大革命时期，国王、教士和贵族被他们赶下台，普通人民的代表成为真正意义上的国家统治者。

在西班牙，从12世纪前半叶开始，民众就被赋予了参加议会的权力。在德意志帝国，一些重要城市成为"皇家城市"，其代表是皇家议会必备的成员。

1359年，在瑞典，首次召开全国议会，人民代表获准列席其中。

在丹麦，传统的国家议会在1314年重新出现。虽然贵族始终充当攫取国家大权的角色，但还未将市民代表参与国家管理的权力彻底夺走。

在斯堪的那维亚半岛，存在着一个相当有趣的代议制政府。在冰岛，由自由地主组成的冰岛议会共同管事，并由公元9世纪开始存在了1000年。

在瑞士，面对封建领主的夺权行为，各城镇的自由民勇敢斗争，最终得以维护自己在议会中的权利。

在低地国家荷兰，第三等级的代表早在13世纪就参加了各个公国和各州的议会。

16世纪，荷兰很多小省份联合起来，通过"市民议会"将国王废除，并赶走了教士，对贵族势力进行打击。七省联盟组建起具有高度自治权的尼德兰联省共和国。市民代表组成的议会在没有国王、主教、贵族干扰的情况下，管理国家长达两个世纪。也因此，城市获得了最高权力、地位，自由民成为真正的主人。

第三十二章　中世纪的贸易

在十字军东征的影响下，地中海地区的昔日贸易中心的风采得以重现，
意大利城市一夜之间成为欧亚非贸易活动的中转站。

中世纪晚期，意大利半岛开始复兴，再一次获得商业中心的重要地位。我认为，其中的主要原因有三个。

第一，罗马帝国在很久以前就将意大利攻下，将远比欧洲其他地方更多的公路、城镇和学校建设起来。虽然蛮族入侵给意大利造成了严重的破坏，不过，还有相当多的遗存保留了下来。

第二个，教皇就居住在意大利。教皇是全欧洲最大的政治机构的领袖，他拥有无数的土地、农奴、城堡、森林、河流，加上宗教法庭的存在，因而他的财政收入特别丰厚。就好像威尼斯、热那亚的船主要向商人索要费用一样，教皇也要向欧洲人索要了许多金银。欧洲西北部的人们不得不将牛羊、禽蛋、马匹等农产品兑换成金钱，来清偿他们所欠的那遥远的罗马城里的教皇的"债务"。所以，相对于欧洲其他国家，意大利的金银储备要更丰富。

第三，在十字军东征期间，意大利城市成为远征军东行的码头，而这些城市也利用这个机会发了大财。

欧洲人因同东方的战争而迷上了那里的物品，于是，东征结束后，意大利城市就成了东方商品进入欧洲内陆的中转站。

其中，最著名的一个商业城市就是水城威尼斯。威尼斯实际上是一个由100多座小岛组成的共和国。公元4世纪时，蛮族入侵，为了躲避战争的侵扰，意大利半岛地面的人们逃到这个地方安家落户。人们依靠威尼斯群岛丰富的海洋资源，发展起制盐业。

中世纪时，欧洲特别缺盐，盐的价格也因此特别高昂。在数百年间，威尼斯始终垄断着这种不可或缺的调味品。正是依靠这种垄断生意，威尼斯人大大加强了城市的势力，甚至有时敢于和威严的教皇抗衡。同时，由于拥有大量的本钱，很多人开始造船，从而和东方人直接通商。

在十字军东征期间，威尼斯人还用这些船将十字军战士运送到圣地。当无钱付费的时候，这些十字军战士们就用替威尼斯打仗的方式来抵偿债务。由此，威尼斯人得以在爱琴海、小亚细亚和埃及等地建立起殖民地，从而获得了越来越大的地盘。

在14世纪末，威尼斯的人口激增到了20多万，成为中世纪最大的城市。少数几个富商将威尼斯的行政管理权完全掌握了，老百姓毫无政治权力。虽然参议院和总督都是通过选举产生的，不过，著名的十人委员却掌控着城市的实际权力。为了维护自己的利益，十人委员会设立了一个特务机构，这个机构是由秘密警察和职业杀手组成的。这一特务机构监视着每个市民的动向，假若发现谁不满于专权的十人委员会，就会遭到逮捕或暗杀。

另一方面，佛罗伦萨的政府体制却向另一个极端走去——那是一种不稳定的民主政治。

佛罗伦萨地势险峻，控制着欧洲北部通往罗马的战略要道。凭借特殊的地理位置，它赚取了大笔金钱，然后又借助于这些资金投资于商品制造业。在政治习惯上，佛罗伦萨人继承了雅典人的传统，那里的贵族、教士和行会会员乐于参与讨论城市政务。每个人都有各自不同的政治派别，相互之间经常争权夺利。最终，这个城市的统治权被财大气粗的美第奇家族攫取，他们用像古希腊"僭主"的方式对这座城市及其周边的农村进行管理。

美第奇家族的先祖是外科医生（拉丁语中"美第奇"的意思就是医生，故此得名），后来才逐渐向银行业转移。经过一段时间，他们的银行遍布了当时所有重要的贸易中心。直到如今，你还可以在美国的银行大厅里看到三个金质圆球——它们就是来自于美第奇家族族徽上的图案。这个强大的家族还与法国国王通婚，所以，其家族成员在死后都被葬在豪华异常的陵墓中，其奢靡的程度远超罗马皇帝的皇陵。

热那亚是另一个港口城市，也是威尼斯的有力竞争对手。那里的商人特意到非洲突尼斯和黑海沿岸的几个粮食产区进行贸易。

除了上述三座著名的城市，200多个大小城市密密麻麻地散布于意大利半岛上，它们中的任何一个都具有独立的商业能力，所以，它们之间经常因为利益而发生你死我活的争夺。

此外，当这些意大利城市将货物从东方和非洲买来之后，还得再将其转运到欧洲的西部和北部。

热那亚人将货物经由海路运到法国马赛，在那里换船之后再销往罗讷河沿岸的各个城市，于是这些城市就成为法国西北部的货物销售市场。

威尼斯人选择从陆路进发，将商品销往北欧。他们沿途经过阿尔卑斯山的布伦纳山口。那是一条古道，历史相当悠久。很多年前，就是在这个地方，蛮族进入意大利并大肆侵略。经过这个山口后，再经过因斯布鲁克，就可以到达巴塞尔，再顺着莱茵河西行，最终可以到达北海和英格兰。

另一条道路就是把货物运到富格尔家族的奥格斯堡（这个家族的人是苛刻的银行家兼制造商，他们习惯于克扣工人的工资，并由此发家），这个家族的人负责帮忙把货物分送到纽伦堡、莱比锡、波罗的海沿岸的各个城市，以及哥特兰岛上的威斯比。威斯比会将货物卖到波罗的海北部，或者将其卖给诺夫哥罗德城市共和国——这个俄罗斯的古老商业中心（诺夫哥罗德城市共和国在16世纪中期被伊凡大帝摧毁）。

很多有意思的事情也发生在那些位于欧洲西北沿海的小城市里。中世纪的人们有着种类不一的斋戒日，在那样的日子里无法吃兽肉，因此，鱼肉就成为人们重要的食品。假若有人恰巧住在与海岸和河流相距特别远的地方，那么，这个人就只能吃鸡蛋了。这种情况很快就会发生变化。13世纪初期，一种鲱鱼加工方法被一个荷兰渔民发明出来。这种方法可以让鲱鱼长期保持新鲜度，就算是被运送到很远的地方也不受影响。

从此以后，北海沿岸的人们开始大力发展鲱鱼捕捞业，于是，这个地区就这样获得了重要的商业地位。不过这种势头并没有持续很长时间，在13世纪的某个时期，由于物种原因，这种极具商业价值的小鱼突然之间由北海迁徙到了波罗的海，那里的渔民也因此而变得富庶起来。

一时间，波罗的海差不多集中了全世界的捕鱼船，它们来到这里的目的就是捕捞鲱鱼。这种鱼的捕捞期相当短，一年仅有几个月的时间（它们要在其他时间里潜入深海繁殖后代），所以每到淡季，很多渔船就会空闲下来。为此，人们将这个时段的空船充分利用起来，将俄罗斯中部和北部的粮食运送到西欧和南欧，然后，在返航途中顺路将威尼斯和热那亚的香料、丝绸、地毯，以及东方人做的挂毯运到布鲁日、汉堡和不来梅。

靠着这种看上去好像格外简单的商品运输方式，欧洲建立起一个重要的国际贸易网，这张网络将布鲁日、根特这些制造业城市，以及直到俄罗斯北部的诺夫哥罗德共和国之间的广阔区域都包括在内。

北方的商人为了可以和海盗、高额赋税和烦琐的法律相抗衡，于是就成立了著名的"汉萨同盟"。这个联盟是由100多个城市自发组成的，吕贝克是其总部所在地。同盟还建立了自己的军事力量，假若英国和丹麦国王敢干涉其既得利益，那么，这些军事力量就可以发挥作用。

商业贸易真是太神奇了，它可以翻越高山，可以跨过海洋，每一次旅程均要面临惊心动魄的风险。在此，我真想在这上面多花费些笔墨，将这些奇妙的商业旅程中发生的趣闻逸事讲给你们听。不过，如果那样的话，就可以写成好几本书了。所以，我们只好就此打住。

我曾经尽力告诉你们，中世纪的发展实际上非常缓慢。那些掌权者坚持认为，"进步"是一个恶毒的发明，必须要将其从人间铲除。这些实权派轻松地将他们的意识形态强加于那些顺从的农奴和粗俗的骑士身上。就算是几个勇敢的斗士想冒险闯进科学禁地，也不得不面对悲惨的结局。

12世纪和13世纪，贸易浪潮在欧洲掀起，并给欧洲以巨大的冲击，就如同尼罗河将埃及的土地淹没一样。而当潮水退却后，肥沃的土地却出现了，其上就可以结出财富的果实。不管是谁，一旦拥有财富，就代表着他可以拥有更多的空闲时间去购买手抄稿，从而提高自己在文学、艺术、音乐方面的修养。

如今，人们就要开始神圣的工作了——关闭了多年的窗户被打开，阳光照射着尘封已久的书房，进而将黑暗年代的郁结彻底照亮。

然后，他们清理干净房间，并修整了花园。

他们穿过古代世界遗留下来的废墟，行走在蓝天白云下的原野上。他们无法抑制住内心激动的心情："这个世界简直太美妙了。生活在这样的世界上，让我感到无比幸福。"

就在这时，中世纪结束，一个新的世界冉冉升起。

第三十三章　文艺复兴

人们再次大力赞扬今生今世。他们努力由古老而迷人的希腊、罗马和埃及文明中汲取养分，为自己所取得的成就感到光荣，自豪地声称这就是人类文明的复兴。

文艺复兴和政治或宗教没关系，它与人的心灵相关。

文艺复兴时期，人们在教会面前还是那么温顺，对国王、皇帝、公爵的命令仍旧乖乖地服从。

巨大转变首先从他们的生活态度上表现出来。他们开始改变自己的服饰，对语言进行修饰，让自己的房屋风格大变，在自己过着焕然一新的生活。

从前，他们一直将全部心思用在追求生命的永恒上。如今，他们开始转变思想，企图将属于自己的天堂在尘世中建立起来。果然，他们在这一方面取得了可喜的成就。

我曾一直提醒你，执着于具体准确的历史纪年的做法是不安全的。对于历史年代，人们的认识一般停留在表面上。在某些人眼里，中世纪绝对是愚昧的黑暗时代，然后，随着时间的逝去，文艺复兴准时到来，于是，在一夜之间，城市和宫殿被知识的火焰照彻。

就历史事实而言，中世纪和文艺复兴之间并不存在明确的时间界限。对于将13世纪归到中世纪时代，历史学家几乎毫无异议。13世纪充满了黑暗与愚昧吗？绝对并非如此。13世纪的人类活动已经特别活跃，一些强大的独立国家正在崛起，众多繁荣的商业中心也正在蓬勃发展。哥特式①大教堂开始建立起纤细、灵动的塔尖，俯视着城堡和市政厅的屋顶。

勃勃生机充满了欧洲。乡绅挤满了市政厅，他们通过财富积蓄起力量，并认识到，应该将这种力量转化为权力，所以，他们和以前的封建领主争权夺利。国王在其顾问的协助下乘机从中大捞油水，狂赚

---

① 11世纪下半叶起源于法国，13—15世纪流行于欧洲的一种建筑风格，主要见于天主教堂。

不义之财。

城市被夜幕笼罩，街道开始变得昏暗不明，人们暂时将与政治、经济相关的话题放在一边。在迷离的夜色中，行吟诗人和歌手陆续出场，向美丽的贵妇人唱起优美的歌，吟唱着各种神话传奇、浪漫逸事和英雄故事。就在这时，积极进取的青年人抢着进入大学——这就和另一个故事相关了。

一种国际精神体现在中世纪的人们的身上。或许我如此说你不太明白，没关系，让我慢慢讲给你听。强烈的民族精神体现在我们现代人身上，因此，我们可以清醒地意识到自己是哪个国家的人，母语是哪种语言。然而，在13世纪和14世纪时，极少有人称自己是某国人，一旦被问到自己的来历，一般的回答是："我是谢菲尔德的公民，我是波尔多的公民，我是热那亚的公民。"

因为这些地区的人属于同一个教会，彼此之间存在着同一种同胞之情。并且，拉丁语是当时有点儿文化的人的通用语言，这样的一门国际性语言让他们极少遇到我们如今经常碰到的那些语言障碍。

语言障碍真的是一个相当麻烦的东西，很多小国就是由于它的存在而错失了发展的良机。在这一方面，我可以举出一个有关伊拉斯谟的例子。伊拉斯谟是一个大度的、风趣的人，他一生写了大量的著作。但是，他是在16世纪荷兰的一个小村庄里出生的，其著作都是用拉丁文写的，所以，当时他的读者可谓遍天下。假若他可以活到今天，那么，恐怕他只能用荷兰文书写，如此一来，全世界最多有五六百万人可以读懂他的书。假若他的出版商打算将其著作卖到欧洲的其他国家，或者美国，那就得用20多种不同的语言来翻译。这样做不但耗资巨大，而且特别麻烦，没有出版商愿意干这样的事。

然而，600年前的情况则截然不同。那时候，绝大多数欧洲人不会读书写字。极少数会用鹅毛笔书写的人，实际上属于一个覆盖全欧洲的文人集团——这个集团的成员不存在国界、语言或国籍方面的限制。其基地就是各国的大学。

现代的大学就好像军事要塞一样，院墙林立，那时候的大学却没有围墙。仅需几个老师和学生围坐在一起，就可以形成一所大学——这就是中世纪和文艺复兴时期与我们现代社会的不同之处。

那时，某一天，一位学识渊博的人说道："哎呀，我发现了一个多么伟大的真理啊，我必须要将它传授给年轻人。"于是，他就约请了几个年轻人，将自己的新思想热情地向他们讲解——这种情况和现代的街头演说家有点儿相似。假若他讲得妙趣横生，就可以将很多人吸引来倾听。假若他讲得乏味无趣，那么，大家就会耸耸肩膀，然后离开。

慢慢地，很多年轻人被这位大师的智慧所吸引，于是，他们定期来听讲。某些虚心好学的人还会带上笔记本、墨水和鹅毛笔，将听到的重要内容记录下来。突然有一天，下雨了，老师和学生们不得不转移到某个废弃的地下室，或者干脆到老师家里。于是，老师就坐在椅子上高谈阔论，学生则表情严肃地坐在周围听讲。

实际上，大学就是从这样的小团体发展起来的。"university"（大学）一词，在中世纪的意思即指由老师和学生组成的团体——只要老师存在，那么，上课的地点就不是问题了。

再举一个发生在公元9世纪的例子。萨勒诺是那不勒斯的一座小城，那里生活着很多优秀的医生。大批立志行医的年轻人来到这里向这些医生求教，于是，著名的萨勒诺大学（1817年关闭，其间延续了1000年）就产生了。就是在这里，希波克拉底（公元前5世纪古希腊最伟大的医生）流传下来的医术被广泛地传授给世人。

再举一个例子。阿伯拉尔是法国布列塔尼的一位年轻的教士，他从12世纪初期开始就在巴黎宣讲他的神学和逻辑学。没过多久，许多热血青年被他吸引，赶来巴黎求学。与此同时，一些与阿伯拉尔思想相异的教士也来和他辩论。结果，很快，从英国、德国、意大利甚至遥远的瑞典和匈牙利赶来的学生汇聚到巴黎，开始参与这些热烈的争辩和讨论。最终，举世闻名的巴黎大学就在塞纳河中某个小岛上的古老教堂旁诞生了。

意大利博洛尼亚的一名教士格拉提安编了一本基督教会的律法教科书。当这本书在欧洲流传开后，各地的年轻教士和世俗人士都慕名而来，想亲耳听格拉提安为他们讲解基督教会的律法。这些人为了对抗刻薄的房东、店主和女管家，组建了一个彼此传递信息的互助团体。著名的博洛尼亚大学就是在这一团体的基础上发展起来的。

后来，莫名其妙地，巴黎大学内部发生了某种争端，一些有上进心的师生横渡英吉利海峡[1]，来到泰晤士河畔的小镇牛津安心教学，于是，著名的牛津大学诞生了。

同样的情形也发生在博洛尼亚大学。1222年，一批渴望独立自主的师生将教学地点搬到了帕都亚，让这个城市由此拥有了足以自豪的大学。此类情况还广泛发生于西班牙的瓦拉多里与波兰的克拉科夫，法国的普瓦提埃与德国的罗斯托克之间。

代数、几何等精密学科在现代大学里是必备的科目。对此，我们现代人已经习惯了。不过，对早期大学而言，这些内容属于荒诞之列，假若用于教学，则是相当不可理解的。不过这并非问题的要点所在。我在此想强调的是，中世纪（尤其是13世纪早期）并非生机全无的黑暗时代。那时的年轻人和现代的年轻人一样热情洋溢，也会受好奇心的驱使

---

[1]　法语称拉芒什海峡，位于法国和英国之间，连接大西洋和北海。

而羞涩地问出对世界的疑问——文艺复兴正是被这种燃烧的激情催生出来的。

　　当中世纪的舞台幕布慢慢落下之前，但丁①的身影在上面依稀穿过。对于他，你不但要了解其名字，更要了解与他相关的其他事情。但丁出生于1265年，是佛罗伦萨一个律师的儿子。他从小就在佛罗伦萨长大。几乎在同一时间，大画家乔托②正在圣十字教堂③四周的墙壁上描绘圣方济各④的动人事迹。当但丁到了入学的年龄，他时常会在城里发现斑斑血迹——那是古尔夫党（教皇派）和吉伯林党（皇帝派）之间的暴力冲突留下的。

　　但丁远望着阿尔卑斯山的对面，希望北方的强大皇帝可以到意大利整顿局势，将社会秩序恢复。不过很快，他的希望破灭了。1302年，皇帝的势力被赶出了佛罗伦萨。从此，直到死于拉文纳（1321年），但丁一直过着到处流浪的生活，保护人的恩赐是他唯一的生活来源。后人之所以经常提起这些人，是因为他们在这位伟大诗人落难之时帮助了他。

　　在经历了数年的流亡与磨难后，但丁认为，替自己当年的政治行为进行辩护是一种很有必要的事情。另外，早在还居住在故乡的时候，但丁就曾为了看到自己倾心的姑娘贝尔特丽齐而整天徘徊在阿诺河畔。不过让人痛心的是，后来贝尔特丽齐却另嫁他人，并且在"皇帝派"事件发生之前就去世了。

① 但丁（1265—1321），意大利诗人，文艺复兴时期最伟大的作家。
② 乔托（约1266—1337），意大利文艺复兴时期的代表画家。
③ 即阿西西的圣弗朗切斯科教堂。
④ 圣方济各(1182—1226)，天主教两大托钵修会之一的方济各会的创立者。生于意大利阿西西城一富商家庭，后弃家献身于传教事业。

但丁的政治理想早已破灭。当年，他曾经充满热情地致力于故乡的政治建设，结果被人指控侵吞公款，为此，他被腐败的法庭判定流放，并勒令其终生不得重返佛罗伦萨，否则就会将他烧死。为了向世人证明自己的清白，同时告慰自己的良心，但丁以诗歌创建了一个幻想世界。在诗歌中，他讲述了自己的流亡经历，并揭示了意大利上流社会的贪婪和自私。

他的长篇诗歌以下面的方式开头：1300年复活节前的星期四，他在森林里迷路了，此时，一只豹子、一头狮子、一匹狼出现在他的面前。危难时刻，古罗马诗人、哲学家维吉尔①身穿白衣出现在他的身旁。原来，是圣母玛利亚和他逝去的初恋情人贝尔特丽齐在天堂里得知他遇难的消息，特意派维吉尔下来救他。但丁在维吉尔的带领下，到达了地狱的最底层，看到了魔鬼撒旦被永远地冰封在那里。邪恶的罪人、叛徒和欺世盗名之辈围在撒旦周围。而在他们走进地狱最底层之前，但丁还看到了佛罗伦萨的众多大人物，其中就包括境遇悲惨的骑士、高利贷者、皇帝和教皇。

这是一个神奇的故事，如同百科全书一样，浓缩了13世纪人们的行为、思想、痛苦和希望。而那个多年前在绝望中流浪的佛罗伦萨孤影，却一直在这幅画卷之中隐隐浮现。然后，这位中世纪的忧郁诗人就被死亡带回到上帝身边。而此时，生命之门向文艺复兴的先驱弗朗西斯科·彼特拉克②（意大利小镇阿莱佐是其出生地，他的父亲是一个公证员）敞开了。

---

① 维吉尔（公元前70—前19），古罗马诗人，荷马以后最重要的史诗诗人，著有史诗《埃涅阿斯纪》等。
② 弗朗西斯科·彼特拉克(1304—1374)，意大利诗人，早期人文主义文学的代表人物。

彼特拉克之父的命运和但丁存在相同之处——他们都是由于政治原因而被流放到外地的，所以，彼特拉克并不是在佛罗伦萨出生的。在他15岁那年，他被父亲送到法国的蒙彼利埃①学习法律，在他的身上，寄托着子承父业做个律师的期望。可是，年幼的彼特拉克不喜欢律师这个行业，甚至对法律感到深恶痛绝，他宁愿选择做学者或诗人。最终，他以坚强的意志成功地实现了自己的人生目标。

早年的时候，他曾四处旅行，曾在佛兰德、莱茵河畔的修道院、巴黎、列日②和罗马等地抄写古代文献。当积累了大量的文化知识之后，他就隐居在宁静的沃克鲁斯山区里，致力于哲学研究、文学创作。他因渊博的学识和优美的诗歌创作而闻名于世。随即，他受到巴黎大学和那不勒斯国王的盛情邀请，他欣然应邀前往讲学。途经罗马时，他受到了罗马人的热烈欢迎——他曾将大量被世人遗忘的古罗马文献重新发掘了出来，这使罗马人对他耳熟能详。罗马人一向喜欢授予他人至高无上的荣誉，于是，在古代罗马帝国的广场上，一群兴高采烈的罗马人将彼特拉克册封为"桂冠诗人"。

从此之后，赞誉充满了彼特拉克的一生。他将人们最喜闻乐见的事物全都记录了下来。当时，人们早已经厌倦了沉闷的宗教争论。当可怜的但丁畅行于阴郁的地狱中时，彼特拉克却对爱情放声歌唱。他赞美自然，歌唱太阳。假若他到达某座城市，所有的人都会像欢迎凯旋的英雄一样出城迎接他。

当然，要是他能和年轻的薄伽丘③一起来，那可真是完美的事情。

---

① 法国南部的城市。

② 比利时东部的城市。

③ 薄伽丘(1313—1375)，意大利作家，意大利文艺复兴运动的先驱，代表作为《十日谈》。

作为那个时代的风云人物，他们善于接受新事物，并经常去图书馆埋头发掘已被世人遗忘的维吉尔、奥维德[1]、卢克莱修[2]，以及其他古代拉丁诗人的创作手稿。他们也像所有其他人一样对耶稣充满虔诚的信仰之情，不过，若仅仅是由于注定要死去而愁容满面、破衣烂衫，那实在没什么必要。生命是那么美好，何不尽情享受呢？如果你向我要证据，那么，请你将自己的脚下用铁铲挖开看看。映入你眼帘的会是什么呢？精巧的雕塑、精美的花瓶、宏伟的古建筑遗迹……

所有这一切，都是历史上那个伟大帝国留给后世的光辉遗产。古罗马人曾经在1000多年的漫长时间里主宰着西方的文明世界。我们从奥古斯都大帝的半身像上可以看到，这些人曾经是那么健壮、俊美。古罗马的快乐生活就像天堂一般。人的生命仅有一次，既然这样，何不尽情释放欢欣和愉悦呢。

总而言之，这样一种时代精神就洋溢在当时许多意大利小城的大街小巷。

你一定听说过现代社会的"自行车热"或者"汽车热"吧？几十万年以来，人们始终依靠步行来缓慢而费力地移动。如今，有了自行车，就可以既轻松又快速地抵达那相对遥远的目的地了。为此，人们兴奋得发狂。后来，汽车被一个天才工程师制造出来。于是，世人的梦想又被"拥有自己的汽车"所取代。大街上所有人都在谈论劳斯莱斯、福特、计油器、里程表、汽油……

而在遥远的14世纪，壮丽、辉煌的古代罗马遗迹被发掘出来，意大利人随即为之疯狂。很快，欧洲其他地区的人们被这种疯狂传染了。

---

[1]　奥维德（公元前43—公元18），古罗马诗人，代表作为《变形记》。

[2]　卢克莱修（公元前99—前55），古罗马诗人、哲学家。《物性论》是他流传下来的唯一著作。

假若有人发现了一部未知的古代手稿，全城都会为之休假、狂欢；假若有人编著了一本语法书，那就像发明今天的火花塞一样声名远播。还有那些专注于研究"人性""人道"的人文主义学者（和他们不同，神学家则将全部精力耗费在讨论"神性""天道"这类没有任何益处的事情上）同样获得了巨大的声誉。就算那些发现了食人岛的探险家，也同样被看作英雄，受到赞美和崇拜。

对这场知识复兴运动来说，一次政治事件会产生相当大的影响，而这就为研究古代哲学家的学者和作家创造了有利条件——奥斯曼土耳其人又一次对欧洲进行进攻，古罗马帝国的残部君士坦丁堡为此陷入危险之中。1393年，东罗马帝国皇帝派遣伊曼纽尔·克利索罗拉斯去向西欧人求援。虽然西欧人对拜占庭人的命运毫不关心，却对古希腊人极感兴趣。

他们早就知道，古希腊人在特洛伊战争结束5个世纪之后建立了博斯普鲁斯海峡边的拜占庭城。如今，欧洲人突然特别想研读荷马、柏拉图、亚里士多德的原著，所以，希腊语首先成为他们最感兴趣的对象。于是，他们产生了强烈的学习欲望，却没法找到合适的课本、语法教材和老师。就在这时，佛罗伦萨的政府官员听到了克利索罗拉斯要来的消息，于是，他们赶紧问他："我们的市民对希腊语特别感兴趣，您是不是愿意教导他们呢？"克利索罗拉斯欣然答应。

如此一来，他就成为西欧首位希腊语教授，为数百名热情的学生耐心讲解希腊字母。为了尽快学会希腊语，以便和索福克勒斯、荷马直接对话，许多年轻学生历经千辛万苦（包括乞讨），向阿诺河畔的佛罗伦萨城赶去，睡在肮脏不堪的马厩或者破旧狭窄的阁楼里。

而在这个时候，大学里那些守旧的经院学者还固守着陈旧的知识观念，将古老的神学和逻辑学讲解给学生听，喋喋不休地说着《圣经·旧约》的教义，同时研读着由阿拉伯文、西班牙文、拉丁文翻译出来的亚里士多德的著作。起初，他们相当惊慌，后来就愤怒起来：年轻的学生竟然不去正规大学学习，反而兴冲冲赶去听什么"人文主义者"的"文艺复兴"怪论，这绝对不行！

经院学者气愤地赶到市政府去讨说法。不过，对于那些人们不感兴趣的古老话题，就算你强行逼迫也无济于事——无可挽回的失败命运摆在经院学者面前。当然，他们也曾有过数次极其偶然的胜利。他们和宗教狂热分子联合起来。在文艺复兴中心佛罗伦萨，新旧势力之间展开了激烈的冲突。他们一边高唱赞美上帝的诗篇，一边跳着很不圣洁的舞蹈（舞蹈原本该是美丽而欢乐的），一边将书籍、雕塑和绘画作品搬到集市上堆成一堆，然后将它们烧成灰烬。直到灰烬冷却以后，人们才意识到自己做了些什么——他们竟然在宗教狂徒的唆使下，将自己最热爱的东西亲手摧毁了！

在这个特殊的时代里，在文艺复兴勃兴的高潮时期，最后甚至连教皇也变成了人文主义者，梵蒂冈则完全成为收藏古希腊和古罗马伟大艺术作品的博物馆——这一切意味着，中世纪真的走到了尽头！

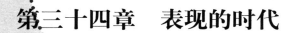

第三十四章　表现的时代

以一定的媒介来表现生之欢乐，这是人们内心的一种需要。诗歌、雕塑、建筑、绘画、图书等的出现，让人们能尽情地展现自己的感情。

1471年，一位虔诚而可敬的老人离开了人世。他活了91岁，其中的72年都住在圣阿格尼斯山修道院里。圣阿格尼斯山位于安详的茨沃勒古城郊外，毗邻伊色尔河。这位慈祥的老人就是著名的托马斯修士，由于他是在坎普滕村出生的，于是又被人们称为坎普滕的托马斯。

在德芬特尔，毕业于巴黎大学、科隆大学和布拉格大学的传教士格哈德·格鲁特创办了"共同生活兄弟会"，其成员都是木工、油漆匠、采石匠一类的平民百姓。这些人想在做好本职工作的同时，过上基督徒的圣洁生活。于是，他们在当地办了一所专门接收贫民子弟的学校。小托马斯在12岁时前往德芬特尔求学，就在这所学校里，他掌握了拉丁语动词的拼写规则和誊写手稿的技能。毕业后，他确立了献身神职事业的目标，于是，携带经书辗转来到茨沃勒。在这里，托马斯确定，自己真的远离了那个充斥着喧嚣与不安的浮华世界。

托马斯生活的时代十分动荡，瘟疫在各地处肆虐。不久前，康斯坦茨市议会通过决议，将约翰尼斯·胡斯[1]烧死在火刑柱上。而在更久之前，也是这个缺乏诚信的议会一度向胡斯保证安全，请他来瑞士阐述他的宗教思想，和教皇、皇帝、红衣主教、大主教、王公贵族共商改革方法。因为这个原因，胡斯的忠实信徒打算在中欧的波西米亚发起复仇战争。

在西欧，惨烈的百年战争正在法国进行着，法国人正和英国侵略者浴血奋战。几年前，这个国家的命运被圣女贞德[2]及时挽救。可是，当百年战争最终艰难地结束后，法国又和勃艮第展开了争夺西欧霸权的战争。

---

[1] 英国宗教改革者，被天主教会诱骗而烧死在火刑柱上。

[2] 贞德(1412—1431)，英法百年战争时期法国民族英雄。

在南方，罗马教皇正在诚挚地祷告祈求上帝责罚住在法国南部亚维农地区的另外一位教皇——这位亚维农的教皇自然不能甘愿受罚，向对方进行了有力的还击。

在遥远的东方，奥斯曼土耳其人正对东罗马帝国的残余力量进行最后的扫荡。俄罗斯人则正在发动最后一次十字军东征，誓要将鞑靼统治者彻底地消灭干净。

而就在这时，我们可敬的托马斯修士却身处一间朴素的小居室里，两耳不闻窗外事，专注于手稿的誊写和阅读。在此期间，他和无穷的智慧相伴，用自己的思想与之对话、交流，并从中获得一种心灵的满足。

为了表达自己对上帝的无限敬意，他写了《效法基督》一书。这本小书后来被译成多国文字在全世界广泛流传，其译本数量仅次于《圣经》。正是这本小书让无数人的生活发生了变化。作者将自己的全部理想浓缩成了一个极其平实的愿望——"独自一人坐在小角落里，手捧一本小书，就这样简单、宁静地度过这一生"。

托马斯修士是中世纪圣洁理想的最佳代表。当时，面对文艺复兴的滚滚浪潮，面对人文主义者发出的新时代的热切呐喊，修道院开始自我改革，僧侣开始自我净化。很多正直而诚实的人打算以自身为榜样，将偏离正道的人重新带到圣洁的信仰之路上来。不过，这些努力都显得苍白无力，因为新时代的到来是无法抗拒的——静心苦修的时代已经过去，伟大的"表现"时代开始了。

文艺复兴被称作"表现"时代的原因在于：这一时代的人们对于坐在台下当观众，看着皇帝和教皇在上面发号施令，已经不再感到满足。他们想亲自当一回生命舞台上的舞者，将自己的思想意识完美地"表现"出来。

对政治充满兴趣的人，会像佛罗伦萨的尼科·马基雅维利①一样，借助于写书的方式将其对成功国家和成功统治者的深入思考"表现"出来。热爱绘画的人会在绘画作品上将自己对柔美线条、鲜丽色彩的喜好尽情地加以"表现"。就这样，乔托、拉斐尔②、安吉利科③这些著名画家的名字开始为人们所知。

要是缺少对线条和色彩的深爱，又缺乏对机械和水利的兴趣，那么，伟大的列奥纳多·达·芬奇④就不会诞生了。他是一个不可多得的全才，不但擅长绘画，而且热衷于热气球和飞行器实验，同时，他还主持着伦巴底平原的水利工作。通过散文、绘画、雕塑，以及构思巧妙的机械装置等，他将自己对生命乐趣的丰富感受充分地"表现"了出来。

精力旺盛的米开朗琪罗⑤，好像总认为就其强健的双手而言，任何画笔和调色板都过于柔弱无力，所以，他开始转向建筑和雕塑，将坚硬厚实的大理石塑造成温婉、雅致的动人形象。此外，他还受邀参与设计了圣彼得大教堂⑥，用这种最具体、最感性的方式将教会的荣耀和威严展现出来——像这样的例子实在太多了。

没过多长时间，一群乐于将自我表现出来的男男女女就开始布满意

---

① 尼科·马基雅维利(1469—1527)，意大利文艺复兴时期政治家、历史学家，代表作为《君主论》。
② 拉斐尔（1483—1520），意大利文艺复兴时期杰出的画家，代表作为《草地上的圣母》《花园中的圣母》《西斯廷圣母》《雅典学园》等。
③ 安吉利科(1387—1455)，意大利文艺复兴时期的画家。
④ 列奥纳多·达·芬奇(1452-1519)，意大利文艺复兴时期杰出的画家、科学家。绘画代表作有《岩间圣母》《最后的晚餐》《蒙娜丽莎》等。
⑤ 米开朗琪罗(1475—1564)，意大利文艺复兴时期杰出的雕刻家、画家、建筑师。代表作为《大卫》、西斯廷教堂屋顶壁画等。
⑥ 位于梵蒂冈的天主教教廷教堂，也是世界上最大的教堂，是意大利文艺复兴时代不朽的纪念碑。

大利乃至全欧洲。他们热情地生活，勤奋地工作，尽自己所能地将受用不尽的美和智慧创造出来。

美因茨人约翰·祖姆·甘瑟弗雷希（人们一般叫他约翰·古登堡）发明了一种全新的书籍的复制方法。他充分地吸收、借鉴了古代木刻法和现有方法的优点，通过单个软铅字母任意组合的方法来合成单词和长篇文字。虽然他很快就由于一场印刷机专利权官司而穷困潦倒地死去，那部体现了其天才智慧的机器，从此却得以造福人间。

威尼斯的埃尔达斯、巴黎的埃提安、安特卫普的普拉丁、巴塞尔的伏罗本等人很快就将新的印刷方法投入生产，如此一来，大批经典著作就被快速、高效地印制出来，并在各地广泛发行。其中一些书上印制的文字是古登堡版《圣经》上的哥特字母，一些书上印制的文字是意大利字母，还有一些印制的文字是希腊字母，甚至是希伯来字母。

总之，假若你有真正美好的"表现力"，就无须为观众是否存在而担心。特权阶级独霸文化的时代永远地逝去了。当哈勒姆①的厄尔泽维开始大量印刷通俗读本时，人们再也无法为自己的愚昧寻找借口了。你仅花费几个小钱就可以从柏拉图、亚里士多德、维吉尔、贺拉斯②、普林尼等伟大的古代哲学家、作家、科学家那里获得良师益友一般的启迪。

由于印刷文字的出现，自由、平等的人文主义理想最终得以实现。

---

① 荷兰西部的一座城市。
② 贺拉斯（公元前65–前8），古罗马诗人、文艺理论家，著有文学理论著作《诗艺》等。

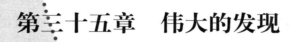

第三十五章　伟大的发现

将中世纪的枷锁挣脱后，欧洲人开始向往更大的生活空间。于是，伟大的地理大发现适时地到来了。

　　十字军东征的成果之一，就是让人们学会了旅行的技巧。然而，在当时，人们的旅行路线比较单一，大多是顺着人所共知的威尼斯通往雅法①的道路，敢于另寻他路的人没有几个。13世纪，威尼斯的波罗家族历经千辛万苦，越过广阔无垠的蒙古大沙漠，终于到达了神秘的元朝大汗的宫殿。在经历了长达20年之久的东方之行后，波罗家族的马可·波罗写成了一本游记。他在书中对于东方的描述极其夸张，说是无数耀眼的金塔竖立于东方神秘的"持盘"（"日本"一词的意大利念法）岛上。他们的经历让不明就里的欧洲人民惊羡不已。之后，人们始终忘不了东方黄金遍地的梦想，希望有一天也可以到达那里，然后终生衣食无忧。不过，陆路旅程是那么漫长和艰险，人们为此而感到犹豫不决。

　　当然，或许海路也可以通往东方。不过在中世纪，人们并不怎么喜欢航海。其中最主要的原因就是，那时的航船太过狭小。麦哲伦那次持续了数年、享誉世界的环球航行，所用的船只的体积甚至比不上现在的一艘普通渡轮。像这样的船，最多的时候只能搭载20～50人；相应地，船舱也相当狭小，舱顶低矮，以致人们在里面压根没法站直身体；厨房的情况也特别糟糕，一旦遭遇恶劣的天气就无法生火；水手们吃的食物也极其粗劣，而且大多是半生不熟的。

　　在中世纪，人们已经掌握了腌制鳕鱼、晒鱼干的方法，不过，还不会制作罐头食品。因此，水手们一旦到了海上，就根本吃不到新鲜蔬菜。至于淡水，则是提前用小木桶准备好的，可是要不了多久就会变臭，其间混杂着烂木头和铁锈的味道，而且是黏糊糊的。

　　在中世纪，人们还不知道细菌的存在，不知道喝了不干净的水会生病。所以，这些不幸的船员经常因感染伤寒病而死亡，有时，甚至全船

---
① 以色列第二大城市，世界上最古老的港口。

的人都会死于同一种疾病。实际上，早期航海者的死亡率高到让人觉得不可思议的程度。1519年，麦哲伦率领200名水手从塞维利亚出航，但最后得以安全归来的只有18个人。

虽然在17世纪，西欧和印度群岛间的海上贸易已经相当繁忙，但是，穿梭于阿姆斯特丹和巴达维亚[①]之间的商船船员高达40%的死亡率并不会让人们瞠目结舌。这些不幸的人大多是因为得了维生素C缺乏症（即坏血病，因缺乏新鲜蔬菜所引发的疾病）而亡的。

如今，你应该清楚，当时欧洲的精英们是不会选择出海远航的。就算是像达·伽马、哥伦布、麦哲伦这样著名的航海家，愿意与之出海的船员也差不多都是一些刑满释放犯、杀人越货的强盗、无家可归的窃贼等社会渣滓。

对于享受着安逸的现代生活的我们来说，几乎无法想象当时的航海者所要面临的困难。然而，那些勇敢的船员们凭着坚定的毅力，实现了此前几乎无法实现的远洋航行。要知道，那时的船只经常会处于漏水的境地，装备也非常简陋。

尽管从13世纪中期开始，他们已经有了指南针（它是从中国传到阿拉伯半岛，再被十字军带到欧洲的），不过因为当时航海地图的不精确，导致路线的选择经常听凭老天的安排。幸运的话，可以在一两年或者两三年内重返欧洲；如果运气不佳，就会客死他乡，或者被遗留于某个人迹罕至的海岸。然而，他们是用命运作赌注的真正的探险家，对他们来说，人生原本就是一场充满冒险的旅程。当陆地遥远而模糊的轮廓，或是一片从来就没人知道的海域出现在他们的眼中时，他们就会觉得此前所经历的任何苦难都是值得的。

---

① 在印度尼西亚爪哇岛，即今天的印尼首都雅加达。

地理大发现的确是一个让人着迷的话题，让我恨不得将这本书写成厚厚的一卷。不过，真正的历史书写应该是对历史作最贴切的概述，就如同伦勃朗蚀刻画的创作方法一般，描绘的重点应该是那些最重大的历史事件、最杰出的历史人物、意义最突出的历史时刻，相对来说，比较次要的部分则让其充当背景，或者仅简笔勾勒。所以，我会在这一章接下来的部分里提到一些最重要的航海事件。

在十四五世纪，几乎每位航海家都心怀一个梦想，那就是找到一条可靠的航线，到达梦寐以求的震旦国（中国）、持盘古岛（日本），以及传说中那些神秘的香料之岛。早在十字军东征的时候，来自东方的香料就让欧洲人目眩神迷。当时，人们还未学会保存食物的冷藏法，香料就显得格外神奇。只需将食物上撒上胡椒或者肉豆蔻粉，就连那些极易腐烂的鱼肉也可以在贮存很久之后放心地被人食用。

威尼斯人和热那亚人享有"地中海上的伟大航行者"的荣誉，而葡萄牙人理所当然地享有"大西洋探索者"的殊荣。经过长年和摩尔人的抗战，西班牙人和葡萄牙人的爱国之情越来越浓厚——感情一旦出现就不会轻易消失，就算是不被用于战争，也会极其容易地被转向其他领域。13世纪，葡萄牙国王阿方索三世战胜了西班牙半岛西南方向的阿尔加维王国，将它纳入了葡萄牙版图。接下来，葡萄牙人又在和穆斯林长达一个世纪的争斗中慢慢占据了上风。接着，他们横渡直布罗陀海峡，占据了丹吉尔[①]，并把那里当作据点，方便其抢占非洲领土。

自此，葡萄牙人开始了他们的探险历程。

1415年，享有"航海家亨利"之称的亨利亲王（其父母分别是西班牙的约翰一世和冈特的约翰之女菲丽帕。有关他们的故事，可以由莎

---

① 摩洛哥的一个港口城市。

士比亚的戏剧《理查二世》中读到）热心地开始筹备一次大规模的探险，目标是非洲西北地区炽热、荒芜的海滩。在很久以前，这里就留下了腓尼基人和古代北欧人的足迹，他们还声称，一群遍体长毛的"野人"生活在地里。实际上，据我们所知，那其实是大猩猩。

亨利亲王带领其船长们出海了。他们的这次经历好像特别顺利，先后发现了加纳利群岛、马德拉岛，还看见了处于非洲西海岸的塞内加尔河河口，并将那里当作尼罗河的入海口。差不多在15世纪中期，他们终于到了佛得角（也就是绿角），发现了佛得角群岛。

亨利的探险活动并未结束，活动范围也并不完全在海域内。在葡萄牙，十字军东征期间的圣殿骑士团衍生出了一支基督骑士团。1312年，教皇克莱门特五世将圣殿骑士团制度废除。得偿所愿的法国国王"美男子菲利普"马上把国内的圣殿骑士处以火刑，并趁机占有了他们的财产。而身为基督骑士团首领的亨利亲王，则利用骑士团的地产收入，装备了几支探索撒哈拉沙漠和几内亚海岸的远征队。

从整体而言，亨利的思想还处于中世纪阶段。他对神秘的"祭司皇帝约翰"的传说确信不疑，并投入了大量的时间、精力寻找它。这个传说最早出现于12世纪中叶，据说，在"东方的某处"，基督传教士约翰成立了一个庞大的神秘帝国，不过它的具体位置并不被人们所知。300多年来，无数人曾苦苦寻找它，这其中就包括亨利。然而，有关"祭司皇帝约翰"的谜团直到亨利去世30年后才被揭开。

1486年，探险家巴托罗缪·迪亚士为了寻找"祭司皇帝约翰"的神秘之国，由海路开始征程，结果却被狂风困在了非洲的最南端，无法继续东行。所以最初的时候，他将这个地方命名为"风暴角"。而他手下的里斯本海员却兴奋地发现，这个地方对于向东寻找通往印度的航线十分有利。于是，"风暴角"就他们改成了"好望角"。

一年后，佩德罗·德·科维汉姆怀揣着美第奇家族的介绍信，踏上了寻找神秘帝国的旅程。他一路南行，先是渡过地中海，然后穿越了埃及，最后到达了亚丁港，并从那里渡过波斯湾（1800年前，亚历山大大帝曾经到过这里，从此以后，极少有欧洲人到过波斯湾）。然后，他到达了印度沿岸的果阿和卡利卡特，并在那里听到了关于月亮之岛马达加斯加①的传说。据说，这个地方位于印度与非洲之间的大海上。

接着，科维汉姆踏上了回程。他悄悄穿过麦加、麦地那，然后渡过红海。1490年，历经千辛万苦的科维汉姆最终找到了"祭司皇帝约翰"之国。真相大白于天下，实际上，所谓的"祭司皇帝约翰"，就是埃塞俄比亚的"黑王"——早在公元4世纪，"黑王"的祖先就开始信奉基督教，时间比到达斯堪的那维亚的基督教传教士还早了整整700年。

经历了无数的航行后，葡萄牙的地理学家和地图绘制者们开始确信，向东走海路抵达印度存在着极大的可能性，不过会比较艰难。于是，他们展开了一场大规模的讨论。有人坚信，由好望角继续向东探索，必定会到达印度；有人则认为，无须做无用功，一定要向西穿越大西洋才可以直达中国。

要知道，当时所有有头脑的人都坚信，地球并不是扁平的，而是圆的。公元2世纪，埃及地理学家克劳狄·托勒密宣称，地球是方的，并创造了一套关于宇宙结构的"托勒密体系"。直到文艺复兴时期，这一体系才被科学家们所扬弃，转而接受了波兰天文学家尼古拉·哥白尼的理论。

哥白尼在悉心的观察和研究后提出，地球仅是一颗小行星，它和其他很多颗行星共同围绕着太阳转动。不过，因为害怕宗教裁判所的迫

① 非洲东南部的世界第四大岛。

害，这一伟大的发现被哥白尼小心地隐藏了36年。1543年，哥白尼在去世之前，才将这套理论公之于众。

热那亚的一名水手克里斯托弗·哥伦布①是极力主张向西航行的人中的一员。他年轻的时候曾在帕维亚大学学习，系统地学习过代数学和几何学，后来子承父业，从事羊毛生意。1477年2月，哥伦布去了冰岛（这是他自己说的）。不过，实际上，他可能是去了法罗群岛，因为在2月的时候，这些群岛大都相当寒冷，不管是谁都会极易将其当作冰岛。哥伦布在那里见到了勇猛的古代北欧人的子孙。从当地人那里得知，早在10世纪，他们就已经居住在格陵兰岛上了。而且，在11世纪的时候，他们还曾去过美洲。当时，海风袭击了利夫船长的船，船只顺风到达了美洲的文兰岛或是拉布拉多半岛。

自1478年起，哥伦布就始终努力向西寻找通向印度的航线。经过深思熟虑之后，他制订了向西航海的计划，并将其分别献给了葡萄牙王室和西班牙王室。然而，当时葡萄牙人已经独霸了东路航线，因此自我感觉良好，根本不理会哥伦布。至于西班牙，自1496年阿拉贡的斐迪南大公和卡斯蒂利亚的伊莎贝拉联姻后，阿拉贡和卡斯蒂利亚就合并为一个统一的王国。此后，他们因为整日忙着攻打摩尔人，而战争几乎消耗了整个国库，也已经失去了为哥伦布的高风险计划提供资金支持的能力。

作为一个勇敢而坚强的意大利人，极少有人能像哥伦布那样，愿意为理想而努力争取，坚持不懈。1492年1月2日，西班牙占领了格拉纳达，摩尔人不得不投降。此时，哥伦布以最快的速度，在同年4月将与西班牙王室的合约拿到手。8月3日，星期五，哥伦布离开帕罗斯，率

①　克里斯托弗·哥伦布（1451-1506），意大利航海家，美洲的发现者。

领着一支由 3 艘小船、88 名海员组成的船队出发了。这些海员大多是为了获得免刑的罪犯。10 月 12 日（星期五）凌晨两点，哥伦布看见了陆地的海岸线。

1493 年 1 月 4 日，哥伦布开始返航，并把 44 名海员（无一人生还）留在拉纳维达德要塞驻守。2 月中旬，哥伦布到达亚速尔群岛，当地的葡萄牙人差一点儿将他关进监狱。1493 年 3 月 15 日，哥伦布最终回到了起航的帕罗斯岛。他因为成功的喜悦而激动不已，马上带着印第安人（哥伦布始终坚信自己发现了印度群岛，因此称当地的土著居民为红色印第安人，意思是印度人）赶到巴塞罗那，与西班牙王室分享其快乐，声称王室已经拥有了通往"金银之都"——中国和日本的航线。

事实的真相在哥伦布有生之年都未被揭开。他在第四次航行时，接触到了南美大陆。为此，他或许有些怀疑。不过，他到死都坚信，亚欧之间不存在单独的大陆，他找到的就是直达中国的航线。

在哥伦布坚持向西航行时，葡萄牙人也按其计划东行着。与西班牙人相比，他们的运气好像要好得多。1498 年，达·伽马航行成功。他顺利到达马拉贝尔海岸①，然后，带着满满一船的香料安全地返回里斯本。1502 年，达·伽马顺旧路再次成功到达印度。在东线的衬托下，西线显得一无所获。

1497 年和 1498 年，约翰·卡伯特和塞巴斯蒂安·卡伯特兄弟出发开始寻找日本，结果却发现了冰天雪地的纽芬兰岛。实际上，早在 500 年前，纽芬兰岛就被北欧人发现了。佛罗伦萨人亚美利哥·韦斯普奇（后来成为西班牙的领航员，新大陆就是用他的名字命名的）沿着漫长的巴西海岸一路探索，却始终无法找到梦想中的印度群岛。

---

① 印度西南沿海地区。

1513年，哥伦布已经去世7年了，欧洲的地理学家们终于弄清了事实的真相。探险家瓦斯科·德·巴尔沃亚穿过巴拿马地峡，登上了达连峰，惊讶地发现，眼前竟然是一片全新的大洋！

1519年，葡萄牙航海家斐迪南·德·麦哲伦[①]奉西班牙王室之命，带着5艘小船，继续向西寻找香料群岛（不向东的原因是由于葡萄牙人已经占据了那里的路线，禁止他人插足）。麦哲伦先是顺利地渡过了非洲与巴西之间的大西洋，然后南行，直到位于巴塔哥尼亚（也就是"大脚人的国家"）和火地岛之间的一个狭窄的海峡。在那里，狂风和暴雪持续了整整5周的时间，麦哲伦船队处于十分危险的境地。因为恐慌，船员中间发生了叛乱，结果麦哲伦对他们进行了残酷的镇压。当船只再次出发时，2名叛乱的船员就此留在了荒无人烟的海岸上，为自己的行为"忏悔"终生。随着叛乱一起平息的还包括风暴，所以海峡越来越宽，最终，船队得以驶进了一片陌生的新大洋。

因为一切已经风平浪静，麦哲伦就用"太平洋"命名这片新大洋，然后，船队继续西行。然而，在此后整整98天的时间里，船员们一直在无边无际的大海上漂泊，看不到陆地。最终，船上开始缺少食物和饮水，人们甚至到了吞食老鼠、咀嚼船帆的地步。

1521年3月，他们终于看到了陆地。麦哲伦为这片陆地取名拉卓恩群岛（意思是"盗匪之地"），原因是当船队靠岸时，他们遭到了当地土著居民的洗劫。此后，他们继续西行，终于靠近了梦想中的香料群岛。

然后，当陆地再次出现在他们眼前时，他们看到的是一片荒凉的群

---

① 斐迪南·德·麦哲伦（1480—1521），葡萄牙航海家，人类历史上第一次环球航行的组织者。

岛。麦哲伦以其君主查理五世之子菲利普二世的名字将其命名为"菲律宾"群岛。开始的时候，当地的土著居民们友好地款待了麦哲伦的船员们。可是后来，由于麦哲伦想用武力强迫当地居民信奉基督教。于是，被激怒的土著居民奋起反抗，将麦哲伦及其大部分手下杀死。

动乱结束后，船队仅余3艘船，幸存的船员们焚毁了其中的1艘，然后继续西行。最终，他们发现了传说中的"香料群岛"摩鹿加，也看到了婆罗洲（也就是印度尼西亚的加里曼丹岛），并到达了蒂多雷岛。在此，其中一艘船由于严重漏水，只好连人带船留在了当地。船长塞巴斯蒂安·戴尔·加诺带着最后的一艘船（"维多利亚号"），穿越印度洋，与澳大利亚（直到17世纪初，荷兰东印度公司的船员们才发现它）擦肩而过，然后回到西班牙。于是，这场历经千辛万苦的航行终告结束。

这次航行是意义最为重大的一次，历时3年之久，花费了大量的金钱和人力。最终，它获得了成功，而且证实了地球的确是圆的。除此之外，它还将哥伦布犯下的错误纠正过来，证实他发现的是一片独立的新大陆而不是印度。

从此，西班牙和葡萄牙开始致力于开发与西印度群岛及美洲的贸易，并将全副精力投入其中，使出浑身解数开始了激烈的争夺。为了避免他们挑起战事，教皇亚历山大六世将西经五十度子午线作为东、西半球的界线，这就是著名的1494年的《托德西利亚斯条约》。根据这一条约，葡萄牙人拥有东部世界，可以在那里随便建立殖民地；西班牙人拥有西部世界。这就是整个南美大陆一度除巴西外均为西班牙的殖民地，而印度群岛和非洲大部分地区则属于葡萄牙的原因。这种情况一直维持到十七八世纪。后来，崛起的英国和荷兰置教皇的旨意于不顾，凭借武力将这些殖民地抢到自己手中。

当威尼斯的里奥托（中世纪的股票交易所）里的人们得知哥伦布发现中国与印度的消息时，当地发生了一场大恐慌．股价狂跌了40%～50%。后来，人们才发现，哥伦布找到的并非通往中国的通途。此时，惊恐的威尼斯商人们才略微缓过神来。不过后来，达·伽马与麦哲伦的成功也说明了，由海路向东完全可以到达印度群岛。

直到那时，威尼斯与热那亚的统治者们才产生了一丝悔意，假若最早的时候他们听从哥伦布的建议就好了。如今，一切都晚了，现在，只能眼看着中世纪和文艺复兴时期闻名于世的商业中心——地中海成为欧洲的内海。意大利的辉煌就要结束了，而大西洋地区则开始日益兴旺，并且渐渐成为商业及文明的新中心。

从尼罗河沿岸居民开始用文字记载历史算起，人类文明的历史已经有5000年。接下来，我们一起回顾文明的变迁过程。

文明最初产生于尼罗河流域，后来，在幼发拉底河与底格里斯河之间的美索不达米亚进一步发展。接着，在地中海地区发扬光大，并使那里成为全世界的贸易中心。

在地中海的沿岸，克里特文明、古希腊文明和古罗马文明相继兴起，哲学、文学、艺术、科学等得以孕育。

直到16世纪，大西洋成为文明的中心，大西洋沿岸的国家开始主宰世界。

第三十六章　佛陀和孔子

有关佛陀和孔子的故事。

地理大发现之后，西欧的基督徒们开始走近东方，获得了更多了解印度人和中国人的机会。这本书的书名是《人类的故事》，我们不应只局限在欧洲和西半球的历史范围内，那么，接下来，我们就来了解一下生活在数千年前的佛陀和孔子。迄今为止，他们的教诲以及他们树立的榜样，依然对很多人的言行和思想产生着深远的影响。

在印度，佛陀是最最尊贵的"牧羊人"。其生平充满着传奇色彩。公元前6世纪，佛陀降生在一个喜马拉雅山附近的王国。400年前，雅利安人（印欧民族的东支的自称）的伟大领袖查拉图斯特拉① （琐罗亚斯德）就是在那里教导其民众，要将生命看作恶神阿里曼与善神奥姆兹德之间的永不停息的争斗。

佛陀出身于高贵的家族，其父母分别是释迦部落的首领净饭王和邻近王国的公主摩诃摩耶。一天晚上，正在蓝毗尼花园享受阴凉的摩诃摩耶诞下了一个小王子。这个孩子就是悉达多，不过人们一般称他为佛陀，也就是"觉悟者"。

日子一天天过去，悉达多慢慢地长大成人。19岁时，英俊的王子与自己的表妹雅苏陀罗结为夫妻。之后的十年里，悉达多始终生活在王宫里，从未接触过任何苦难，只是静静地等待着成为王者的那天到来。

30岁时，悉达多的生活中出现了一些特别的事情。一次，当他走出宫门的高墙时，看到一位将要死去的老人。他体力衰微，羸弱到了极点。年轻的王子因此特别悲伤，他一言不发地回到宫中继续过着平静的生活，并尽力让自己忘掉烦恼。不久，他再次离开王宫，这次他遇到一个生病的穷人。年轻的王子更加悲伤，不过，他还是回到了家人的身边。

数星期之后的某个傍晚，悉达多想去河边洗澡，于是驾车出宫。好

---

① 公元前6世纪的伊朗先知，拜火教的创始人。

像命运刻意的安排，他的马被浮在路边水沟里的一具死尸惊吓了。王子从小居于深宫，根本不曾看到如此恐怖的情景，不由得吓呆了。不过车夫告诉他，无须在意，因为世界上到处都可以看到死人，这就是生命的规律，有始有终，也没有永恒。我们最终都要走进坟墓，无一例外。

当晚，悉达多回到家中。一进门就受到悦耳之音的欢迎。原来在他出门的时候，他的妻子为他生下了一个男孩。这就代表着王位又有了继承人，大家正为此热烈地庆祝。不过悉达多无法与他们分享快乐。新生命的诞生，让他更深地体会到生存的恐怖。他被死亡和苦难的情景紧紧缠绕着无法入睡。

那晚，月光皎洁如水。睡不着的悉达多开始认真地思考所见的一切。对他来说，假若无法解开这生存之谜，他就无法重拾快乐。最终，他决心离开心爱的亲人们，独自一人寻找谜底。他悄悄来到妻子的卧房，最后看了妻儿一眼，然后离家出走。

悉达多开始了到处流浪的生活。而当时，印度恰好处于剧烈的变动之中。很久以前，争强好战的雅利安人（欧洲人的表亲）轻易地将印度的先人们（即印度土著居民）征服了。从此，雅利安人统治着这些性情温顺、体型矮小的黄种人。为了维护、巩固自己的权力，雅利安人将印度人口划分为不同等级，并进而演化成一套僵化的"种姓"制度。处于最高等级的"种姓"是祭司阶层，其下是武士和贵族阶层，再往下是农民和商人。土著居民被称为"吠舍"，是最为卑贱的奴隶，备受鄙视，命运悲惨而且永无出头之日。

种姓制度甚至影响人们的宗教信仰。历经数千年的游荡，古老的印欧人遭遇了很多神奇的事情。后来，这些经历被人们汇编成书，这就是用梵文写成的《吠陀经》。梵语作为一种语言，和欧洲大陆的希腊语、拉丁语、俄语、德语及其他几十种语言异常接近。《吠陀经》被称为圣书，获得阅读其资格的仅有三个高等种姓，最低的"吠舍"是无法了解这本书的内容的。贵族或是僧侣还被明令禁止将此书的内容透露给"吠舍"，否则会被处以严厉的惩罚。

所以，大多数印度人过着悲惨的生活。因为他们从尘世获得的快乐少得可怜，于是，他们就想通过其他途径摆脱苦难。许多人通过冥想来世的美好生活获得一点儿安慰。

印度神话里所有生灵的创造者是梵天，他也是生与死的最高主宰，是完美的最高理想。许多印度人通过效仿梵天来截断自己对财富和权势的欲望，并让它成为自己生活的最高目标。他们坚信，相比圣洁的行为，圣洁的思想更加重要，为了可以更好地思索梵天的智慧，他们走进荒漠，吃树叶草根，让肉体经受磨砺，从而让灵魂变得更加充盈。

悉达多注意到了这些远离喧嚣、一心追求真理的流浪者们，最后，他决定学习他们。他将头发剃去，将佩戴的珠宝取下，让忠诚的仆人将一封诀别信带回家中。然后，年轻的王子孤身走进了沙漠。

很快，人们就到处流传着他的圣洁之举，五个年轻人慕名前来拜访他，希望可以追随他。悉达多答应了，并收他们为徒。于是，悉达多带着这5个年轻人走进了深山。就这样，他们在灵鹫山的荒凉山峰间生活了整整6年。在此期间，他始终将自己所知的一切传授给门徒。

然而，经过这段精心的修行后，悉达多发现，自己距离完美的境界还差很远，依然能感受到俗世的诱惑。于是，悉达多离开学生，独自一人来到一棵菩提树下静坐，斋戒了49个昼夜。最终，苦修获得了灵验，他看到了梵天的显灵。从那时起，人们就称悉达多为"佛陀"，也就是将人们从苦海中救出的"大彻大悟之人"。

佛陀最后45年的时光是在恒河附近的山谷里度过的。在那里，他将自己关于服从、温顺的朴素教义讲给所有人听。公元前488年，佛陀圆寂。此时，他已经得到了数百万人的热爱。由于佛陀的教义是面向众生的，因此，就连最低等级的"吠舍"也可以成为其信徒。

佛陀的教义承认众生平等，教导人们将生活的希望寄予来生，为此，贵族、僧侣和商人们感到十分不满，于是想尽办法要将这一信仰消灭。一旦得到机会，他们就会鼓动印度人回归古老的婆罗门教，坚持斋戒，并对自己的肉身进行磨砺。不过，佛教却一直广为流传。

后来，其信徒们越过了喜马拉雅山，让佛的智慧走进了中国。他们还渡过黄海，让佛的教诲走进日本人民中间。这些信徒忠实地恪守佛陀的意志，绝不使用暴力。如今，就人数来说，信仰佛教的人是有史以来最多的，甚至比基督徒和穆斯林人数的总和还要多。

接下来，我们去中国看一看智者孔子，与佛陀相比，他的故事则要简单得多。公元前550年，孔子出生。他一生恬淡、宠辱不惊。当时的中国社会特别混乱，缺少一个强大的中央集权政府，百姓生活在水深火热之中。强盗到处流窜，随便烧杀劫掠。原本富饶多产的中国北部和中部遍布饥民。

孔子主张仁爱，将救民于水火当作自己的职责。他天性平和，不崇信武力，反对治国用苛刻的刑法。他深信，真正的安邦之道在于将世道人心加以改变。孔子一生可谓"知其不可为而为之"，尽全力为改善中原数百万同胞的生活而努力。

尽管中国人也相信鬼怪神灵，然而，他们一向对西方意义上的宗教不太热情。在人类所有伟大的精神领袖中，孔子大约是唯一一个不曾见过神的显灵、不宣称自己是神的使者或是曾经受过神启的人。孔子善解人意，通达仁爱，喜欢独自漫游，喜欢弹奏忧伤的乐曲。他淡泊名利，从不要求任何人追随、崇拜他。由此，我们想到了一些古希腊的智者，特别是斯多噶学派。他们一样坚持正直的生活与正当的思考，不求回报，坚守灵魂的平静和安宁。

孔子为人宽厚。他曾经专门去拜访老子（中国另一位伟大的思想者。他开创了道家哲学体系）。孔子对所有的人都心怀仁爱之心，不存仇恨之心。他将自律的美德教给人们。根据孔子的教诲，一个真正的有德之人是不会让自己每天怨气冲天的，不管命运做出怎样的安排，都应该乐观对待，不怨天尤人。这些智者深知，任何事物假若从多个角度去看，都有其有益的一面。

开始的时候，孔子并没有几个弟子。不过慢慢地，其弟子的人数越来越多。公元前479年，孔子去世。在他晚年的时候，一些王公贵族也公开承认自己是孔子的弟子。当耶稣在伯利恒马槽降生的时候，孔子的哲学早已融入大部分中国人的思想里，并始终对其生活造成影响。

越来越多的东亚人还是受到孔子的智慧言行的影响。借助于一些思想深刻而鞭辟入里的话语，所有中国人的心灵都融入了儒家思想关于生活的哲学。人们的日常生活受着这种思想的影响。无论他的身份如何，这种思想都会对他产生作用。

16世纪，从西方而来的热情洋溢却也蛮横无理的基督徒们和东方的古老教义相遇。面对宁静安详的佛陀塑像和慈祥亲和的孔子画像，早期的西班牙人和葡萄牙人顿时变得无所适从起来，因为他们压根儿不知道如何对这些面露微笑的"神人"表达尊重之情。

他们单纯地认为，这些神明和西方苦难的先知相差太远了，必定是魔鬼的化身，是崇拜偶像的异端信仰，基督徒无须对其表达尊敬。于是，一旦这些"邪恶影响"对其香料和丝绸贸易造成阻碍，欧洲人便开始用武力解决问题，借助坚船利炮打开了东方的大门。

第三十七章　宗教改革

人类进步的步伐有时如同挂在墙上的钟摆一样有规律地交替运动着。
在文艺复兴时期，人们对待宗教的态度是漠然置之，而对文艺则充满
热情；在随后的宗教改革中，人们对宗教充满热情，对文艺则失去了
激情。

　　"宗教改革"一词听上去相当熟悉，它可以让人想到历史上众多勇敢的清教徒。他们坚信"宗教信仰自由"，为了实现理想不惜远渡重洋。随着时间的流逝，宗教改革现在已经成了"思想自由"的近义词（特别是在新教国家），马丁·路德[①]也被人们尊为进步的先锋。

　　历史上极少出现好坏完全分明的事情，我们的世界并非由纯粹的黑白二色构成。历史学家假若足够坦诚，就应该客观而公正地评价所有的历史事件。可是事实上，因为我们必然会掺入个人喜好，所以很难真正做到此点。不过，我们至少应该尽力而为，尽量让偏见远离我们的历史书。

　　就拿我个人来举一个简单的例子吧。我生长的地方新教特色相当明显，所以我在12岁之前是不曾见过天主教徒的。所以，后来每当遇到他们的时候，我就感到相当不舒服，甚至还会产生畏惧之情。

　　我曾听人说起与新教徒被迫害相关的事情，说是什么艾尔巴公爵想将路德派与加尔文派的异端消灭，为此，西班牙宗教裁判所对成千上万的新教徒施以残酷的绞刑、火刑，甚至对其进行肢解。在我看来，这些事情似乎就发生在昨天，而且或许不久还会上演，或许会出现另一个圣巴托罗缪之夜[②]，而我会在睡梦中遭遇不幸，我那可怜而瘦小的身体会被人扔出窗外，就如同高贵的科利尼将军[③]所经历的一样。

　　多年以后，我在一个信奉天主教的国家里生活。在那段日子里，我惊讶地发现，那里的人比我的邻居更加快乐、宽容，而且也特别聪明。

---

① 马丁·路德（1483—1546），16世纪德国宗教改革的领导者。

② 1572年8月23日至24日夜间，胡格诺派的重要人物正聚集巴黎，庆祝其领袖波旁家族的亨利的婚礼。法国天主教徒亨利·吉斯（吉斯公爵之子）以巴黎各教堂钟声为号，率军队发动突然袭击，杀死胡格诺教徒2000多人，由于24日正值圣巴托罗缪节，因此，这一血腥的夜晚在历史上被称为"圣巴托罗缪之夜"。

③ 法国新教领袖，死于圣巴托罗缪之夜。

于是我开始相信，在宗教改革中，天主教徒们必定有着其合理的一面。

当然，16–17世纪那些善良的人们是不会用我如今的态度看待问题的。他们的确经历过了那场混乱的宗教改革，并且坚信真理是和自己在一起的。这是一个弱肉强食的问题，生存是人类原始的本能，也是必然的选择。

接下来，我们说一说教会。作为当时社会的第二大势力，它又有着怎样的故事呢？中世纪早期，尽力将异教徒征服是教会的任务。不过也正是从那时起，教会就慢慢地发生变化。其中最重要的变化就是，教会已经变得特别有钱，教皇也一改从前贫寒的基督徒的牧羊人身份，身居富丽奢华的宫殿，周围身边簇拥着一大群艺术家、音乐家和知名文人。大主教和红衣主教们纷纷效仿教皇的行为举止，主教则以他们为榜样。

唯一依旧恪尽职守的就是乡村教师，他们远离邪恶的世俗世界，远离异教徒对美与享乐的热爱，同样远离修道院。由于修道院里的僧侣们似乎已经将那些古老的谨守简朴的誓言忘记，因此只要不出乱子，他们就尽情享受耳目之娱。

最后则是普通百姓。与过去相比，他们的状况发生了极大的改观：生活富裕了，住房也变得舒适起来，孩子们可以接受到良好的教育，城市也干净漂亮。他们手中有了火枪，可以对抗欺压者，得以挣脱了数百年来压在他们身上的重税。到此为止，宗教改革的主角们都已经上场了。

接下来，让我们先来了解一下欧洲因文艺复兴而受到的影响。如此一来你就会明白，经历了文艺复兴后，宗教狂热会再度爆发的原因了。文艺复兴是从意大利开始的，后来波及法国。在西班牙，文艺复兴不曾掀起任何波澜，这是由于在和摩尔人展开的持续500年的战争中，西班牙人慢慢变得心胸狭窄，对宗教极度狂热。

文艺复兴波及的范围越来越广，其性质在越过阿尔卑斯山之后发生了鲜明的变化。

欧洲南北两地气候差异特别大，这让南北欧人的生活习性产生了巨大的差异。意大利阳光充足，人们喜欢从事户外活动，纵酒高歌，享受生活。而地处北欧的德国、荷兰、英国、瑞典的气候则相当阴冷，人们更愿意蜗居于舒适温暖的小屋内，态度严肃地对自己的灵魂予以关心，更不会拿神圣的东西开玩笑。所以，北欧人仅关注文艺复兴中的人文部分，像书籍、古代作家的研究、语法以及教科书等。而至于全面回归古希腊、古罗马文明的号召，他们却没胆子回应，而这些正好就是文艺复兴在意大利的主要成就。

可是，是教皇和红衣主教的担任者几乎都是意大利人。因此，他们把教会变成了俱乐部。在这里，人们可以尽情地谈论艺术、音乐、戏剧，但是，人们很少谈到信仰问题。就这样，严肃认真的北方世界和随意乐天的南方国家之间产生了分裂的罅隙，而且这种罅隙越来越深。不过，无人想到教会因此会惹来什么麻烦。

此外，德国人一向讨厌罗马，日耳曼皇帝和教皇之间存在极深的过节，双方争吵不休。至于欧洲的其他国家，国王一般都具有极强的控制政权的能力，并可以让民众得到保护，使之免遭教士的盘剥。而在德国，皇帝没有实权，大小王公良莠不齐，善良规矩的市民不受国家的保护，极易遭到主教或者教士的欺凌，他们的财富被大量搜刮，成为教士修建豪华教堂的资金，而这些人就可以以此向教皇献媚（文艺复兴时期的教皇特别喜欢装饰奢华的教堂）。德国人感到吃了亏，因此更加不满。

此外，还存在一个极少被提到的原因。德国是印刷机的故乡，所以在北欧，书籍的价格特别低廉。《圣经》原本是手抄本，教士始终将其解释权垄断着。如今，它成了家用图书，人们假若懂得拉丁文，就可以自己阅读《圣经》。这种做法原本与教规相违。不过后来，人们通过阅读发现，教士告诉他们的东西，有许多和《圣经》中的记载不相符。

于是，人们产生了很多疑问，而这些问题得不到解答。矛盾慢慢激化，北方的人文主义者们终于忍不住了，开始进攻僧侣。因为他们还对教皇心存敬畏，所以他们不敢对教皇本人直接攻击。于是，他们最初的攻击目标就成了那些修道院里懒惰、无知的僧侣。

让人感到惊奇的是，教会忠诚的民众竟然成为这场运动的领袖，这个人叫德西德里乌斯·伊拉斯谟。伊拉斯谟出身贫寒的家庭，曾经在德文特的拉丁学校（即坎普滕的托马斯修士的母校）接受教育，之后成为教士。后来，他离开了曾经居住的修道院，到欧洲各地周游，并记录下旅途见闻。再后来，他开始了写作生涯（在现代社会，他或许会被称为社论作家）。其作品《蒙昧者书简》中有着相当多风趣幽默的匿名信，世人由此获得极大的乐趣。

在这本书中，他采用一种奇特的德语－拉丁语的打油诗形式，将普遍存在于中世纪晚期僧侣中的无知与自负揭露出来。伊拉斯谟学识渊博且为人严谨，精通拉丁语和希腊语。他对希腊文的《圣经·新约》进行认真的校对，然后将其翻译成拉丁文，这是第一本可靠的拉丁文版《圣经·新约》。不过，相比古罗马诗人贺拉斯，他相信，强有力的写作方式就是"将真相在微笑中说出来"。

1500年，伊拉斯谟拜访了托马斯·摩尔爵士。此后的数周里，他完成了《愚人颂》。这本书特别有意思，全书用幽默这种最锐利的武器对僧侣及其追随者进行抨击，因此成为16世纪最畅销的著作，并被译成多种文字。最重要的一点是，欧洲各国人民因为它开始关注伊拉斯谟的宗教改革著作。

伊拉斯谟因为太过理性且宽容，因此，无法满足大多数反对教会的人的要求。他们唯一能做的就是继续等待，希望可以出现一位更为强硬的领袖。结果，马丁·路德顺势出现了。

路德出生于德国北部的乡村的。此人才智超群，不畏权威。他受过高等教育，获得了埃尔富特大学颁发的艺术学硕士学位，后来进入一家多明我派修道院修行，最后成为威登堡神学院的大学教授。从此，他开始为对宗教比较冷淡的农夫们解释《圣经》。闲暇的时候，他开始研究《旧约》和《新约》的原文。没过多久，他就发现，教皇和主教们所说的和耶稣本人的训诫存在着巨大的差异。

1511年，路德因公访问罗马。此时，博尔吉亚家族的亚历山大六世（他曾经替子女聚敛起大量财物）去世，尤利乌斯二世成为教皇。这个人品行端正，却喜欢征战和兴修土木。尤利乌斯教皇临终时，将扩建圣彼得大教堂的事情托付给他的继任者。这座教堂相当宏大，还未竣工就需要维修。可是，老教皇亚历山大六世已经将教会的财富挥霍一空，到了1513年利奥十世接任之时，教廷实际上已经濒临破产。

于是，利奥十世为了筹集资金，想到了出售"赎罪券"的方法。实际上，赎罪券就是一张羊皮纸，但需要付出一大笔钱才能得到，据说，它可以让拥有者缩短其在炼狱里的时间。赎罪券一定要花钱购得，这的确是一件不幸的事，于教廷而言，它却成为其创收的捷径。而且对于那些特别穷的人，它又是可以免费领取的。

1517年，赎罪券的销售权在德国的萨克森地区落到了一个名叫约翰·特泽尔修士的手中。这位修士敛财之心过于急切，于是，采用强迫式的手法进行销售，为此激怒了那里虔诚的信徒。1517年10月31日，路德来到萨克森宫廷教堂的大门前，在上面将自己写的九十五条声明张贴上去。这些声明是用拉丁文写成的，内容是对销售赎罪券的行径予以猛烈的抨击。当时差不多每个人都在关注宗教事务。对这一事件的讨论，马上引发了强烈的思想震荡。结果，在两个月之内，"萨克森的九十五条声明"几乎人人皆知。

最终，路德成了教皇的敌人，虽然此举并非他的本义。一些德意志爱国者，像乌里奇·冯·胡登，甚至赶去保护路德。威登堡、埃尔富特、莱比锡等地的大学生们也公开声明支持他：假如当局将路德逮捕，那么他们必定誓死保护。甚至连萨克森选帝侯也向热血的青年们承诺，假如路德在萨克森的土地上，他就禁止任何人伤害他。

以上事情就发生在1520年。那时，查理五世已经年满20岁。他决定在莱茵河畔的沃尔姆斯召开一次宗教大会，并命令路德出席，要求他将自己的越轨行为在会议上进行解释。这时的路德已经成为德意志的民族英雄，他决心前往。不过，在沃尔姆斯，路德拒绝将自己所写的或者所说的任何一句话收回，他完全不在意生死。

在沃尔姆斯会议上，经过长期的讨论，路德最终被裁定为罪人，并且不允许任何德国人为其提供食宿，或者阅读他所写的任何书籍。在绝大多数的德国人看来，沃尔姆斯敕令就是一份不公正的可恶文件。出于安全考虑，人们将路德藏在萨克森选帝侯在威登堡的城堡里。在那里，他还坚持对抗着教廷的权威，并把《旧约》和《新约》译成德语，让所有人都可以亲自接触上帝的话语。

事态发展到这一步，宗教改革已扩展到了宗教和信仰之外了。社会动荡不安，有许多人趁机兴风作浪：那些对现代大教堂建筑之美心怀憎恶之人开始攻击甚至摧毁他们厌憎的一切；一些穷困潦倒的骑士们企图夺回从前失去的一切，夺走原来属于修道院的土地；那些心怀不满的王公们则趁机拓展自己的势力；那些饥民们则在鼓动家的狂热带领下围攻城堡，然后如同十字军一般大肆劫掠。

　　暴乱果真在帝国发生了。有的王公成了新教徒（即路德所谓的"抗议教廷者"），残酷迫害统治区内的天主教徒。而另一些王公们依旧保持着对天主教的信仰，对自己的新教民众大肆绞杀。1526年，出于解决民众的教派归属问题，斯帕尔会议规定，"臣民们一定要信奉其领主所属的教派"——这让德意志联邦的上千个小公国彼此敌视，进而成为德国数百年统一之路的绊脚石。

　　1546年2月，路德去世。其遗体被安葬的教堂，即29年前他反对销售赎罪券的地方。多年来统一的宗教帝国在瞬间坍塌。为了一些神学教义的争论，天主教徒和新教徒们开始了你死我活的斗争，整个西欧世界都变成了战场。

第三十八章　英国革命

国王的毁灭之路

恺撒是最早对西北欧进行探索的人，公元前55年，他率军横渡英吉利海峡，征服了英格兰。此后的400年里，英国始终是罗马的一个行省。后来，蛮族入侵了罗马，原来驻守于英国的罗马军队不得不被紧急召回。从此，不列颠就成了一个无人管理的孤岛。

随后，北日耳曼的撒克逊部落被岛国舒适的气候、富饶的物产吸引而来。他们渡海而来，并以此为家，后来，还在这里创建了独立的盎格鲁－撒克逊王国。这个国家因为最初的入侵者盎格鲁人和撒克逊人而得名。不过，在那时，这个岛国还处于四分五裂的状态中，各小国间不停地争吵。

此后，各种北欧海盗对岛国的麦西亚、诺森布里亚、威塞克斯、苏塞克斯、肯特、东盎格里亚等地进行了持续的侵袭。就这样，这里的人民默默地忍受了漫长的500年。到了11世纪，丹麦的克努特帝国强大起来，把英格兰、挪威、北德意志都纳入了自己的版图——英格兰彻底失去了独立权。

又过了相当长的时间，丹麦人终于被英格兰人赶走。可是，英格兰人还未体会到独立的喜悦，北欧部落的一支后裔就再次将其征服。早在10世纪的时候，这个部落就入侵法国，并在那里建起了一个诺曼底公国。诺曼底大公威廉早对这个仅一海之隔的富饶岛屿垂涎已久。

1066年10月，威廉率军渡过海峡，并在10月14日的黑斯廷斯战役中将最后一位盎格鲁－撒克逊国王（威塞克斯的哈罗德）消灭。不过，无论是威廉本人还是在安茹王朝（也称金雀花王朝）的继任者眼中，岛国并非他们真正的家，仅是其陆地上广大领土的附属部分，是一块居住着落后民族的殖民地。

时过境迁，"殖民地"英格兰的实力逐渐超过了"诺曼底"。就在这时，法国国王正想铲除这个强大的诺曼底－英格兰邻居——在他看来，诺曼底王公们都有些不够听话。后来，在英法百年战争中，圣女贞德带领着法国人民将这些"外国人"赶了出去。然而，在1430年，在贡比埃涅战役中，贞德不幸被俘，随后被勃艮第人转卖给了英国士兵。在英国，她被人们当作女巫活活烧死在火刑柱上。

英王失去了立足于欧洲大陆的机会，此后，只好专注于这片领土。在岛上，封建贵族们长期混战，最后，在所谓的"玫瑰战争"①中纷纷丧命。于是，国王轻而易举地巩固了王权。到了15世纪末，英格兰已经成为强有力的中央集权国家，其统治者是都铎王朝的亨利七世。一些在战争中幸存下来的贵族企图重新获得对国家的影响力，亨利七世以著名的法庭（就是让人闻风丧胆的星法院②）对他们进行严厉的镇压。

1509年，亨利八世继任英格兰国王，英格兰的历史就此掀开了重要的篇章。从此之后，英格兰慢慢由落后的中世纪岛国发展成一个现代帝国。亨利并不热衷于宗教，他曾因多次离婚而和教皇不和，于是趁机脱离了罗马教廷。如此一来，英格兰圣公会就成为首个真正意义上的"国家教会"，而国王除了是世俗的统治者外，还是臣民的精神领袖。

这一变革一方面让王朝得到了英国牧师的拥护，另一方面通过没收修道院的财产而进一步加强了王权。同时，亨利还赢得了商人和手工匠们的支持。这些居民从小就生活在海岛，宽阔的海峡让其与大陆遥遥相隔，他们讨厌任何"外国"的东西。

1547年，亨利逝世，其仅10岁的幼子继任。这位小国王的监护人是路德的拥护者，决定全力支持发展新教。可不幸的是，小国王在不满

---

① 百年战争之后，英国各地贵族纷纷参与争夺对国家的最高统治权。经过一番分化后，这些贵族分为两个集团，分别以红、白玫瑰为各自的徽记，故称"红白玫瑰战争"。

② 普通法院之外，依国王特权设立的和政府有密切联系的特别法院。

16岁的时候就死了。其姐玛丽成为王位的继承者，她还是当时的西班牙国王菲利普二世的妻子。作为天主教的忠实信徒，玛丽下令将新任的"国家教会"主教及数百名教众烧死，因此被称为"血腥玛丽"。

所幸，玛丽在位的时间相当短，她在1558年就死了。接任王位的是亨利八世和安妮·博琳（亨利八世的第二任王后，失宠后被亨利斩首）的女儿伊丽莎白。在玛丽执政期间，伊丽莎白曾经入狱，后来，由于神圣罗马帝国皇帝的说情才获释。从此，伊丽莎白对任何和天主教、西班牙相关的东西都极端仇恨。

伊丽莎白和其父很像，同样对宗教问题不热衷，同样具有惊人的判断力。伊丽莎白在位的四十五年间，一直致力于强化王朝实权，增加国家的财政收入。而且，她还获得了一批杰出人士的有力支持，这让她所统治的时代成为英国历史上一个非常重要的时期。假如你对当时的详细情形感兴趣，那么，不妨去读一读与伊丽莎白时代相关的专著吧。

然而，伊丽莎白的王位也存在隐患，她受到了苏格兰王室的玛丽·斯图亚特的威胁。玛丽本人是法国国王弗朗西斯二世的遗孀，也是"圣巴托罗缪之夜"大屠杀计划的策划者——美第奇家族的凯瑟琳的儿媳。玛丽的儿子就是后来英国斯图亚特王朝的首任国王。

作为天主教的虔诚信徒，玛丽愿意帮助伊丽莎白的所有敌人。不过，她本人缺乏政治才能，加之镇压加尔文教的手段又太残忍，最终导致苏格兰发生了暴乱。无奈之下，玛丽逃到英格兰境内，在此避难了18年。在此期间，她时刻盘算着怎样抢到伊丽莎白的王位，对伊丽莎白的慷慨收留不抱任何感激。最后，伊丽莎白只好遵从其心腹顾问的建议，"将那个苏格兰女王的头砍掉"。

1587年，玛丽上了断头台。这件事成为英国和西班牙战争的导火线。不过，我们已经知道，在英国和荷兰海上联军的攻击下，菲利普的

"无敌舰队"几乎全军覆没。西班牙原本打算借机将反对天主教的两大强国彻底消灭，结果自己却一败涂地。

战争的胜利让早已犹豫多年的荷兰和英国找到了入侵印度和美洲的借口——替那些遭到西班牙迫害的新教徒报仇。英国人一度是哥伦布事业的最早继承者之一。早在1496年，在威尼斯人乔万尼·卡波特的指引下，英国的船队第一次发现并考察了北美大陆。作为未来的殖民地，拉布拉多和纽芬兰并不是特别重要，不过，英国的捕鱼业却因纽芬兰沿岸的海域而收获颇丰。一年后（即1497年），卡波特又踏上了佛罗里达海岸。

接下来，在亨利七世和亨利八世时期，英国并不发达，也无充足的财力资助海外探险。然而，在伊丽莎白一世女王统治时期，英国可谓国泰民安，玛丽也被留在了监狱里，水手们终于得以安心地出海远航。

早在伊丽莎白幼年时，英国人威洛比就已经到过北角。后来，其手下的理查·钱瑟勒船长继续向东，企图找到通往印度群岛的航线，结果却找到了俄罗斯的阿尔汉格尔斯克港，从而和遥远而神秘的莫斯科帝国建立了贸易往来关系。在伊丽莎白执政初期，还有相当多的人顺着这条航线前行。商人探险家们还创建了"联合股份公司"。

伊丽莎白时代的船员，是由海盗和外交家组成的，二者的比例各占一半，因而，他们敢于将全部赌注压在一次未知的航行上，也敢于为了金钱而不顾一切，于他们而言，但凡可以塞进船舱的东西都可以走私，甚至包括贩卖人口。那些水手们还把英格兰的国旗以及女王的威名散布到了世界各地。在国内，伟大的威廉·莎士比亚的戏剧为女王提供了消遣，英格兰最杰出的人士也都在尽力辅佐女王——亨利八世留下的封建遗产，最终发展成了一个现代民族国家。

1603年，70岁的伊丽莎白女王去世，詹姆斯一世继任为国王。他是亨利七世的曾孙，伊丽莎白的侄子，苏格兰女王玛丽之子。詹姆斯继任后发现，其统治的国家已经摆脱了欧洲大陆上的厄运。要知道，当时的欧洲一片混乱，天主教徒和新教徒们已经彻底丧失了理智，每天互相厮杀，打算将对手彻底摧毁，从而建立起自己的绝对统治。然而，英格兰却太平无事，其"宗教改革"借助于和平的方式得以顺利解决，不曾走上极端。正是由于这一原因，英国在后来的众多事务中都占据了极大的优势，不管是殖民地争夺战还是国际事务的领导地位。这种优势一直延续到第一次世界大战的结束，就算是斯图亚特王朝遭遇的灾难性事件，也没能遏制历史发展的必然趋势。

在英国人眼里，斯图亚特王朝是"外国人"。可是，他们自己却没有意识到这一点。在伊丽莎白一世女王统治期间，基本上可以称之为想干什么就干什么，因为她一直奉行让诚实的（或不诚实的）英国商人广开财路的政策。所以，她备受人民的爱戴。有时，女王会僭越国会的一些小权力，而人们都愿意对其行为睁一只眼闭一只眼，这是由于他们从女王成功的外交政策中获得了极大的利益。

从表面上看，詹姆斯国王也继续着相同的政策。可是在他身上，人们无法找到伊丽莎白一世那特有的热情。虽然他也继续鼓励海外贸易，但天主教徒却不曾获得任何新的自由。而当西班牙开始讨好英国并试图与之建交时，詹姆斯却非常高兴地接受了。多数英国人为此而愤愤不平，但詹姆斯毕竟是国王，因此，人们只好选择沉默以对。

矛盾没多久又出现了。詹姆斯国王和1625年继任的查理一世都坚信"君权神授"。他们认为自己拥有特权，可以自由地对国家进行治理，可以无须顾忌臣民的意见。当詹姆斯天天喊着"君权神授"时，民众开始不满了。原因是什么呢？这是由于路德或加尔文的新教思想的影响？这明显是不公正的。因此，诚实的英格兰臣民突然对"君权神授"

的王权开始质疑，必定存在其他原因。

在欧洲，尼德兰人是最先开始反对"君权神授"。1581年，尼德兰三级会议召开，最终决定将其合法君主（也就是西班牙的菲利普二世）废黜掉。会议宣称："国王一旦不遵守契约，就应如同那些不忠诚的仆人一样被解雇。"从此，在北海沿岸，国王应该对其民众负责的观点开始盛传。这其中的原因或许和那里的人民经济实力较强、地位得到提升相关。至于中欧地区的贫苦人民是不敢谈论此类话题的——他们时刻在卫队的监控下，略有闪失就或许被关进漆黑的地牢。

可是，在荷兰和英国，人们是无须顾虑的，富商们实力雄厚到足以维持陆军与海军，而且，他们清楚如何利用银行信贷这一有力武器。他们会用金钱的"神圣权利"和哈布斯堡王室、波旁王室或斯图亚特王室的"神授君权"相抗衡。他们还清楚，自己兜里的金币具有无穷的力量，可以瓦解国王麾下那些差劲的封建君主的军队。他们敢说敢做，不惧风险，而在其他国家，人们还只能默默忍受。

英格兰人民被激怒了——斯图亚特王室竟然宣称自己可以任意妄为，而无须考虑任何责任。于是，不列颠岛国的中产阶级行动起来，他们使议会成为第一道防线，试图遏制王室滥用权力的行为。国王不但拒绝了这一请求，甚至还解散了议会。此后的11年里，查理一世独揽大权，丝毫不顾及人民的意见，非法征税，将国家当成了自己的私有农庄。

查理原本想争取到苏格兰的支持，不过遗憾的是，他不但没能达到目的，而且还和苏格兰长老会教派发生了争执。后来，由于资金的匮乏，查理不得不再次召开议会。1640年4月，议会召开，议员们全都怒不可遏，争相发泄自己的不满。于是，议会在数周后再度被解散。11月，新议会组成，结果，相比此前的议会，这一届议会更为强势，议员们也终于明白，对于"神授君权治国"还是"议会治国"这个问题，只有诉诸武力，才是最有效的解决办法。于是，他们采取了行动，将国王主要顾问中的六个处决了。而且，他们还强硬地宣布，未经议会许可，国王无权将议会解散。最后，1641年12月1日，议会将《大抗议书》递交给国王，上面详细列举了人民对国王的种种不满。

1642年1月，查理离开伦敦来到乡村，希望可以在乡下找到支援者。战争一触即发，国王和议会各自组建了军队，打算为绝对权力的归属决一死战。在这场战斗中，清教徒（英格兰最大的宗教派别，也是英国圣公会的成员，致力于最大限度地净化自己的教义）很快就脱颖而出。奥利佛·克伦威尔①率领的"圣洁兵团"依靠着钢铁般的纪律和对神圣目标的执着信念，很快成为军队效仿的楷模。

查理率领的军队曾经两次遭到对方的重创，最终，在1645年的纳斯比战役之后，不得不狼狈地逃往苏格兰。相当不幸，查理很快又被苏格兰人出卖给了英格兰人。

紧接着，苏格兰长老会和英格兰清教徒之间又发生了纷争。1648年8月，普莱顿荒原上发生了历时三天的激战，最终，第二场内战结束。克伦威尔将爱丁堡攻克后回师凯旋。这时，那些对空谈和无意义的宗教论争早已无可容忍的士兵们冲进议会，将所有对清教徒持反对意见的议员赶走。于是，留下的议员们组建了"残余议会"，指控国王犯下了叛国罪，并组织了特别法庭，判处国王死刑。

1649年1月30日，查理一世走向了断头台。查理或许到死也不明白，一个新时代的国王到底该如何自处。

查理之后，就是一般所说的克伦威尔时期。开始的时候，克伦威尔

① 奥利佛·克伦威尔(1599—1658)，17世纪英国资产阶级独立派的首领，1653年建立其军事独裁统治。

尽管统治着英格兰，但还不是独裁者，直到1653年，他才成为正式的护国公。在克伦威尔统治的五年间，伊丽莎白一世的政策得以延续下去。西班牙又一次成为英格兰最主要的敌人，全国都在谈论着与西班牙开战的事情。

在克伦威尔统治时期，处于最重要地位的是海外贸易和商人的利益，宗教上则严格实行新教教义。克伦威尔成功地提升了英格兰的国际地位，但在社会改革方面，他却遭到了失败。政府假如仅为部分成员谋利益，那注定无法长久。清教徒在反对国王滥用王权时是进步的，不过，当他们变成英格兰的统治阶层时，其行为就有些让人无法忍受了。

1658年，克伦威尔逝世。这时，英国人发现，他们已经不能再容忍清教徒的政策了，就如同无法容忍当年的查理一世一样。于是，人们对斯图亚特王室表示热烈的欢迎，就好似对"救世主"表示欢迎一样。假如斯图亚特王室可以淡忘此前所谓的"君权神授"，对议会的至高权力予以认可，那么，其王室成员就还是民众最爱戴的国王。

可是，斯图亚特王室的成员好像并未认清时局，还是旧习不改。1660年，斯图亚特王室复辟，查理二世回国继位。此人性情懒散，喜欢投机取巧，还擅长说谎。1662年，《统一法案》通过，他借机清除了一些与其政见不合的神职人员，还对清教徒势力进行了打击。1664年，借助于所谓的《秘密集会法案》，他下令，不允许异己力量进行宗教集会，不然就将其流放到西印度群岛——这种做法好像又回到了查理一世"君权神授"的老路。于是，人们又开始心怀不满，议会也不再轻易替国王提供资金。

查理二世因议会的不合作态度而失去了经济来源，无奈之下，他只好背地里从其邻居兼表亲（法国路易国王）那里借钱花。为此，他以每年20万英镑的代价，背弃了自己的新教盟友，而且，私下里还在嘲笑议会里的"那帮可怜的傻瓜"。

因为经济上不再受到牵制，查理二世顿时信心倍增。他小的时候曾长期流亡在外，寄居在信奉天主教的亲戚家中，所以，对天主教极有好感。他想，也许自己可以让误入迷途的英格兰重归罗马教会！于是，他颁布了《免罪宣言》，废止了此前压制天主教徒和异见者的法律。而就在这时，关于查理的弟弟詹姆斯皈依了天主教的流言四起。人们开始感到，这是一个可怕的阴谋，为此而疑虑重重，担心这也许和教皇有关。这种情绪四处蔓延，整个英国都被笼罩其中。大多数人还是不希望再次陷入内战，对他们而言，不管是国王专制也好，还是天主教信仰也罢，甚至是"君权神授"，比起战争，都还能让人忍受。然而，并非所有人都如此宽容，有些不愿意信仰天主教的人在几个大贵族的带领下，以坚定和无畏的态度对王权的复归表示坚决地反对。

在随后的近十年间，这两派人一直处于互相对峙的情况，并慢慢形成了辉格党和托利党两派。辉格党是中产阶级权益的代表，而托利党则是国王的支持者。这两大党派互相对抗，谁都不想首先引发危机，于是都在耐心地等待着。查理二世去世后，1685年，天主教徒詹姆斯二世继位。詹姆斯继任后的第一步就是学习外国，建立了一支"常备军"，其指挥就是法国的天主教徒。然后，他在1688年颁布了第二个《免罪宣言》，并勒令所有圣公会教堂宣读。他的行为越界了——这是最受爱戴的国王才能做的。七位主教拒绝宣读这个宣言，他们立刻就被法庭指控犯了叛国诽谤罪，然而，陪审团却宣布他们无罪，民众为此而欢呼雀跃。

可是不巧的是，詹姆斯的第二任妻子玛丽亚（她信奉天主教）恰好在此时生了一个儿子。这就代表着今后王位的继承者会是一个天主教徒。而且，这事相当让人怀疑——玛丽亚的年纪已经太大，按常理是无法再生育的。一时间流言四起，内战好像一触即发。这时，辉格党和托利党联合起来，两党的七位知名人士联名写信，向荷兰的护国主威廉三世（也就是詹姆斯的长女玛丽的丈夫，玛丽信奉新教）发出邀请，请他来英格兰担任国王。

1688年11月15日，威廉在托尔比登陆。为了让岳父免遭不幸，威廉为詹姆斯提供帮助，使之安全地逃往法国。1689年1月22日。威廉召开议会。同年2月13日，威廉和玛丽共同登上了英国王位——英国的新教获救了。

这时，议会的权力欲望增强，他们已经不满足于做国王的咨询机构。所以，他们起草了更为激进的《权利法案》，提出了种种限制国王权力的规定。他们要求，国王一定要信奉圣公会信仰，免除其废除法律的权力，也禁止其给予某些特权阶层违背法律的权力。法案甚至还强调："未经议会同意，国王无权自行征税和维持军队。"如此一来，在1689年，英国议会得到了其他欧洲国家想都不敢想的权力。

威廉执政时期之所以影响深远，并非只是因为这些开明的措施，而是由于责任内阁的政府管理体制的首次出现。可以想象，国王无法一个人对国家进行管理，他需要一些值得信任的顾问。都铎王朝就拥有一个由贵族和神职人员组成的大顾问团，不过此机构后来变得因为太过庞大，不得不精简成枢密院。慢慢地，这些枢密院顾问养成一个惯例，即固定于王宫的某间内室觐见国王，所以，他们又被称为"内阁成员"。没过多久，"内阁"一词就流传开来。

身为君主，威廉也概莫能外。从各个党派中选出的顾问组成的议会势力越来越强大，威廉意识到，辉格党已经慢慢将议会的多数席位占据了，就算是获得托利党的帮助，他也无法将政策顺利地推行开来。他干脆排除了托利党，让辉格党完全掌握内阁。几年后，辉格党失势，国王又不得不借助于占优势的托利党。

1702年，威廉去世，他终生都在为与法王路易的战争忙碌着，经常没时间顾及英国政府的管理，实际上，内阁承担着所有重要事务的处理工作。威廉死后，他的妻妹安娜继位，保持着和他在的一样局面。1714年，安娜去世，她的17个子女均比她短命，为此，詹姆斯一世的孙女苏菲的儿子成为继任者，他就是汉诺威王室的乔治一世。

乔治一世为人十分粗俗，从来没学过英语，因此，对他来说，迷宫一般错综复杂的政治制度的确是太难了。于是，内阁得到了所有事务的处理权，他也不出席任何会议，因为他不懂英语，就算是参加也仅仅做个样子。这样一来，内阁便渐渐形成了自行治理英格兰和苏格兰（1707年，苏格兰议会和英格兰议会合并）的习惯，而无须经过国王的批准。

乔治一世和乔治二世统治期间，众多优秀的辉格党人先后组建了内阁，其中，罗伯特·瓦尔浦在21年的时间里一直把持着政务。辉格党领袖的地位逐渐提升，他们一方面是内阁首脑，另一方面还是掌权的多数党首领。后来，乔治三世继位。他曾试图重掌权力，将内阁闲置起来，将政府重要事务的管理权夺回手中。此举却招致了灾难性后果，并让后人再也不敢犯相同的错误。就这样，早在18世纪初期，英国就拥有了代议制政府，责任内阁对国家事务实行有效的管理。

当然，这个政府并非是社会所有阶层的利益的代表，它让全国不到12%的人享有真正的选举权。可是不管怎样，它还是为现代的代议制政府奠定基础。

它运用一种和平的手段制衡了国王的权力，从而让越来越多的国民代表可以对国家自由地进行管理。尽管这一做法未能为英国带来黄金盛世，却让英国成功地避免了一场流血冲突。然而，17—18世纪的欧洲大陆，却因为激烈的革命招致了巨大的灾难。

第三十九章　势力均衡

"君权神授"的言论一度在法国空前高涨，后来出现了"势力均衡"原则，于是国王的野心才受到限制。

接下来我要讲的是，在英国人极力争取自由的那段时间里，法国又掀起了什么样的风云。在历史上，假如在某个合适的国家，一个合适的人于一个合适的时机出现，即所谓的"天时地利人和"，那是相当罕见的。不过，在当时的法国，路易十四的出现是如此恰逢其时。而对欧洲的其他地区而言，假如他不出现，反而会更好。

彼时的欧洲大陆上，人口最多的是法国，国力最强盛的也是法国。路易十四即位时，古老的法兰西王国已经成为17世纪最强大的集权国家。这是两位红衣主教马萨林和黎塞留整顿后的结果。路易十四本人也十分不凡，此人才华横溢，智勇双全，所以就算是到了20世纪的今天，我们好像还可以体会到"太阳王时代"光辉的余迹。

在路易十四时代的宫廷里，产生了种种经典而完美的礼仪，人们谈吐高贵、雅致，而现代社交生活正是在那时奠定了基础，同时也树立了最高的标准。在外交领域，法语还是国际会议最重要的官方语言之一，这是由于早在两个世纪以前，法语就因其优雅华丽、文辞纯粹而著称，就这一点来说，欧洲的其他语言无法与之相比。路易十四时代的戏剧到现在还能带给观众启示，人们甚至会因为难以领略这些古典戏剧的神秘美感而抱怨自己太愚钝。

路易十四在位期间，黎塞留创建了法兰西学院，并占据了学术界的领军地位，其他国家为此羡慕不已，群起效仿。像这样的成就，我可以列举出很多。比如，精制的法式烹饪，在开始的时候也许仅为了满足这位伟大君主的口腹之欲，不过，现在已经发展成了一门艺术，成为人类文明的最高成就之一。

总之，路易十四的时代充满了辉煌和优雅，直到现在，还能让我们从中学到许多东西。

让人遗憾的是，耀眼的光芒背后总有黑暗。外在的辉煌常常说明着国内的悲惨处境，法国也是如此。路易十四于1643年继任王位，于1715年逝世。这就表明，路易十四独揽了法国政权72年。

首先，我们应该对"独揽大权"的含义进行彻底的理解。历史上，有不少君主开创了高效的独裁统治，我们将这种制度称为"开明君主制"，而路易十四恰巧就是此类君主的代表。

当然，国王也并非将所有事务统统包揽。在他的身边总有几个助手、顾问，一两个将军，数名外交家，以及一伙精明的银行家和经济学家。当然，这些臣僚仅能遵从君权行事，并不会有独立的意志。在普通百姓眼中，君主本人就是国家政府的代表。所谓的祖国荣耀，事实上就是某个王朝的荣耀——波旁王室统治着法兰西，其利益和荣光就属于波旁王室。这是和民主理想相违背的。

这一体系的弊端相当明显。国王代表着一切，其他人什么也不是。封建主们因为无聊，就搬到巴黎宫廷里尽情享乐。其庄园经济很快就处于一种危险的境地，也就是所谓的"在外地主制"。在不到一代人的时间里，那些封建管理者就成了凡尔赛宫中举止优雅却无所事事的闲人。

《威斯特伐利亚条约》签订之时，路易十四刚满10岁。三十年战争就此宣告结束，哈布斯堡王室在欧洲大陆的显赫地位从此一去不返。满怀雄心壮志的路易顺理成章地利用这个机会让自己获得原本属于哈布斯堡王室的荣耀。

1660年，路易与西班牙公主玛丽亚·特雷莎结婚。后来，在其岳父菲利普四世逝世后，他马上对外宣称，西班牙属下的尼德兰部分（现在的比利时）是王后的一部分嫁妆。欧洲的和平当然因这种公开的劫掠而受到冲击，新教国家的安全也因此遭到威胁。在尼德兰七省联盟的外交部部长詹·德·维特的极力倡导下，1664年，一个国际联盟——瑞典、英国、荷兰三国同盟成立。不过这个联盟存在的时间太短。路易十四利用金钱和漂亮的许诺，轻易地收买了英国的查理一世和瑞典议会，而承担厄运的只有被出卖的荷兰。

1672年，法国军队入侵荷兰。当法军深入到荷兰腹地时，荷兰人打开了海防大堤。结果，法兰西的太阳王和当年的西班牙军队一样，深陷于荷兰沼泽的淤泥之中。1678年，《尼姆威根条约》签订——它不仅没能解决问题，甚至引发了另一场战争。

第二次的侵略从1689年持续到1697年，最终因为签订了《莱斯维克条约》而告终。不过，路易梦想独霸欧洲事务的梦想还是没能实现。其宿敌詹·德·维特尽管已经死在荷兰暴民之手，不过其继任者威廉三世却继续和路易为敌。

1701年，哈布斯堡国王查理二世，这位西班牙的最后一任国王去世，紧接着西班牙的王位争夺战就打响了。1713年《乌得勒支条约》签订就如同一纸空文。可是，路易十四的国库因为这场战争被消耗殆尽。在陆战中法国锐不可当，而英国和荷兰的海上联军却让法国始终无法获得最终的胜利。

此外，还要提到一点，在经历了这场旷日持久的战争之后，诞生了一个新的国际政治基本原则。按照这一原则，从此以后，整个欧洲或整个世界都不能被任何国家所独霸。

这就是"势力均衡"原则。尽管它并非一条成文的法律，在此后的三百多年间却被人们严格地遵守着。提出这一原则的人认为，欧洲正处于民族化发展阶段，假如想获得和平，就要让各种冲突或利益处于绝对平衡的状态。某个国家或者王朝就必然无法凌驾于他国之上。

三十年战争期间，哈布斯堡王室就成为这一法则的牺牲品，虽然当时的人们还不曾意识到这一点。当时，人们的视线被宗教争端的迷雾遮蔽，问题的实质被遮掩了。不过，从此以后，人们意识到，在任何重要的国际争端中，问题的主导因素就是经济利益。

不久，我们就发现，一种新的政治家诞生了，其精明和理性就如同收银机一样准确。詹·德·维特就是这种政治家的首位代表，威廉三世则是其优秀的学生。路易十四虽然拥有无比的威望，却成为时代大潮的牺牲品。

第四十章　俄罗斯的崛起

遥远而神秘的莫斯科帝国突然崛起，闯入了欧洲的政治大舞台。

我们知道，1492年，哥伦布发现了美洲。而同年的早些时候，施努普斯的提洛尔①人接受了提洛尔大主教之命，率领一支科考队去寻找神秘的莫斯科城，结果失败而归——对于外国人，莫斯科概不欢迎。无奈之下，施努普斯不得不掉头去拜访了土耳其异教徒统治之下的君士坦丁堡，以便回国后对大主教有个交代。

61年后，英国的理查·钱瑟勒船长率队开始了寻找印度的东北航线的航行。结果途中遭遇了狂风，船只被刮进了北海，一直被吹到了德维纳河的入海口。在那里，他发现了莫斯科公国的霍尔莫果利村。此次，这些外国客人受到了莫斯科人的欢迎，并被带到了莫斯科。莫斯科大公接见了他，并让他带回了莫斯科和西方世界的首个通商条约。此后，其他国家也蜂拥而至。

就地理角度来说，俄国幅员辽阔，地势平坦。尽管乌拉尔山脉将南北贯穿，那里却低矮、平缓，无法将入侵者的步伐阻挡在外。不过这条河宽阔而清浅，是游牧民族的理想家园。这个游牧民族原本过着安宁而平静的生活。遗憾的是，他们的国土被一条繁忙的商道穿过。这一条蜿蜒而漫长的商道将北欧与君士坦丁堡连接起来。

最初它是沿着波罗的海沿岸伸展，直到达涅瓦河口；接着又穿越拉多加湖，顺着沃尔霍夫河南下；然后穿越伊尔门湖，逆罗瓦特河而上；之后再走过一小段路就到了第涅伯河；最后顺着第涅伯河抵达黑海。

很早以前，这条道路就被北欧人发现了。公元9世纪，一部分北欧人开始定居于俄罗斯北部，而另一部分人则将一些独立的小王国建立起来，这就成为后来法国和德国的基础。公元862年，有三个北欧兄弟渡过波罗的海，各自在俄罗斯平原上建起了自己的小国家。留里克

---

① 今奥地利的一个省，省会即因斯布鲁克。

是三兄弟中寿命最长的那个，所以他后来吞并了兄弟的国土，并在基辅定都。

由于基辅离黑海很近，所以，这个斯拉夫国家一建立，君士坦丁堡就获得了消息。基督传教士们为此激动不已——他们要到陌生的土地去传播福音。这些拜占庭教士甚至深入到俄罗斯内地。在信仰方面，那里的居民相当落后，还在以森林、河流或山洞里的古老神灵为崇拜对象。而当时，罗马的传教士正专心致力于教化那些野蛮的异教徒——条顿人，没时间顾及遥远的斯拉夫部落。对拜占庭传教士来说，这真是一个好消息，于是，他们在这里传播着天主的福音。若干年后，拜占庭的宗教、文字、艺术、建筑等一系列文明成果被俄罗斯人全盘接受。拜占庭帝国——这个东罗马帝国的残部早已被东方人同化，其欧洲特征早已荡然无存，如今，这种东方文化的血脉被俄罗斯继承了下来。

这些在俄罗斯平原上兴起的国家政治路途充满挫折——这源于北欧人的一个特殊习俗，父亲的遗产要由儿子平分。因而，一个小国没建起来多长时间，老王的八九个子嗣就会将它平分掉，而其国土又会继续被划分。于是，没完没了的竞争就在这些小国之间不断地发生着。可以说，对他们来说，混乱是极其平常的事情。于是，当亚洲的蛮族开始入侵时，一切都晚了。这些四散的小国因为太过弱小，加之又各自为政，所以，无法众志成城共抗强敌。

1224年，蒙古人第一次对俄罗斯大举入侵。成吉思汗的大军势如破竹，相继征服了中国、布哈拉、塔什干等国家、地区，然后杀入西方世界。斯拉夫军队在卡尔卡河附近被彻底击败，最终，蒙古人成为俄罗斯的统治者。

不过，蒙古人的这次侵略可谓来如风，去如电。12年后（1237年），蒙古人再次杀来。只用了5年的时间，他们就霸占了整个俄罗斯平原，直到1380年才结束了统治——在那一年的库里科沃平原上，莫斯科大公德米特里·伊万诺维奇将蒙古人击败，俄罗斯人终于得到了自由。

这一改变俄罗斯人命运的"救世主"——莫斯科公国，是当年北欧人建立的众多小国中的一个。它处于俄罗斯平原的心脏地带，首都莫斯科位于莫斯科河畔的陡峭山崖上。这个小公国一会对蒙古人进行讨好，一会儿又对其略加反抗，凭着这种手段，它得以在14世纪中期树立了自己在俄罗斯各民族中的领导地位。

莫斯科公国慢慢变得更加富裕、强大。最后，它终于开始对蒙古人进行公开的反抗，并获得了成功。莫斯科是俄罗斯独立事业的领袖，凭借这种荣誉，它凝聚了众多相信美好未来的斯拉夫人，并慢慢发展成一个中心城市。

1453年，君士坦丁堡被奥斯曼土耳其人攻陷。10年后，莫斯科大公伊凡三世通告西方，自己有权享有已经灭亡的拜占庭帝国在物质和精神两方面的遗产，有权继承君士坦丁堡遗留下来的古代罗马传统。一代人之后（也就是伊凡大帝统治时期），莫斯科已经相当强大，大公们甚至沿用了恺撒的称号（也就是沙皇），并要求西欧各国的承认。

1598年，菲奥多一世去世，在北欧人留里克后裔们统治下的古老莫斯科王朝宣告终结。此后的7年间，新沙皇是一个鞑靼人和斯拉夫人的混血儿鲍里斯·戈都诺夫。在他执政期间，造就了众多俄罗斯百姓的未来命运。

尽管俄罗斯国土辽阔，不过比较贫穷。在当时的俄罗斯，几乎不存在商业，更不用说工厂，就算是有几个城市，不过在欧洲人看来，那也只是一些杂乱的脏乱村落罢了。中央集权政府相当强大，交融了斯拉夫、北欧、拜占庭和鞑靼的政治制度，而农民差不多都大字不识一个。

这个王朝奉行"国家利益至上"的原则，对其他的事物全都漠然置之。出于保卫国家的目的，它建立政府军队；出于供养军队的目的，它又要雇用公务员征收赋税；出于雇用公务员的需要，它又需要土地——在俄罗斯平原上，遍布广袤的荒野，由遥远的东方一直延伸到西方。然而，空闲的土地没有任何价值，它需要有人对其充分加以利用，在其上进行耕作或者饲养牲口。所以，原来游牧民的权利连续被夺走，最终，在17世纪初，他们彻底从自由民变成了农奴，成为土地的附属品。这种悲惨的境遇直到1861年才终止。

17世纪，俄罗斯的领土不断地扩张，它的东部边境一直延伸到了西伯利亚。这么辽阔的土地和强大的国力，最终令其他欧洲国家对它刮目相看。

1613年，鲍里斯·戈都诺夫去世。一位新沙皇被俄罗斯贵族（即罗曼诺夫家族的迈克尔）被推选为王。1672年，迈克尔的曾孙彼得出生。10岁时，和彼得同父异母的姐姐索菲亚继承王位。于是，小彼得被送到莫斯科郊区，和聚居在那里的外国人生活在一起。在那里，这位年轻的王子见识了不同类型的外国人，这其中包括苏格兰酒店老板、荷兰商人、瑞士药剂师、意大利理发匠、法国舞蹈教师和德国小学教员等。王子由此获得了对遥远而神秘的欧洲（那里的一切和俄罗斯完全不同）奇特的第一印象。

彼得在17岁时，突然发动了宫廷政变，将姐姐索菲亚赶下王位，自己登上了俄罗斯沙皇的宝座。他是个雄心勃勃的君王，仅做一个野蛮与东方化参半的民族的沙皇，压根儿无法满足他——他想成为一个拥有高度文明之国的君主，将"拜占庭－鞑靼"的杂交国家变成开化的欧洲强国。

　　这并不是一件容易的事情，需要强有力的手腕和睿智的头脑，而彼得本人恰好二者兼备。1698年，他开始对俄罗斯施行"大手术"。自此，古老的俄罗斯广泛吸取了现代欧洲文明的成果。最终，俄罗斯奇迹般地强盛起来。

第四十一章 俄罗斯与瑞典

为了争夺东北欧的霸主地位，俄罗斯和瑞典之间进行了一场漫长的、你死我活的争斗。

1698 年，彼得沙皇开始了他的首次西欧之旅。他先后经过柏林、荷兰和英格兰。早在儿时，彼得非常喜欢戏水。在他父亲的乡村庄园里有一个养鸭的小池塘，贪玩的彼得就自制小船到那里划水，结果险些被淹死。而后来，彼得的一生和对水的狂热紧密联系在一起，他毕生梦想着找到一个通向广阔海洋的入口。

这是一位严厉的年轻君主。尽管他专注于让祖国变得强大，不过，并没有得到太多人的支持。在他外出游历回来时，那些莫斯科古老势力的拥护者们企图粉碎他的改革，皇宫卫戍队斯特莱尔茨兵团借此叛乱。彼得知消息后马上回国，亲任最高指挥官，将这次叛乱镇压下去。他对于叛乱者进行无情的镇压，叛乱者首领被处以绞刑后碎尸万段；参与叛乱的士兵一律被处死：策划者索菲亚因为是他的姐姐，于是被关进了修道院。经过此事，彼得实现了真正的大权在握。

1716 年，彼得进行了第二次西欧旅游。这时，同样的场面又一次上演，他半疯的儿子阿列克谢是此次造反的首领。无奈之下，彼得再次中断旅行，火速回国。最终的结果是，不幸的阿列克谢死于牢房中，而拜占庭古老传统的维护者们则被流放到西伯利亚的一座铅矿劳作至死。此后，俄罗斯再也不曾发生对他不满的骚乱。随即，彼得得以顺利地推行改革。

想将彼得的改革措施一一列出来是一件不可能的事——这位沙皇的工作效率高到了令人发指的程度，他从不依律办事，也不墨守成规。他发布的改革条令数量之多，简直浩若繁星，连其手下都无法将之一一记录。在彼得看来，前人所做的任何事情均是不正确的，因此，一定要尽快对整个俄国进行彻底的变革。

在彼得去世之时，俄罗斯已经拥有了 20 万训练有素的陆军，以及装备着 50 艘战船的强大海军。这时，陈旧的政府机构已经被彻底清理。

国家杜马（也就是古老的贵族议会）被解散，取而代之的是参议院（这是一个围绕在沙皇身边的咨询委员会）。

俄罗斯被划分为八大行省。境内的道路被修通，建设起众多的城镇。在沙皇认为合适之处，工业得以兴建起来。运河也被开凿出来，东部山区的矿藏也被开采出来。并且，沙皇在全国建起中小学和众多高等教育机构，以及医院和职业技术学校，从此，俄罗斯文盲遍布的局面发生了改变，还为建设培养了人才。他还制定多种优惠政策，吸引荷兰造船工程师及世界各地的商人工匠搬到俄罗斯来居住。印刷厂如雨后春笋般出现，不过，任何出版物都一定要经过皇家官员的严格审查后才能出版。

每个社会阶层相应的权利与义务，均被详细地写进一部新的法律（由民法、刑法等法规汇编而成的一套系统的法典）。彼得禁止人们穿旧式的俄罗斯服装，于是，警察手握剪刀在每一条乡村小路上监视着。一夜之间，原本长须长发的俄罗斯山民变成了外表光鲜的文明人。

沙皇对于自己的权力享有绝对权，禁止任何人分享。同样，宗教事务上也是这样。他知道，教皇和皇帝争权的现象曾在欧洲出现过，所以，这一情形绝对不允许出现在自己的土地上。1721年，彼得将莫斯科大主教一职废除，自己成为俄罗斯教会的领袖。宗教会议也成为处理东正教所有问题的最高权威。

然而，莫斯科依然残存着反对改革的保守势力，他们极力想阻碍改革的进行，企图让改革步骤无法顺利开展。为此，彼得决定迁都。他将新都选择移到波罗的海沿岸一块不太适宜人居住的沼泽地带。1703年，彼得开始在此地拓荒，经过4万农民一年又一年的辛勤工作，这座帝国新都打下了牢固的基础。此时，俄国遭到了瑞典人的攻击，这座建设中的城市面临被摧毁的危险。虽然这次瑞典战败了，但成千上万的农民还是因为战乱、疾病而相继死亡。但一切没能影响工程的进行。

最终，一座绝对符合彼得意愿的城市开始崛起。1712年，这里正式成为帝国首都。十几年后，这里的居民达到7.5万人。可是，这座新城每年都会受到涅瓦河洪水的侵袭。于是，彼得又一次凭借坚强的意志让人修建起堤坝，开挖出运河，让洪水无法肆虐。在1725年彼得去世之前，他始终是这座欧洲北部最大城市①的拥有者。

这个充满威胁的强国的突然崛起，让其邻居坐卧不宁。而在彼得这里，他也时刻警惕着邻居们的动向，例如处于波罗的海沿岸的瑞典。1654年，欧洲三十年战争中的英雄古斯塔夫·阿道尔夫的独生女克里斯蒂娜——这位瓦萨王朝的末代女王，甘愿放弃王位，到罗马做了一名虔诚的天主教徒。其后，查理十世和查理十一世相当用心地对这个国家进行管理，在他们的统治时期，瑞典王国处于繁荣强盛的巅峰时期。1697年，查理十一世猝死，年仅十五岁的查理十二世成为王位的继任者。

对于北欧诸国来说，这真是一个期盼已久的大好契机。在宗教战争期间，瑞典以牺牲邻居的利益为前提，发展自己的力量。现在，这些邻居趁机前来报复。战争很快就打响了，对立的双方分别是俄国、波兰、丹麦、萨克森缔结的联盟和孤立无助的瑞典。1700年11月，在著名的纳尔瓦战役中，彼得麾下那支装备简陋、缺乏训练的军队铩羽而归，而后他开始抓紧时间练兵。然后，那个时代最有趣的军事天才之一——年轻的查理十二世则势如破竹，扫平了波兰、萨克森、丹麦及波罗的海沿岸各省的乡村和城镇。

1709年，波尔塔瓦战役打响，俄国人最终将瑞典的疲惫之师彻底

---

① 圣彼得堡1924年曾更名为列宁格勒，1991年苏联解体后又恢复了原名。

摧毁。极具戏剧色彩的传奇人物查理则沉迷于各种无用的复仇行动，进而葬送了自己国家。1718年，查理意外身亡。1721年，《尼斯塔德和约》签订。瑞典失去了除了芬兰之外的波罗的海地区的全部领土。最终，这个彼得大帝倾力打造的俄罗斯帝国成为北方世界的霸主。

　　然而，它的一个强大的新对手也马上就要登场，它就是正在形成中的普鲁士。

第四十二章　普鲁士的崛起

普鲁士在日耳曼北部荒地迅速崛起。

普鲁士的历史，就等同于欧洲边疆地区的变迁史。9世纪时，伟大的查理曼大帝将地中海沿岸古老的文明中心迁移到了荒凉的西、北欧地区；他的法兰克士兵也将欧洲的边界线逐步向东推移。异教的斯拉夫人和立陶宛人（当时居住于波罗的海和喀尔巴阡山之间的平原上）被他们征服，众多的土地被他们夺取。可是，对于这些边远地区，法兰克人并未用心经营。

为了抵御萨克森野蛮部落的袭击，查理曼大帝亲自设立了勃兰登堡这一东部边境。一支斯拉夫－文德人定居在这里。他们是10世纪时被征服的，其原来的集市布兰纳堡就是后来勃兰登堡的中心，"勃兰登堡"得名即源于此。

在11—14世纪期间，众多的贵族在此担任皇家总督。最后，在15世纪的时候，霍亨索伦家族成为勃兰登堡的选帝侯。从那之后，这个原本荒凉的边疆省份，慢慢发展成现代世界最高效的帝国之一。

第一次世界大战后被欧美列强逼迫退位的霍亨索伦皇室[1]本是德国南部地区一个卑微的家族。12世纪，该家族中一个成员（腓特烈）借由一桩幸运的婚姻，成为勃兰登堡总督。此后，其子孙们充分抓住有利时机，尽力扩充家族的势力。经过数世纪见缝插针式的发展，霍亨索伦家族最终成为选帝侯，这也就代表着他们抓住了成为德意志皇帝的机会。宗教改革期间，他们支持新政。到了17世纪早期，这一家族已经成为北德意志最强势的王公之一。

三十年战争期间，无论是新教徒，还是天主教徒，都疯狂地对勃兰登堡和普鲁士进行劫掠。然而，在选帝侯腓特烈·威廉的精明治理下，战争的损失没多久就被弥补了。很快，一个高效率的国家得以建立。

---

[1] 指1918年德国11月革命爆发后，霍亨索伦家族的统治被推翻。

在现代普鲁士，个人意志要绝对服从于社会整体利益。腓特烈大帝的父亲——腓特烈·威廉一世是这个国家的创立者。他是一位勤恳而节俭的普鲁士军官，对酒吧故事和荷兰烟草情有独钟，厌恶任何繁文缛节（尤其是法国的）。他唯一的信念就是尽忠职守。此人严于律己，对手下人的任何软弱行为绝不宽容。腓特烈父子的关系也不太融洽，甚至，其糟糕程度比我们想象的还要严重。做父亲的性情粗鲁，而做儿子的感情细腻，喜欢法式礼仪，对学、哲学、音乐情有独钟。因为性格的差异，父子之间必然会发生冲突。为此，腓特烈想逃到英国去，结果中途被抓回来后送到军事法庭接受审判，并强制性地观看了好友被斩首的过程。

来自父亲的惩罚远远不止这些，随后，威廉一世让人将年轻的王子送到外省的某个城堡，安排他在那里认真学习将来的治国之道。实践证明，这可真是因祸得福的事情。1740年，腓特烈正式登基。这时的他已经对于治理国家的诸多方面了如指掌，这其中包括小到一个穷人家孩子的出生证明，大到复杂的年度预算。

腓特烈曾经写过一些书，《反马基雅维利》就是其中的一本。他在书中对于马基雅维利的政治信念予以强烈的反对。马基雅维利是古代佛罗伦萨的历史学家，他曾经教导其身为王侯的学生们，为了国家利益的利益可以不择手段，甚至不惜使用撒谎或欺骗的手段。而腓特烈在自己的书中表达了这样的观点：理想的君主理应首先是人民的公仆，就像路易十四那样的开明君主。

然而，在现实中，腓特烈虽然每天工作达二十小时之久，不过他却不接受任何人的建议——他的大臣们只是他的高级书记员，没有实权。他将普鲁士看作个人私有财产，在管理上完全以他的个人意志为准，绝不允许出现任何干涉国家利益的行为。

1740年，奥地利皇帝查理六世去世。他生前出于对独生女玛丽亚·特雷西亚的合法地位的维护，将一项庄严的条约签署在一张羊皮纸上。而老查理的遗体刚被安葬进哈布斯堡的皇陵，腓特烈的大军就杀向了奥地利边境，占据了西里西亚的部分地区。普鲁士依据一些古老且可疑的继承权对外宣称，这片土地，甚至包括中欧的任何土地，将来是归他们的。经过多次激烈的交锋之后，腓特烈最终将整个西里西亚吞并了。有好几次，腓特烈马上就要被打败了，结果，他一一反败为胜。

欧洲其他国家开始关注起这个快速崛起的强国。18世纪，宗教战争就将德意志民族击垮了，原本已经没有任何人重视它了。然而，腓特烈凭着和彼得大帝相似的努力，让他人对德意志民族的态度发生了根本的转变——由轻视转为敬畏。

普鲁士的国务条理分明，臣民们不会产生抱怨之情；这个国家的国库一年比一年丰厚，再无赤字的产生；酷刑全都废除了，司法体系也得以改善。此外，这里有优质的道路、学校、工厂，以及一个敬业且忠诚的行政管理体系。人们由这一切感到，为这个国家做任何事情都是值得的。

在出现这种情形之前的数个世纪，法国人、奥地利人、瑞典人、丹麦人和波兰人为了争夺德国的土地，始终在进行征战。现在，普鲁士崛起了，德国人为此激动不已，感到昔日的自信重回身上。这一切都理应归功于腓特烈大帝的英明神武。

腓特烈长着一个鹰钩鼻，烟味不断地从其所穿的旧军装上散发出来，他总是喜欢对邻居们作着有趣而尖锐的评论。他尽管写了《反马基雅维利》一书，事实上，却始终在玩着谎话连篇的外交游戏。1786年，在临死之前，他身边除了一个忠实的老狗（在他看来，狗永远忠实于主人）和一个仆人，再无他人——他没有子侄，而朋友们也早都弃他而去。

第四十三章　重商主义

国家是怎样积累财富的。

现在，我们已经知道，在16—17世纪，世界各国是如何以自己独特的方式发展起来的。或许是某个国王经过苦心策划而来，或许是纯粹出于偶然，也或许是特殊地理环境的恩赐。不过，不管怎样，这些国家一旦创建，就会全力以赴地经营内部事务，将其国际地位尽力得到提高，从而增强其对国际事务的影响力——而金钱——是达到所有目的的前提。

在中世纪，国家不存在强大的中央集权，也不存在作为依靠的国库，国王收入的唯一来源就是王室领地，大小官吏实行自给自足。而在现代国家，情况则变得特别复杂。骑士阶层消失了，国家唯一可以雇用的就是政府官员。不管是陆军、海军还是国内的行政管理，所需的花费动不动就达到数百万美元。可是，这笔钱从哪里得到呢？

金、银在中世纪是极其少见的东西。我曾经说过，那时的普通人终生都极少见到一枚金币，就算是大城市的居民，也仅习惯于使用银币。当美洲大陆被发现后，秘鲁的金银矿藏被开采出来，之后，欧洲金银稀缺的情况才得以改变。作为贸易中心，地中海的地位下降了，相反，大西洋沿岸却崛起了。意大利古老的"商业城市"失去了在贸易上的重要作用，新的"商业国家"兴起。金银也成为常见的物品。

借助于掠夺殖民地，欧洲得到大量的贵重金属。16世纪，一批政治经济学家首倡"国富论"的思想。在他们看来，这套理论绝对没错，国家会因之获得最大利益。他们提出，金银是实际财富，在国库和银行里拥有最多金银储备的国家，就是最富有的国家。而金钱的富足，就说明可以拥有强大的军队。所以，最富有的国家也同时是最强大的国家，它可以领导整个世界。这就是所谓的"重商主义"理论。

对于这种理论，人们坚信不疑，就像早期的基督徒坚信奇迹会发生一样，也像现在的美国人坚信关税一样。

重商主义的实际运作过程，可以简要地概括如下：为了将金银储备最大化，一个国家一定要实现最大额的出口贸易顺差。一旦你对邻国的出口量超越了邻国对你的出口量，那么，你就会赢利，而邻国就得给你黄金。

这一理论造成的后果就是，差不多17世纪的所有国家均实行了以下的经济政策：

1．竭尽全力获取尽可能多的贵重金属；

2．鼓励优先发展对外贸易；

3．为了出口，鼓励发展原材料加工制造业；

4．为了满足工厂需要的大量劳动力，鼓励人口增长；

5．国家监督这一过程，必要时加以干涉。

在16—17世纪的人看来，贸易是人为的、无规律的。要知道，大自然不以人的意志为转移，始终遵循它自己的原则。所以，人们总是想在政府法规、指令和财政援助下进行这些商业活动。

16世纪时，查理五世（神圣罗马帝国皇帝兼西班牙国王）采用了"重商主义"政策（当时这种理论还十分新鲜），并将之推行到自己的各个海外领地。英国的伊丽莎白一世女王随后效仿，法国的波旁王朝（特别是路易十四）也热情地倡导它，其财政大臣柯尔伯（他是重商主义的急先锋）得到了人们的景仰，甚至由此成为全欧洲的"指路明灯"。

克伦威尔时期的对外政策也忠实地遵循了重商主义。事实上，它绝对是针对英国的劲敌荷兰制定的——在当时，荷兰船主们负责着欧洲各国的商品的运输，并且主张自由贸易，这让英国必须要全力打击他们。

依据这种理论，我们可以想象海外殖民地之所以遭遇灭顶之灾的原因。重商主义政策下的殖民地，完全是黄金、白银和香料的贮藏库，其存在的目的，就是为了让宗主国出于自己的利益而不断进行开采。宗主国垄断了亚、美、非洲的贵重金属，热带国家的原材料。而且，他们绝对禁止任何外来者的干涉，殖民地更不允许和宗主国之外的任何国家有商业往来。

可以肯定地说，国家制造业因为重商主义的出现而得以发展、壮大。为了便于贸易往来，人们还修河、开路，交通运输业因此得到了巨大的发展。此外，工人们全面地掌握了技能。商人的社会地位得到了提高，而地主和贵族的势力却被削弱了。

另一方面，这种政策也制造了巨大的灾难。宗主国对殖民地原住民进行着最无情、最无耻的剥削，就是宗主国的公民，也面临着更可怕的社会竞争压力。在某种程度上，所有的国家都成为军营。统一的人类世界遭到分割；同时，大国尽力削弱他国，以夺取对方的财富。财富逐步变为万能，"发财致富"成为老百姓的最大美德。

可是，如同外科手术和女性时装一样，经济理论也会经常变化。到了19世纪，人们终于将重商主义抛弃了，一个自由开放的经济体系取代了它。最少，就我看来是这样的。

第四十四章　美国革命

18世纪末，北美大陆发生战事的消息传遍了欧洲。在那里，清教徒对坚持"君权神授"的查理国王进行了惩戒，然后，又展开了争取自治权的战斗。

为了讲清这段历史，我们一定要由早期欧洲各国争夺殖民地的历史说起。

在三十年战争前后，众多欧洲现代国家纷纷在民族的基础上建立起来。受资本和贸易利益的驱使，这些国家的统治者先后在亚洲、非洲为了争夺殖民地发生了战争。

一百多年后，继西班牙、葡萄牙之后，英国和荷兰的势力也进入到印度洋和太平洋地区。事实证明，后来者居上，他们也获得了极大的成功。究其原因，一方面是由于最初的创业工作已经由早期的开拓者们完成了。另一方面，因为当地土著居民极为憎恨西班牙和葡萄牙两国的航海家们，因此，当英国人和荷兰人到来时，受到了当地人如同欢迎朋友（甚至救世主）一样的欢迎。

在首次和弱小民族打交道时，每一个欧洲国家通常都特别残忍。而英国人和荷兰人不同于其他的是，这两国人并非品德多么高尚，而是他们相当清楚自己商人的身份。他们明白，要将生意和宗教明确地划分开，所以，他们知道在何时应当适可而止。在他们看来，香料、金银和税收才是根本的目标，与其相比，土著居民如何自由地生活，对他们并没有什么影响。

就这样，他们轻易地在这个世界上资源最丰富的地区获得了立足之地。不过，同时，他们之间却为了获得更多的殖民地而发生了争斗。可是，英国人和荷兰人展开交锋的地点是三千里外的海上，而非殖民地上。

"谁拥有了海洋，谁就拥有了陆地"，是古代和现代战争最有意思的规律之一。而且，这条规律直到现在依旧有效。当然，由于飞机的出现，现代战争或许要略做调整。但是，在18世纪（那个飞机不曾出现的年代），不列颠帝国靠自己强大的海军，得到了全世界面积最广阔的殖民地。

由于17世纪英荷两国的海战历史过于复杂，我在此就不进行详细地介绍了。须知，不论是何种对抗，结果必然是强者获胜。与之相比，英国和法国的战争却特别有意思。英法两国之间的战争首先发生在美洲大陆上，最终，法国舰队在英国皇家海军强大的实力面前不得不俯首称臣。双方差不多同时宣称，所有在美洲大陆上发现的一切，其中包括暂时还没被发现的更多的其他财富，都是属于自己的。1497年，卡波特在北美大陆登陆，将英国国旗在那里挂起来；27年后，乔万尼在同一地点登陆，悬挂起了法国国旗。他们都趾高气扬地分别声称，这片土地的主人就是他们。

英国的殖民地在一般的情况下是那些不信奉英国国教之人的避难处。1620年，清教徒到达新英格兰。1681年，教友派去了宾夕法尼亚。于是，英国的十个殖民地被他们在缅因和卡罗来纳这些与海紧邻之地建起来。殖民地的人民因为和王室相距甚远，不会遭到当权者的监督和干涉，因而可以由地聚集在一起，开始建造家园，迎接新的幸福生活。

与此相反，法国殖民地却属于固有的皇家禁地。为了护卫耶稣会教士的传教工作，他们禁止胡格诺派或法国新教徒进入殖民地，防止他们将那些受禁的教义宣传给印第安人。因此，相比法国殖民地，英国殖民地建立的基础要牢固得多，也开放得多。英国殖民地的人极具开发和创造精神，而法国殖民地的人则顽固保守，只知道效忠王室，总打算有一天重返巴黎。

然而，政治状况的不如意却是英国殖民地的隐忧。

16世纪，法国人发现了圣劳伦斯河口。于是，他们先是从大湖地区一直往南，顺着密西西比河在墨西哥湾占领据点，最终，在一个世纪后，一条由六十个据点汇成的防线被法国人建立起来。这道线把处于大西洋沿岸的英国殖民地和北美大陆腹地分成截然不同的两部分。

然而，在此之前，英国曾为其所有的殖民公司颁布了土地许可证，并声称，他们可以获得"东海岸到西海岸的所有土地"。然而，一旦英国的殖民地延伸到法国的防线周围，唯一的选择就是停止前进。为了将这道防线突破，英国人和法国人在边境发生了多次纷争，为此耗费了大量的人力和财力——这是一场极其可怕的战争，这是在当地印第安部落的帮助下发生的一场白种人之间的残酷杀戮。

假如统治英国的依旧是斯图亚特王朝，那么，英法之间的战争或许就不会发生了。要知道，斯图亚特王室出于建立君主专制统治削弱议会势力的目的，曾向法国的波旁王室寻求帮助。自1689年，最后一位斯图亚特家族的国王被处死后，荷兰人威廉成为不列颠的新王。他和路易十四是死对头。因此，从威廉继位起，一直到1763年英法签订《巴黎条约》，两国之间为了争夺印度和北美殖民地，始终进行着不休不止的战争。

因为英国皇家海军实力强大，法兰西军队不得不在其面前无数次受挫。所以，法属殖民地一旦和母国失去联系，就必然成为英国人的囊中之物。于是，当英法两国宣布停战的最后时刻到来时，英国人几乎占有了整个北美大陆。卡蒂埃、尚普兰、拉萨尔、马奎特等二十几位法国探险家们呕心沥血、历经艰辛开创出来的伟大事业，最终化为了泡影。

其实在当时，除了从东海岸的北部向南延伸的一条狭长的地区，辽阔的北美大陆上的其他地区均为无人区。而有人区是一块狭小的地区，人口非常稀疏。北部是马萨诸塞据点，1620年登陆的清教徒（这些人对信仰异常坚定，无法在英国的国教或者荷兰的加尔文教中找到契合点）居住在那里，南边是卡罗来纳和弗吉尼亚地区（这块地方专事烟草种植，是完全出于获利的目的而建立的）。

　　这些拓荒者们生活在这片充满异域风情的新大陆，因而在孤独和艰苦中学会了自强不息和独立奋斗。要知道，懒人和怯懦的人是不可能漂洋过海来到此地的。因为这些人勤劳勇敢，充满热情，所以，他们成了拓荒者的先驱。当他们在母国的时候，由于生存空间受到了诸多限制甚至迫害，因此生活得非常不愉快。现在，他们在这片神奇的土地上过着自由的生活，成为自己的主人。英国的统治者无法理解其中的缘由，却依旧对殖民者横加干涉，于是让其产生了很大的不满，并由此导致了旧怨加新仇。

　　当矛盾积累得越多时，局面就会发展到了不可控的地步。不管采取怎样明智的态度和方式，但一切为时已晚。就像我们看到的那样，出现了下面的事实。北美殖民者发现无法用和平谈判解决争端时，他们就诉诸武力。

　　然而，在和英国政府进行了持续的七年战争期间，北美的殖民者始终没能获得优势。特别是大批的城市殖民者依旧效忠于英国国王，他们希望能与母国妥协、求和。受到华盛顿伟大精神的鼓舞，殖民者们一直坚持着自己的独立事业。虽然军队装备简陋，华盛顿还是领导着独立者们坚持不懈地打击英国政府。假如华盛顿没有运用出色的战略，或许殖民者们已经数次濒临失败。尽管士兵们总要忍饥挨饿，甚至冬天仅能蜷曲在冰冷的土沟里挨饿受冻，但他们还是对独立事业满怀希望，始终坚持着，直到最后的胜利时刻到来。

　　伴随着华盛顿指挥的战役的胜利，以及本杰明·富兰克林在法国政府和阿姆斯特丹银行家那里取得的外交成就，发生了革命初期的一件伟大的事情。独立战争爆发的第一年，各殖民地代表在费城汇集，1776年6—7月的那个历史性的决策，就是他们怀着无比的勇气和坚定不移的信念做出的。

1776年6月，弗吉尼亚的理查德·亨利·李向参加费城会议的代表们提议："联合起来的殖民地理应是独立而自由的国家，它无须效忠英国王室，也应解除和英国政府的任何政治联系。"

7月2日，这一提案获得正式通过，并且得到了马萨诸塞的约翰·亚当斯的有力支持。同月4日，大陆会议正式发表了由托马斯·杰斐逊起草的《独立宣言》。此人后来成为美国历史上最著名的总统之一。

欧洲大陆一直关注着北美大陆，一连串的消息就也传到了那里。先是《独立宣言》发表，接着是独立战争的胜利，随后，又是著名的1787年宪法（美国首部成文宪法）顺利通过。17世纪，欧洲大陆在结束了宗教战争之后，便建立了高度集中的王朝政权。到处可以见到扩建的国王行宫，而城里却出现大片的贫民窟。现存的经济与政治制度，让贵族和神职人员也略感不安，这就是当时的现实情况。就在生活在贫民窟的人民陷于绝望和无助的时候，北美独立战争的胜利好像在告诉他们，一切皆有可能。

所谓的莱克星顿战役的第一声枪响"震彻全球"的说法，多少存在着夸张的成分。我们知道，当时的中国人、日本人和俄罗斯人是根本不可能听到的，更不用说澳大利亚人和夏威夷人了。虽然是这样，这声枪响还是越过了大西洋，落到了欧洲不安定社会的火药桶中。

随之法国大革命爆发，从彼得堡到马德里的整个欧洲大陆革命遍地，民主革命对旧的国家和制度进行了一次彻底的洗礼。

第四十五章　法国大革命

自由、平等、博爱的信念经由法国大革命传遍了全世界。

在这一章的开头，我想先来对"革命"一词进行解释。记得俄罗斯的一位大作家曾说："革命，即'在短时间内将一个数世纪以来根深蒂固、难以动摇、连最激进的改革者也不敢略加挞伐的旧制度彻底推翻'。革命，就是要将一个国家的社会、宗教、政治和经济基础彻底地改变。"

时值18世纪法国古老的文明正趋腐朽的时候，一场革命爆发了。

当时，法国的情况是这样的：在路易十四时代，国王代表着一切，甚至包括国家本身。那些为国家效忠的贵族仅为宫廷生活的点缀，不被赋予任何职责。法国政府开支相当大，税收是其主要的填补来源。不过，因为贵族和教士们不肯纳税，于是，沉重的税务负担就被转嫁到农民头上。

在这种情况下，法国农民的生活境遇越来越糟糕，他们仅能以阴暗、潮湿的茅屋为家，还要被冷酷无能的当地官员压榨。于他们而言，干得越多，要交纳的赋税更多，自己得不到任何好处。

于是，这样的图景呈现在我们面前：身着华丽无比的法国国王悠闲地走在宏伟的王宫大殿之中，一批衣着奢华的贵族大臣说着阿谀奉承的话围绕在他的身边。而宫廷之所以可以维持如此奢靡、浮华的生活，完全得自于对农民的剥削和压迫，而这时，农民的生活已经悲惨到和牲畜一样了。尽管我们会因为这幅图画而感觉不快．不过，现实绝对要比图画更严重。我们一定要牢记，所谓"旧制"，不可能一直保持原则。

让我们看一看法国是怎样把贵族的生活艺术推向巅峰的。一群和法国的贵族阶层存在着密切关系的有钱的中产阶级（一般的做法是让某个穷困的男爵的儿子娶一个富有的银行家的女儿），加上一批全法国最富闲情逸致的宫廷人物，在无聊的空谈和幻想中打发着时间，而并非在替国家的政治、经济等问题殚精竭虑。

　　不幸的是，就像时装潮流一样，这种无聊的思想和行为，马上在虚情假意的社交界蔓延开来，他们开始对所谓的"淳朴的农居生活"产生了兴趣。让人感到可笑的是，在路易十四及其王后（法国及其殖民地的绝对拥有者和最权威的领导者）的引导下，朝臣们将自己打扮成马夫和挤奶女工的模样，虚伪地模仿古希腊牧羊人，过起了一种令人哭笑不得的"乡村生活"。

　　路易十四深深地沉迷在这种无聊而矫揉造作的生活中，他身边的弄臣们跳着可笑的舞蹈，整日地围绕在他边，宫廷乐师演奏的滑稽的小步舞曲也整天缭绕在他耳边，他每天变换着宫廷理发师设计的繁复发型。最后，路易十四干脆把这种无趣推到极致——为了远离喧嚣的城市，他在巴黎郊外建造了恢宏、壮观的凡尔赛宫。身处宫殿里的人们每天聊着各种不切实际的话题，其短视、无知的样子就好似挨饿的人眼里只剩下面包一样。

　　法兰西日益腐朽的旧制度因伏尔泰的出现[1]被摇撼了——就如同一枚"批判的炸弹"扔到其中一样。一时间，整个法国都欢呼起来。当他的戏剧上演时，场面可谓火爆无比，观众之多甚至达到了需要买站票观看的程度。让·雅克·卢梭[2]的《社会契约论》同样让其同胞如痴如醉，不管是他伤感地对原始先民幸福生活的美妙场景进行描绘，还是他郑重地发出"重返主权在民，而国王仅为人民公仆的时代"的呼吁，会将所有的人感动得流下泪来。

　　孟德斯鸠[3]在其出版的《波斯人信札》一书中，借对两个波斯旅行者的描写，揭示出法国社会黑白颠倒的现状，还对上至国王、下至最低

---

[1]　伏尔泰（169—1778），法国启蒙主义时期哲学家、史学家、文学家。
[2]　让·雅克·卢梭（1712—778），法国启蒙主义时期思想家、文学家。
[3]　孟德斯鸠（1689—1755），18世纪法国启蒙思想家、法学家。

级的糕点师傅的法国宫廷给予了无情的嘲笑。这本书很快就达到连印四版的程度，可谓流传广泛。当其后一部著作《论法的精神》出版时，他已经赢得了成千上万的崇拜者。男爵孟德斯鸠在《论法的精神》中，用英国优秀的政治制度与之对比，对行政、立法、司法三权分立的政治制度进行宣扬，要求取消法国现行的君主专制。

应巴黎出版商莱布雷顿的邀请，狄德罗[1]、达朗贝尔[2]、杜尔哥[3]等人要合作编写《百科全书》。消息一出，法国人的反响特别强烈。22年后，当这本让所有人期盼了很久的"囊括所有新思想、新科学、新知识"的《百科全书》最终完成时，法国民众的激动程度远超警察所能控制的范围。

说到此处，我要提醒大家的是，在阅读描述法国大革命的小说，或是观看与之相关的戏剧、电影的过程中，一般人或许认为，所谓的大革命，不过是巴黎贫民窟一群骚动的民众做出的举动。实际上，事实并非如此。革命的真正领导者和鼓动者，是中产阶级的少数几个智慧人物。他们把那些埋没于贫民窟的人民当作革命的生力军和合作者。他们启发了人民的革命思想，将人民送上了革命的舞台。

为了利于讲述，我将法国大革命分成两个不同的阶段。第一阶段（1789年至1791年），革命民众第一次将君主立宪制引进法国。不过，因为法国国王的愚蠢和缺乏诚意，以及形势发展到了无法掌控的地步，最初的试验失败了。

第二阶段（1792年至1799年），法国尝试推行民主政府制度，于

---

[1] 狄德罗（1713—1784），18世纪法国唯物主义哲学家、文学家，百科全书派的代表人物。
[2] 达朗贝尔（1717—1783），18世纪法国著名的物理学家、数学家和天文学家。
[3] 杜尔哥（1721—1781），18世纪法国著名的政治家和经济学家。

是，法兰西共和国出现了。不过，这次努力又没能获得成功。人们因为社会常年的动荡不安而失去了耐心，加之很多社会问题又一直得不到解决，于是，充满杀戮的法国大革命就必然会爆发。

当时，法国国库里一无所有，还背负着四十亿法郎的庞大债务。国王路易十六也觉得，是时候该做点儿什么了，不过，政府是不可能再增加新的税收了。于是，这位兼具铁匠的聪明、猎手的能干和政治家的愚蠢无知的国王，任命杜尔哥为财政大臣。

六十多岁的安纳·罗伯特·雅克·杜尔哥（罗纳男爵）出身于当时正逐渐没落的贵族阶层，曾做过外省总督，是一个优秀的业余政治经济学家。而遗憾的是，杜尔哥虽然尽其所能，还是无法将败势挽回。最要命的是，杜尔哥自知再不可能从悲惨的农民身上榨取更多的税收了，于是，将手伸向了从前一直不曾缴纳过赋税的贵族和教士。此项措施马上让杜尔哥成为凡尔赛宫人人怨恨之人，也让他成为王后玛丽·安东奈特的敌人——王后对于别人在其面前说"节俭"一词特别厌恶。于是，杜尔哥的结局就是很显然的了：他得到"空想的幻想家"和"理论教授"的绰号，并在1776年被迫辞职。

"理论教授"的职位，随即被一位追求实际的"生意人"接替。这位工作务实的瑞士人名叫内克，此人从事谷物投机生意，还是一家国际商行的合伙人。为了替自己的女儿谋取高位，在发家之后，他被自己那位雄心勃勃的妻子推进了政界。果不其然，他们的女儿后来成为瑞士驻巴黎大使德·斯塔尔男爵的妻子，在19世纪早期的文坛一时风光无限。

就像其前任杜尔哥那样，内克投入极大的热情从事着这份工作。然而，新的财政大臣的日子也相当难过。1781年，国王派遣军队去北美大陆，帮助当地殖民者反抗英国的统治，结果，此次远征的费用远超预算。国王要求内克提供急需资金，认真的财政大臣不但不给钱，而且还苦劝国王尽量"节俭"，并且将一份国王压根看不懂的法国财政报告提交给他。无奈之下，内克被以"工作无能"的借口解职。

一个乐天派成为他们二人之后的接替者。此人宣称，假如人们对其经济政策表示相信，那么，他必定会让人人都获得回报——这位就是查理·德·卡龙，一个唯利是图之徒，一心追求功名利禄，借着不择手段的方式获得了产业并取得成功。他原本就清楚，此时国库亏空，但为了不得罪权贵们，他就想出了一招老套的办法：借新债还旧债。事实证明，这套方法自古以来就会招致灾难性的后果。在不到三年的时间里，法国政府的国债增加了八亿法郎。不过，他好像一点儿也不在乎，始终保持着微笑，并在国王和其美丽的王后的诸项要求上欣然签字。要知道，王后因为出生在维也纳，已经过惯了奢靡的生活①。

此后情况变得越来越危急，就连从来忠实于国王的议会也只好采取措施了。那年法国粮食收成相当差，农村饥荒和灾难流行，假如政府不采取有力措施，那么，整个法国就要陷入混乱不堪的局面了。可就是在此时，卡龙还想再借八千万法郎的外债。面对如此混乱的局面，国王除了漠然以对，想不出更好的补救办法。此时，或许召开三级会议是可取的方法。在会议上，可以听取人民的意见。然而，早在1614年，三级会议就被取消了。然而，应人民的强烈要求，最终，三级会议还是召开了，不过，由于路易十六对会议缺乏诚意，他仅是采取敷衍的态度而已。

1787年，路易十六象征性地将召开了一个所谓的"知名人士会议"，当然，目的是为了平息众怒。但他们并不曾做多少实质性的工作，仅仅是将全国的贵族老爷们集合到一起，讨论在不触犯自身特权的

---

① 路易十六的王后原是奥地利公主。

前提下可以采取点儿什么措施。试想，贵族集团怎么可能将自己的特权放弃，以成全另一阶层人民的利益呢？会议得到的结果，就是与会的127位知名人士拒绝了牺牲自己的利益的要求。

随即，聚集在街头的民众愤怒了，他们要求国王重新任命内克做财政大臣，知名人士会议表示拒绝。于是，街头的民众举行了可怕的暴动，他们将玻璃砸坏了，将公共设施破坏了，场面粗暴、野蛮。知名人士们被吓得急忙逃走，卡龙也很快被解职了，取代他的是能力极其一般的主教龙梅尼·德·布莱恩。因为受到人民暴动的威胁，路易十六最后只好含糊地答应"尽快"召开三级会议。不过，这时民众的愤怒已经不是此时的国王可以平息的了。

一百年以来，法国都未遇到如此寒冷的冬天。庄稼或毁于洪灾，或冻死在地里。在普罗旺斯省，橄榄树几乎灭绝。面对全国一千八百万的饥民，私人慈善机构的援助可谓杯水车薪，解决不了什么问题。哄抢面包的暴乱事件随处上演着。假如此事发生在二十年前，人们也许会相信，军队可以压制暴乱，不过现在，随着新的哲学思想的深入人心，人们发现，饥饿是无法用武力解决的。同样出身平民阶层的士兵如何会对国王付出全部的忠诚呢？所以，国王一定要采取有力措施以控制局势，将已失去的民心挽回，但路易十六还是无法下定决心。

再来看一看外省，"没有代表权，拒不纳税"的呼声越来越高，这一口号是二十五年前的北美殖民者喊出的，而追随新思想的人们建立了众多独立的小共和国，法兰西面临着全面瘫痪的境地。或许是想平息民愤，挽回人民对国王的信心，政府突然将旧有的、严格的出版审查制度取消了。一股"墨水狂潮"很快席卷了整个法国——两千种各式小册子马上被出版出来。人们可以相互批判，无论其地位高低。在评论的冲击下，龙梅尼·德·布莱恩被迫下台，内克临危受命，重任财政大臣，企图将这场全国性的骚乱平息下去。

当巴黎股市上涨三成的时候，人民也暂时停止了骚动。1789年5月将重新召开的三级会议成为值得期待的事情。届时，全法兰西最杰出的人物会联手帮助政府解决一切难题，也帮助人们重建幸福的家园。

历史证明，集体智慧并不一定能克服一切难题，这是由于，在众多关键时刻，它常常局限个人的能力。内克并未紧抓政府的权力，而是采取顺其自然的态度。于是，针对怎样对旧王国进行改造，爆发了一场激烈的争论。警察的势力变得很微小。受到职业煽动家的唆使，巴黎郊区的人民慢慢意识到自身的力量，开始成为革命的真正领袖，而这是在此后大动荡的岁月里他们将要隆重扮演的角色——当合法的途径无法实现最终目的时，他们就会运用武力解决问题。

考虑到农民和中产阶级的利益，内克同意了他们在三级会议中的代表席位多于教士或贵族一倍的要求。针对此事，西耶斯神甫曾写了一本名为《何为第三等级》的著名小册子。他由此得出的最终结论是：第三等级（中产阶级的另一称谓）理应成为一切的代表。过去，中产阶级没有任何权利和地位，如今，他们希望可以获得应有的权利。

在混乱不堪的状态下，选举开始了。三百零八名教士、二百八十五名贵族和六百二十一名第三等级的代表声势浩大地前往凡尔赛宫。第三等级额外携带的行李，就是被称为"陈情表"的长卷报告，里面详细记载了人民的诸多不满和要求。等一切准备好后，拯救法国的最后一幕就要上演了。

1789年5月5日，三级会议如期召开。国王的心情特别恶劣。教士和贵族守着自己所有的特权不肯放手。按照国王的命令，三个等级的代表是在不同的房间里开会，各自讨论他们的要求。但第三等级的代表们拒绝了这一安排。为了表示抗议之情，6月20日，他们在一个网球场（为举行此次集会而匆忙之间布置整理的会场）庄严地宣誓：坚决要求三个等级（即教士、贵族和第三等级）一起开会。最后，国王同意了这一要求。

开始的时候，三级会议针对法兰西王国的国家体制进行讨论。国王开始的时候很生气，他声称绝对不会改变君权。不过此后，国王突然外出打猎，将国事的烦恼抛到脑后。等到打猎回来，他选择让步了——这位法兰西国王总算在错误的时间做对了一件事，尽管采用的是错误的方法。当人民争吵着提出要求"A"时，国王除了予以斥责外常常不予答应。于是穷人马上吵嚷着要围困宫殿，于是他只好答应了人民的要求。但此时人民提出的要求已经是"A+B"了。当国王后无奈地将名字签署在文件上，以示同意其人民的要求时，人民的要求又变成了"A+B+C"，并声称假如国王不答应，他们就会肆意屠戮。如此一来，国王就顺着人民要求的字母进阶表，一直走上了断头台。

国王的不幸在于，其行动一直落后于形势一个字母。不过他本人压根不曾认识到此点，即使其头颅被放在断头台上，他还是没能理解。国王觉得自己特别委屈，因为在他看来，自己已经尽其所能去爱护自己可爱的臣民，没想到竟然得到这样的回报。

我们经常说，历史不存在假设。或许我们可以假设路易十六是一个自私苛刻、利欲熏心之徒，那么，他还不至于落到这样的下场。然而在那个混乱的年代，就算是国王拥有拿破仑一般强大的力量，美丽的王后或许也会葬送他——王后玛丽·安东奈特是奥地利皇后玛丽亚·特雷西亚的女儿，她从小生长于最专制的中世纪宫廷里，因此，具备了在这种环境下成长的年轻姑娘的一切美德和恶习。

在混乱的局势下，王后决定策划一个反革命方案。突然之间，财政大臣内克被解职，皇家军队向巴黎开进。这个消息好像一枚炸弹投入民众中间，1789 年 7 月 14 日，疯狂的人民袭击了巴士底狱（这是一个令人厌憎的君主专制的象征）。在这种情况下，很多贵族预感到会发生危险的事情，于是急忙向国外逃去。只有国王还和平时一样，对国事漠然置之。巴士底狱被攻陷的时候，他还在打猎，据说，那天他由于猎得了几头驯鹿而心情格外好。

8 月 4 日，国民大会开始行使职权。应巴黎人民的强烈要求，国民大会将王室、贵族及教士的一切特权废除了。8 月 27 日，著名的《人权宣言》被颁布——它是法国第一部宪法的著名的前言。此时，于国王而言，可谓大难临头。然而，他并未及时采取措施。民众普遍担心，国王会再次密谋，企图将这次革命暴动扑灭。于是，10 月 5 日，巴黎爆发了第二次暴动。暴乱一直波及郊外的凡尔赛宫，直到国王被人们带回巴黎的宫殿，暴乱才得以平息。人们希望国王随时能被监视，担心他和维也纳、马德里及欧洲其他王室亲戚们秘密联系。

在第三等级领袖米拉波的领导下，国民大会开始对混乱的局面进行整顿。米拉波本是贵族，不过，他没能将国王从危难中解救出来，就在1791 年 4 月 2 日去世了。路易十六终于开始担忧自己的生命安全了。6 月 21 日，他密谋出逃。结果，非常不幸，国民自卫军凭着硬币上的头像将他认了出来，并在瓦莱纳村附近将其截住，然后送回巴黎。

1791 年 9 月，法国的第一部宪法获得通过，国民大会的成员终于将自己的历史使命完成了。1791 年 10 月 1 日，立法会议召开，继续完成国民大会的工作。在这群新的会议代表中，有许多激进的革命党人，雅各宾派（他们常在雅各宾修道院举行政治聚会）是其中最激进的。这些年轻人喜欢发表激进的演说，在报纸的作用下，这些演说被传播到柏林、维也纳等地。普鲁士国王和奥地利皇帝认为，有必要马上采取行动，去营救其法兰西的好兄弟、好姐妹的性命。虽然，当时的他们正忙着瓜分波兰（波兰因为整个国家的混乱，正成为一块任人宰割的肥肉），不过，一支军队还是受命前来拯救路易十六。

可以说，一种恐怖的阴霾将整个法国笼罩其间。民众多年累积的饥饿与痛苦的仇恨到了极点，国王居住的杜伊勒里宫遭到了他们的袭击。不过，忠心耿耿的瑞士卫队（王室卫队）还是尽其所能保护他们的国王，当疯狂的人潮即将退去的时候，性格软弱的路易却命令"停止射击"。结果反而为自己招来了杀身之祸，那些浸淫于鲜血、喧嚣和廉价的烈酒的暴动的民众把瑞士卫兵全部杀光。随后，他们闯入王宫，在国会的议会大厅里将路易抓住，将他当作一名囚犯关进了坦普尔老城堡。

恐慌继续无休止地蔓延在各地，差不多人人都变成了野兽。1792年9月的第一周，疯狂的民众又冲进监狱，杀死了关在那里的所有囚犯。可对于如此凶残的杀戮行为，政府竟无力干涉。丹东领导的雅各宾派意识到，革命的胜败取决于这场危机，他们唯一可以采取的手段就是最野蛮的极端行为。

1792年9月21日，新成立的国民公会召开，成员几乎都是激进的革命派。路易以最高叛国罪受到正式指控，在国民公会前接受审判。结果，他的罪名成立，并以三百六十一票对三百六十票的表决结果判处其死刑，而那最终决定他命运的一票，据说是其表兄奥尔良公爵投的。1793年1月21日，路易以一贯从容的姿态和傲慢的表情走上断头台。恐怕他到死也弄不明白，何以会发生如此多的流血与骚乱。他不会知道原因，因为他一向不屑向他人请教。

革命的暴力持续进行，吉伦特派成为雅各宾派的目标。这一派是国民大会中一个比较温和的派别，其成员大部分是从南部的吉伦特地区来的，故此得名。在一个新成立的专门革命法庭上，21名吉伦特派的首领被判处死刑，其余成员则被迫自杀。实际上，这些人都很忠厚、善良，仅仅由于其过于理性和温和的政治观点无法被那个恐怖的时代接纳，为此，就要付出生命的代价。

1793年10月，雅各宾派宣布废除宪法，以丹东和罗伯斯庇尔为首的一个小型公共安全委员会将政府的权力接管了。基督信仰和旧的历法也被取消，托马斯·潘恩在美国革命战争期间曾大力宣扬过的"理性时代"终于到来，不过，随之而来的就是"恐怖统治"。在此后一年多的时间里，"恐怖统治"按平均每天七八十人的速度，屠杀着温和的、激进的、中立的人们。

虽然法国民众将国王的专制统治推翻了，一个少数人的暴政却接着上台了。这些暴力的人为了显示对民主的狂热和崇拜，将任何与之观点相左的人全都杀死。于是整个法兰西变为一个恐怖的屠宰场，人们都活在极度的恐慌之中。曾经的国民大会的一些成员意识到，假如任由事态如此发展下去，他们也会在某一天被送上断头台。于是，他们联合起来，决定对抗已经将自己大部分的革命同事都处死的罗伯斯庇尔。这位"唯一真正的民主派"采取了自杀行动，结果没能成功。人们为其草草地包扎好受伤的下颚，然后将他拖上了断头台。1794年7月27日，雅各宾派恐怖统治结束，全巴黎的市民都忘情地欢呼起来。

不过，因为法兰西面临的危险局面，少数几个强有力的人物依旧控制着政府，直到革命的众多敌人被彻底逐出法国领土。此外，衣衫褴褛、食不果腹的革命军队继续在莱茵、意大利、比利时、埃及等地浴血奋战。等大革命的一切敌人被击败后，五人督政府成立，并成为法国此后四年的统治者，直到天才将军拿破仑·波拿巴大权在握。

1799年，拿破仑开始担任法国"第一执政"。此后十四年的时间里，古老的欧洲大陆成为一个"政治试验场"。

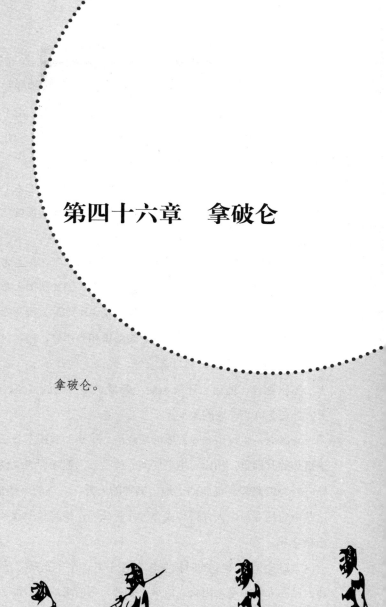

第四十六章　拿破仑

拿破仑。

　　1769 年，拿破仑出生。他在家中排行老三。他的父亲是科西嘉岛阿贾克修市一位耿直的公证人员；他的母亲是一位标准的贤妻良母。实际上，拿破仑并非法国人，而是一个典型的意大利人。由于其出生地科西嘉岛曾是古希腊、迦太基、罗马在地中海的殖民地，为此，科西嘉人始终在为独立而战。

　　近代科西嘉人先是企图挣脱热那亚人的压迫，进入 18 世纪中期，他们又对法国人进行殊死抵抗——法国曾在科西嘉人反抗热那亚的时候予以帮助，不过，后来，他们乘机将该岛占领了。

　　前二十年，拿破仑是一位坚定的科西嘉爱国者，一心希望其热爱的祖国能从法国人的魔爪中解救出来。科西嘉人因为法国大革命的发生而得偿所愿。拿破仑在布列讷军事学院接受完训练后，就开始慢慢地改变志向，想去为法国服务了。拿破仑的法语相当不好，经常拼错字，也一直不曾将其浓重的意大利口音改掉，然而，他却成了一名地道的法国人。不但如此，他后来还成为法兰西最杰出人物的典范，甚至直到今天，他还是高卢天才的象征。

　　拿破仑一生可谓顺遂。他涉足政治、军事领域还不到二十年，而在这短短的时间里，相比历史上任何一位皇帝，他领导的战役、取得的战绩、行军的路程、征服的土地、牺牲的人数、实施的改革都要多得多。这其中包括亚历山大大帝和成吉思汗。此外，他将整个欧洲大陆都搅得面目全非。

　　拿破仑因为年少的时候身体条件不好，个子很矮。他长相极其普通，站在人群中毫不出众。他举止笨拙，到后来，在不得不出席某些重要场合时还是这样。假如论教养、出身和财富，他什么也没有。拿破仑在穷困潦倒中度过自己的青年时代，当时，他经常忍饥挨饿，不得不为赚几块硬币而奔波、劳苦。他在文学方面同样没有天分。为了获得奖金，他曾经参加过里昂学院举办的作文竞赛，结果，在十六名参赛者中列倒数第二。

让人不可思议的是，凭着对自己命运和辉煌前途的空前的自信，他竟然将以上种种障碍都克服了。可以说，勃勃雄心是其主要的动力来源。他对大写字母"N"有着狂热的崇拜。他将这个字母签在他的每一封信件上，镶嵌在他急急忙忙建起的宫殿里的大小饰物上。他还想让"拿破仑"成为世界上除上帝之外，第二个闻名全世界的名字。他在自己的绝对意志和强烈的欲望带领下，步入了前无古人的巅峰。

在年轻的波拿巴还是一个领取半额军饷的中尉时，他就很喜欢希腊历史学家普鲁塔克[1]的《名人传》。不过，他并没有学习那些古代英雄的崇高品德的愿望。他好像也不具备人类区别于兽类的丰富的情感。对于他一生中是不是未爱过除自己之外的任何人，我们很难做出推断。不过，他相当敬重自己的母亲，不过莱提霞原本就是一个让人尊敬的高贵女性，而且她还如同任何一位意大利母亲一样，知道怎样和自己的孩子相处。有几年，拿破仑真的爱上了自己美丽的妻子约瑟芬。约瑟芬是德·波阿奈子爵的遗孀，马提尼克岛的一名法国官员的女儿。但因为约瑟芬无法为其生下儿子，拿破仑就无情地与之离婚，另娶了奥地利的公主。

拿破仑在围攻土伦的战役中一举成名。他十分推崇马基雅维利的作品，并且忠实地按这位佛罗伦萨政治家的建议做事：假如于他而言，遵守承诺得不到任何好处，那他就理应干脆地食言。他从未对他人心怀感恩之心，当然，他也不指望别人对他心怀感恩之心。可以说，他对人类没有任何怜悯之心。

---

[1]　普鲁塔克（约46—120），罗马帝国时期的作家和伦理学家。

在1798年埃及战役中，他原本承诺不杀俘虏，可后来又将其残忍地枪决。在叙利亚，因为无法将伤员带上船只，他就平静地将其丢下，任其自生自灭。他曾让一个颠倒黑白的军事法庭判处安茹公爵死刑，并在无依据的情况下把他处决，仅仅由于"一定要给波旁王朝一个警告"。此外，他还命令枪杀了那些为保卫祖国而战的德国军官俘虏。

总之，借助对拿破仑性格的研究，我们会慢慢明白英国母亲在催孩子上床睡觉时说的谚语："假如不听话，你就会被波拿巴捉去当早餐。"好像围绕着这位桀骜不驯的暴君的流言蜚语始终不曾停止过。比如，他对军队的所有部门实行严格的监管，却对医疗服务网开一面；由于无法忍受士兵们的汗臭，他会不断地将科隆香水喷在身上，甚至为此毁掉制服等。像这样的言论还有很多，不过，我对其真实性表示怀疑。

我将思绪重新拉回到现实生活中。此刻，我正安逸地坐在一张堆满书籍的书桌旁。我的眼睛一边紧盯着打字机，专注地写着这个可敬、可恨的人物——拿破仑，一边又看着我的猫撕扯着复印纸。假如此时，我正好向窗外的第七大道望去，假如大街上来来往往的卡车、汽车突然停住，伴随着一阵沉沉的鼓声，拿破仑，这个身着破旧的绿军装、骑着白马的小个子正走在大街上，那么，没人知道发生什么！我想，我很有可能会置我的书、我的猫、我的公寓以及我所有的一切于不顾，立即去追随他，不管到什么地方。

曾经，我的祖父这样做了，可他天生并非英雄。当然，上百万人的祖父也这样做了。他们不曾得到回报，也不希望得到回报。他们仅仅是愿意为这个科西嘉小个子驱使，替他杀敌上阵，纵然献出自己的胳膊和腿，甚至是生命也不后悔。在他的带领下，他们来到了数千英里之外的地方，在这个远离家乡的地方，和俄国人、英国人、西班牙人、意大利人、奥地利人进行了殊死战斗。而当他们痛苦地挣扎时，他却平静地凝望着天空。

　　假如你要问我为什么，我的确无法给出合理的答案，仅能凭着个人的直觉来推断。拿破仑是最伟大的演员，其舞台就是整个欧洲大陆。无论何时何地，他总能用自己的言行打动观众，激励观众。不管是在埃及沙漠中的狮身人面像和金字塔前，还是在露水浸润着的意大利草原上，不管人们热到了什么程度，也不管人们是否冷到了极点，于他们而言，他的言行都是那么富有感染力。

　　不管何时，他总能让局势牢牢为其所掌控。甚至，最后当他被困于大西洋中的一个岩石荒岛上，成为一个垂危的病人时，就算是平庸的英国总督对其随意摆布，他也还是舞台中心最耀眼灿烂的明星。

　　滑铁卢战役之后，这位伟大的皇帝几乎失去了踪迹。欧洲人知道他被禁锢于圣赫勒拿岛上，在其周围是一支日夜不停地监视他的英国警卫队。同时，他们还知道，一支英国舰队在监督着负责监视他的警卫。不管是敌是友，他都无法让他们忘怀。尽管最后，他死于疾病与绝望，他注视世界时那平静的眼神，却依旧被世人牢记在心。

　　就算是到了今天，在法国人的心目中，他还是像百年前那样强大而不可一世。那时，人们假如一看到这个面色灰黄的小个子，就会激动得昏倒在地。就是这个人，在庄严的俄国克里姆林宫喂其战马，如同对待奴仆一样，傲慢无礼地对待教皇和世上一切杰出的人物。

　　1789年到1804年，拿破仑是法国革命的伟大领袖。当时他之所以作战，不仅是为了个人的荣誉。奥地利、意大利、英国、俄国的军队都不是他的敌手——他及其手下的士兵均为"自由、平等、博爱"的新信仰的信徒，人民的朋友。

　　可是，当1804年拿破仑加冕为皇帝后，他的欲望开始膨胀。公元800年，列奥三世为法兰克人的查理曼大帝加冕，从此，他成了日耳曼皇帝——这一画面一直在诱惑着拿破仑。

登上王位后，这位从前的革命领袖重蹈了哈布斯堡君主的失败之路。他将自己的精神之母（雅各宾政治俱乐部）忘记了。他一改"被压迫者的保护神"的身份，摇身一变，成为一切压迫者的首领。

1806年，这个意大利农民的后代率军将神圣罗马帝国凄凉的遗骸扫进历史的垃圾堆，将光荣的古罗马最后的残余彻底摧毁[①]，无人为之流下一滴同情之泪。然后，当他率军入侵西班牙，强迫西班牙人民接受一个他们厌恶的国王，并大肆屠杀依旧效忠于旧主的马德里市民时，这个赢得了马伦戈、奥斯忒里兹及其他上百场战役的英雄，就不再获得公众舆论的支持了。那时，这位从前的革命英雄，突然之间成为旧制度丑陋的化身，在英国人的引导下，仇恨他的情绪迅速高涨。

报纸上所描述的法国大革命的恐怖细节，让英国人对他深恶痛绝。一百年前，查理一世在位的时候，他们也进行了自己的革命。可相比于充斥着无数血腥和暴力的法国大革命，英国的革命可以说是一件极其轻松简单的事情。普通的英国百姓认为，雅各宾派就是魔鬼的化身，人们理应将其消灭，而拿破仑更是魔鬼的首领。

从1798年开始，法国的港口就被英国舰队封锁了，拿破仑取道埃及征服印度的计划被破坏。即便法军在尼罗河畔大获全胜，此后也只好进行大撤退。而1805年，精明的英国人最终得到了战胜法军的良机。

在西班牙西南海岸的特拉法尔加角附近，纳尔逊将军率英国海军重创法国舰队，从此，拿破仑的舰队失去了海战能力，其军队仅能从事陆战。在这种情况下，如果这位高傲的皇帝能对形势进行正确的分析，对

---

① 指1806年拿破仑迫使神圣罗马帝国末代皇帝弗兰茨二世教弃皇帝称号，神圣罗马帝国彻底瓦解一事。

列强提出的和平方案考虑接受，那么，他还是可以保住自己欧洲大陆霸主的地位的。然而，这位视荣誉如生命的霸主瞧不起任何人，认为无人可以与之相提并论。他更愿意用武力维护自己的尊严。就这样，他又和俄罗斯展开了斗争。他觊觎着那片神秘国度里广阔的平原，以及数量众多的后备兵源。

也许假如统治着俄罗斯的是叶卡捷琳娜女皇那半疯癫的儿子保罗一世，拿破仑就有办法对付俄国了。可惜的是，保罗因为疯癫得不像样，愤怒的臣民只好将其处死，从而免于正常人被其流放到西伯利亚挖铅矿。继任的亚历山大可不像其傻子父亲那样，对拿破仑毫无防备，而是将其视作"全人类的敌人"和"破坏和平的魔鬼"。亚历山大虔诚地认为，自己是上帝派来解放人类的使者，他要从这个科西嘉人的魔爪中将世界拯救出来。于是，他加入了普鲁士、英格兰、奥地利的同盟，没想到，随即被法军击败。他连续向拿破仑挑战了五次，五次皆惨败。1812年，他又一次向拿破仑挑战，结果，此次挑衅令这位法国皇帝发狂，发誓要将莫斯科踏平。于是，愤怒的拿破仑从西班牙、德国、荷兰、意大利、葡萄牙等地招来了数支军队，发誓要血洗自己所受的羞辱。

两个月后，拿破仑的军队进入了莫斯科，他将自己的司令部设在神圣的克里姆林宫。1812年9月15日深夜，莫斯科突然燃起大火，这场大火整整烧了四天。[1] 无奈之下，拿破仑只得在第五天傍晚下令撤军。没想到，两周后，当地开始降雪，拿破仑的军队只好在泥泞不堪的路面上艰难跋涉。11月26日，他们到达别列津纳河，而严阵以待的俄军正在等着他们。哥萨克[2]骑兵将队列尚未整齐的"皇帝军队"团团包围。

---

[1] 俄军总司令库图佐夫先弃城而走，后实行"焦土"政策火烧莫斯科。

[2] 哥萨克人素以酷爱自由和粗犷勇武著称。

结果，此战曾经不可战胜的拿破仑军队大败。直到12月中旬，德国东部才接到第一个逃回的法国士兵带回的消息。

到处都是马上要发生叛乱的谣言。欧洲人说："是时候摆脱这难以忍受的枷锁了！"然而，人们还没弄清楚情况究竟如何，拿破仑竟然带着一支生力军回来了。原来，皇帝将溃败的军队丢下，自己乘坐轻便的小雪橇秘密地逃回了巴黎。随即，为了不让外国人侵略法兰西的神圣领土，这位伟大的法兰西皇帝最后一次征召军队。

在他的率领下，一批十六七岁的青年军开始了东征，企图将反法联军击退。1813年10月16日，莱比锡战役开始。整整三天的战斗中，身着绿军服法军与身着蓝军服的盟国军队展开了殊死搏斗，埃斯特河被鲜血染红。最终，法国惨败，其防线被大批俄国援军突破，拿破仑只好只身逃跑。

他逃回巴黎后，宣布由其幼子继位。然而，在反法联军的坚持下，路易十八（已故的路易十六的弟弟）继任。在哥萨克士兵和普鲁士荷枪骑兵的簇拥下，这位惊呆了的波旁王子成为巴黎的主人。

至于从前的英雄拿破仑，则成为地中海厄尔巴岛上的"统治者"①。他在那里让自己的马童组成了一支微型军队，整日在棋盘上演练战术。

随后，法国人才意识到拿破仑的离开让他们失去了什么。在从前的二十年时间里，虽然法国付出了惨痛的代价，不过，那毕竟是法兰西历史上最辉煌的时期。那时，巴黎是最繁荣的世界之都。而肥胖、懒散的路易十八在流放期间也没有丝毫的进步。

1815年3月1日，正当反法联盟的代表们打算将被大革命搞乱的

---

① 指拿破仑被反法联军放逐到厄尔巴岛。

欧洲版图重新加以整理时，拿破仑突然出现在戛纳附近①。还不到一周，波旁王室就被法国军队抛弃了，这位"小个子皇帝"再次成为他们争先恐后投奔、效忠的对象。

拿破仑的军队势如破竹，于3月20日那天抵达巴黎。此次，他极其谨慎地发出求和的呼吁，而盟军却坚持要与之作战——这个"背信弃义的科西嘉人"遭到整个欧洲的反对。法国皇帝只好迅速北上，企图在敌人整合好队伍之前将其打败。然而，拿破仑已非当年那般精力充沛了，他经常生病，极易疲劳。在本应指挥先头部队发动袭击时，他却躺下睡觉了。此外，因为众多忠诚的老将军的去世，这在极大程度上削弱了军队的战斗力。

6月初，拿破仑的军队开进比利时。16日，他战胜了布吕歇率领的普鲁士军队。由于他的一名将军不遵照指令将撤退的普鲁士部队全歼，从而导致了后来的溃败。

两天后的6月18日，星期天，在滑铁卢，拿破仑率军和英国的威灵顿将军相遇。下午两点，法军好像胜利在望。三点，一阵扬尘自东方的地平线上飘起。拿破仑以为那是自己的骑兵，这时，他们差不多将英军击败了。到了四点，他才弄清了真正的形势，原来，是那支不曾被法军全歼的普鲁士军队又杀回了战场。始料不及的拿破仑在失去增援部队的情况下，为了尽可能保全自己的性命，再次弃部逃跑了。

他再次宣布，让自己的幼子继位。就这样，从厄尔巴岛逃离之后，仅仅一百天的时间，他又不得不开始再次逃亡。不过，这次他打算去美国。1803年，拿破仑把法属殖民地路易斯安那卖给了新生的美利坚合

---

① 1815年2月26日，拿破仑趁英国看守不在，偷偷乘船离开了厄尔巴岛。随后率领军队重返巴黎。

众国。他说："美国人会对我心存感激，我会从他们那里得到一小块土地，一座房子，在那里平静地度过余生。"

可是，所有的法国港口被英国人牢牢地看管着，拿破仑处于进退两难的境地。普鲁士人打算枪毙他，英国人则对他手下留情。拿破仑在罗什福尔焦急地等待着命运对他的审判。滑铁卢战役结束后一个月，法国新政府命令，命令拿破仑24小时内离开法国。这位迟暮的英雄不得不写信给英国摄政王（国王乔治三世当时被关进了疯人院），声称他打算"像德米斯托克勒斯一样，投靠自己的敌人，希望在对手的壁炉旁找到一块受欢迎的温暖之地……"

7月15日，英国战舰"贝勒洛丰号"迎来了拿破仑，霍特汉姆将军接受了他的佩剑。在普利茅斯港，"诺森伯兰号"将他送上了最后的流放地——圣赫勒拿岛。拿破仑就在那里度过了最后的6年时光。

他企图写自己的回忆录，从而可以每天生活在昔日的光荣岁月中。在他的回想中，他好像又回到了人生的起点。他回顾昔日自己为革命而战的岁月，尽力证明自己始终是发自内心地拥护"自由、平等、博爱"这些伟大原则的。

他喜欢讲述自己做总司令、做第一执政时的生活，不过，却极少提到做帝国皇帝的荣光。有时，他会思念自己唯一的儿子赖西施塔得公爵（即拿破仑二世，也称"罗马王"，当时他正生活在维也纳，被其哈布斯堡的表兄们视为"穷亲戚"。当年，拿破仑的大名会让那些亲戚们闻之丧胆）。临死的时候，拿破仑似乎正在率军征战。他在下令让内伊[①]率领卫队出击后，就停止了呼吸。

亲爱的朋友，假如你希望了解拿破仑是怎样仅凭个人意志就对人民

① 拿破仑麾下最勇猛的将领。

造成了深远的影响的，那么，我告诉你，读那些与其相关的传记是没用的。因为那些书的作者常常心存偏见，他们或是对他充满敌意，或是对他无比热爱。或许，你可以从这些书中了解到许多的史实，不过，比起那些，你更需要产生一种"历史感"。

我严肃地提醒各位，在阅读那些书籍前，一定要先聆听那首著名的《两个掷弹兵》的歌曲。这首歌的词曲作者，分别是伟大的德国诗人海涅和德国大作曲家舒曼，此二人共同经历了拿破仑时代。每当拿破仑去维也纳拜访其岳父奥地利皇帝时，舒曼都目睹了这位伟大皇帝的风采。所以，这首歌反映的是两位艺术家对这位暴君所缔造的时代的深刻理解。

假如想体会到那种就算是读一千本历史书也无法获得的历史感，那么，就请去聆听这首歌吧。

第四十七章　神圣同盟

拿破仑的后半生始终被囚禁在圣赫勒拿岛，为防止这个可怕的科西嘉人再次作乱，欧洲各国的统治者齐聚维也纳，共同商议怎样将法国大革命的不良影响降到最低。

从欧洲各国来的皇帝、国王、公爵、首相，以及诸国大使、总督、主教风尘仆仆地来参加维也纳会议。那个可怕的科西嘉人曾经突然杀回来，令人手足无措，如今，大家已经合力将其赶到圣赫勒拿岛上去了，一切又得以恢复正常。为了以示祝贺，他们开始举行各种宴会、酒会和舞会。有些人在舞会上忘情地跳起了华尔兹，这引发了那些怀念小步舞时代的先生、女士们的不满。

在将近二十年中，他们只好让自己隐居起来。现在，灾难已成为过去。回首过去的艰难岁月，他们思绪万千。这群人将可恶的雅各宾派恨之入骨，因为他们野蛮地砸碎了原有的一切旧制度。他们不但胆大包天地将"君权神授"的国王处死，还将假发废除掉，让巴黎贫民窟破烂不堪的长裤取代了凡尔赛宫精致的短筒裤。

读到此处，读者可能会忍不住发笑——我竟然说着如此琐碎的小事。不过实际上，维也纳会议就是由此类荒谬的故事构成的。代表们在几个月的时间里，就"短裤与长裤"这种无关紧要的问题争论不休，却无视像萨克森的未来命运和西班牙问题的解决方案这类关键问题。更可笑的是，普鲁士国王陛下为向代表们显示其对任何革命事物的无比蔑视，甚至还专门为自己订制了一条短裤。

另一位君主对革命的仇恨好像更加强烈。他提议，凡是向拿破仑缴纳过税款的人，必须重新向其合法国王再缴纳一次——当人们受着"科西嘉恶魔"残酷的统治时，其国王正于遥远的地方"爱着他们"。

如此荒谬的论调在维也纳会议上可谓层出不穷，后来，人们实在无法忍受了，于是大声疾呼："上帝啊，人民何不再来一次反抗？"没错，为什么不呢？这是由于人民已经失去了反抗的力气了，连年的战争使他们早已对统治者彻底绝望了。要是可以过安定的日子，他们对于发生什么和由谁做统治者一点儿也不在乎。

　　18世纪80年代，当自由、平等、博爱的精神开始传播的时候，天真的人们都认为，一个光荣而文明的时代马上就要到来，欧洲的王公们与其厨师真诚地拥抱，公爵夫人与奴仆们一起跳起了卡马曼纽拉舞。革命军官和那些脏兮兮的革命士兵坐在贵族家的客厅里聊天。等到革命委员返回巴黎时，这些革命者就顺便将主人家传的餐具带走，并虚伪地向政府报告，邻国"被解放土地"的人民对于法国的自由宪法十分欢迎。

　　后来，他们听说，暴乱的人民被一个名叫"波拿巴"或"邦拿巴"的军官镇压了，最后一次革命动荡也被平定了。他们不禁轻松了许多，或许，将"自由、平等、博爱"的原则牺牲一点儿，也有好处。不过，很快，那位军官成了法兰西共和国三位执政之一，之后，又成了唯一的执政，直至最后，成为法兰西皇帝。

　　相比从前的所有统治者，这位皇帝都要残暴，他对那些久经灾难的人民进行无情的压迫。他强征青年男子入伍，让自己手下的将领强娶年轻的女孩。他还将人们的油画、雕塑夺走，当作自己的私人收藏。整个欧洲被他搅得天翻地覆，整整一代青年人被他送上了战场。

　　现在，这个恶魔终于永远地从欧洲大陆上消失了。除了少数职业军人，人们现在只希望从此不再打仗。慢慢地，他们开始尝试自治，自己选举市长、市议员、法官，不过所有这些努力都以惨痛的失败告终。绝望中，人们再一次将希望寄托在旧有的统治者身上。人们哀怨地说："那么，还是由你们来统治我们吧。告诉我们，你们究竟想要多少税款，我们全都答应——条件是不要再打仗，我们已经无法在旧伤上面再添加新伤了。"

　　维也纳会议的代表们不负众望，他们也和普通民众一样，对和平、安宁的环境充满了渴望之情。最终，会议取得了重要的成果，"神圣同盟"缔结成功。警察在保护国家利益方面充当了重要的角色。假如谁敢批评国家政策，谁就会遭受最严厉的惩罚。

和平终于降临了欧洲，不过，却是一片万马齐喑。

俄国沙皇亚历山大、奥地利哈布斯堡家族的代表梅特涅①首相、原法国奥顿主教塔列朗②，是维也纳会议中的三位巨头。塔列朗聪明机灵，尽管历经了法国社会的各种动荡，却得以幸运地活了下来。他之所以来到维也纳，为的是尽全力挽救自拿破仑离开之后近乎瘫痪的法国。他丝毫不在乎他人对自己的羞辱，自愿来参加会议，就如同一个受邀而来的贵宾一样，和客人们轻松地说笑。没过一会儿，他就成为会议的首席人物之一。借由替宾客助兴的妙趣横生的故事、迷人的举止和魅力，他赢得了众人的好感。

到达奥地利首都不到一天，塔列朗就相当透彻地看到，盟国已经分裂成两个敌对的阵营。企图将波兰吞并的俄国和打算占据萨克森的普鲁士属于一方，想阻止二者吞并行为的奥地利和英国是一方——不管是普鲁士还是俄国，如其中任意一方成为欧洲的霸主，对英奥两国均很不利。凭借高超的外交技巧，塔列朗让双方互相明争暗斗。正是由于他的不懈努力，让整个欧洲陷于整整十年动荡的法兰西帝国才免遭报复。

他替法国争辩说，那个"科西嘉魔鬼"理应承担一切责任，法国人民实际上就在奉命行事。现在，非法的篡位者被赶走了，在位的是合法的国王，他还请求："给法国一个机会吧！"同盟国相当欣慰地看到法兰西那副悔过的面目，于是，极其大度地宽恕了其所犯的过错。而波旁王子尽管暂时登上了王位，不过，事实上，却被愚蠢地利用了，15年

---

① 梅特涅（1773—1859），奥地利首相、外交家。他奉行"大国均势"的外交策略，极力维护欧洲的封建专制。

② 塔列朗（1754—1838），法国资产阶级革命时期著名的外交家，曾多次担任法国的外交部部长等职。

后，他又一次被从法国赶了出去。

作为维也纳三巨头中的第二人，奥地利首相梅特涅的身份是哈布斯堡外交政策的领袖。他名叫文泽尔·洛特哈尔，是奥地利的梅特涅－温尼堡亲王。此人血统高贵，是一个风度翩翩的绅士，不但家族实力雄厚，而且才华横溢。因为他出身贵族之家，所以，和那些穷苦的平民百姓存在着极大的距离。

法国大革命爆发时，梅特涅正在斯特拉斯堡大学读书。那里是《马赛曲》的诞生地，也一度是雅各宾派的活动中心。梅特涅清晰地记得，他青年时代愉快的社交生活被革命粗暴地打断了。人类的财产被暴乱的人们疯狂地破坏和毁灭，无数无辜的生命也被夺去。这些人用极端残忍的方式对新自由的诞生表达欢迎之情。

然而，梅特涅仅看到了事物的表面现象，并未看到背后真正重要的东西，那就是大众的真挚热情，以及人们那充满期待的眼神。他也不曾看到衣衫褴褛的国民自卫军从群众手中接过面包和水，然后，在人们的目光中穿越城市，奔赴前线，将生命献给法兰西祖国。

这位年轻的外交家对于大革命的野蛮行为深感厌恶。他认为，真正的战斗理应是身着漂亮的制服，骑着装配精良的战马，冲过碧绿的原野，展开一场勇敢的拼杀。而那所谓的"革命"，不过让整个国家沦为肮脏的军营，将无用的流浪汉一夕之间成为将军的邪恶行为。在奥地利众多公爵轮流举行的小型宴会上，每当法国外交官出现时，他就会说："你们想要自由、平等、博爱，结果却得到了拿破仑。假如你们可以维持现行的制度，那样的事情就不会发生了。"他对革命前安定美好的旧时代进行大肆宣扬，声称那时的人们生活幸福，不存在所谓的"人人生而平等"的烦恼。他虔诚地宣扬其"维持稳定"理论，加之此人善于游说别人，所以，他成为革命精神最顽固的敌人。

梅特涅直到1859年才离世。期间，他目睹了1848年的欧洲革命将他的政策彻底否定。然后，他发现，自己和当年的拿破仑一样，被全体欧洲人所厌恶，甚至好几次差一点儿被愤怒的公众以私刑处死。不过，这个顽固的贵族至死还认为自己没错。

他深信，人民要远比自由更喜欢和平。于是，他尽其所能为人们带去和平。公正地说，在其和平政策实施的前四十年里，还是极其成功的，列强们几乎不挑起战争。直到1854年，俄国和英国、法国、意大利、土耳其为争夺克里米亚而爆发战争，延续四十年的和平时期才中断——而这么长的和平时间，在欧洲大陆历史上可谓是创纪录的。

会议的第三位英雄亚历山大皇帝，是在其祖母（著名的叶卡捷琳娜女皇）的宫中长大的。那位精明的女皇教导他，要视俄罗斯的荣耀为一生中最重要的事情。而其瑞士籍私人教师却是一位伏尔泰、卢梭的崇拜者。所以，两种特质在亚历山大身上奇怪地混杂着——以自我为中心的暴君和极易冲动的革命者。在其疯癫的父亲保罗一世在世的时候，亚历山大忍辱负重地生活了多年。他亲眼看到大批的俄罗斯人在对抗拿破仑的战场上惨死。后来，形势发生了逆转，他的军队将如同神话一般不可战胜的法国皇家军队打败。从此，俄罗斯成为欧洲的救世主，欧洲人将这个强悍民族的沙皇当作神明一样尊敬，对其寄予了极大的希望。

不过，亚历山大并非一个精明的人，既不像塔列朗、梅特涅那样极具谋算，也不擅长玩外交游戏。他有着极强的虚荣心，喜欢大肆张扬。实际上，在那样的情形下，没人可以不飘飘然。就这样，他很快就成了维也纳会议的中心人物，而梅特涅、塔列朗和精明能干的英国代表卡斯尔雷①则安静地围坐在他的周围，在喝着托考伊白葡萄酒的同时，商量着实际的事务。或许他们想拉拢俄国，所以，就表面上看，对亚历山大表现得特别尊敬。不过，他们可不愿意亚历山大参与会议的实质工作。为了让亚历山大强烈的虚荣心得到满足，他们甚至大力赞赏他的"神圣同盟"计划。

　　人们在经历了大革命的强烈震撼后，开始在改变自己的行为和观念的时候，运用一种奇怪的方式。人们因为二十年的恐怖和焦虑所产生的恐惧而无法变得正常。每当门铃一响，他们就会害怕得要命。他们害怕得知自己唯一的儿子"光荣战死"了。而在他们看来，过去革命者所宣扬的"兄弟之爱""自由、平等"等观念竟然是那么可笑而空洞。现在，他们最大的愿望是将虚幻的东西都赶走，让自己从中获得解脱，进而重拾生活的勇气。于是，当人们深陷痛苦和悲伤中时，一帮骗子就伪装成先知，到处宣扬自《启示录》里挖掘出来的种种奇怪教义。

　　亚历山大已多次向巫师求救。1814年，他又听说新出现了一位女先知冯·克鲁德娜男爵夫人。据说，她预言世界末日马上就要来临，而且劝说人们趁早悔悟。这个俄国女人曾是保罗时代一名俄国外交官的妻子，确切的年龄不可知，不过其名声很糟糕，由于她的生活特别放浪，曾导致其精神崩溃。在目睹一位朋友的猝死之后，她突然醒悟了，从此断绝了对世俗生活的留恋，并向虔诚的摩拉维亚修士（他是一位鞋匠，是1415年被康斯坦斯宗教会议判处火刑的老宗教改革家约翰·胡斯的信徒）忏悔了从前的罪恶。

---

① 卡斯尔雷（1769—1822），曾任英国的外交大臣，在维也纳会议中支持梅特涅的政策。

变身巫师后的克鲁德娜十年来始终待在德国，尽全力劝说王公贵族们"皈依"宗教。而将欧洲的救世主亚历山大皇帝感化，让其改变自己过去错误的生活方式，是她一生最大的目标。恰逢饱受心灵创伤的亚历山大正处于内心最脆弱的时候，他很愿意聆听女巫师的神秘预言。

1815年6月4日黄昏，沙皇让人将男爵夫人带进宫觐见，这时他正在阅读《圣经》。没人知道他从女巫师那里听到了什么，不过，当3小时后巫师离开皇宫时，亚历山大泪流满面地说，自己的灵魂终于得到了安慰。从此之后，男爵夫人就始终忠诚地陪伴在沙皇身边，为其灵魂带去慰藉。她不但跟随沙皇去巴黎，而且还伴他到维也纳。每当沙皇不参加社交活动的时候，他就去男爵夫人那里祷告。

或许，读者会问我如此费尽心机地讲述这个故事的原因，奇怪我为什么宁愿讲一个疯疯癫癫的女人，而不去讲发生在19世纪的历史事件。难道这个女人特别重要？事实上，我必须介绍她。虽然这个世界上记载历史事件的史书相当多，不过，我所要讲的并非仅是一连串历史事实，我更希望读者朋友可以将历史背后隐藏的东西挖掘出来，而非简单的"何时何地发生了何事"。假如想了解世界，就要努力寻找隐藏在所有行为后面的动机。

请不要将神圣同盟单纯地当作是1815年签署的一张纸。尽管它现在已随时光远去，然而，它绝对不曾消失——门罗主义①就是神圣同盟产生的直接后果，而美国的门罗主义和普通美国人的生活之间存在着特别重要的联系，所以，我希望你了解这个看似神圣的宣言背后的真实动机。

---

① 1823年12月2日美国第五任总统J·门罗在国情咨文中提出的对外政策的原则，是美国对外扩张政策的重要标志。

　　实际上，神圣同盟是两个有着不幸遭遇的男女的杰作。男的有着不堪回首的过去，希望可以获得灵魂的安宁；女的则将半生时间流连于放荡和堕落的生活中，在失去了美丽和尊严后，为了满足对虚名的追求，仅能依靠神秘的先知。卡斯尔雷、梅特涅、塔列朗这些清醒的人，当然明白这位神秘兮兮的男爵夫人的真实动机。假如梅特涅愿意，那么，他就可以轻松地将巫师请回德国。要知道，仅需他写的一张便条，所有的麻烦就可以由帝国的警察局长帮助解决掉。

　　法国、英国和奥地利人都清楚，自己需要俄罗斯的配合，无须和亚历山大过不去，于是就对这个虚伪的老女人听之任之。实际上，在他们看来，神圣同盟仅仅是沙皇自欺欺人的鬼把戏而已，它的价值等于一张废纸。为了敷衍愚蠢的亚历山大，当他虔诚地将以《圣经》为基础而创作的《人类皆兄弟》的初稿向他们宣读时，他们就假装认真地倾听。

　　神圣同盟的创建宗旨是实现全人类的平等和博爱。签字国庄严宣誓，他们"在进行各自国家的事务管理时，在处理和其他政府的外交关系时，理应将神圣宗教的训诫（即基督的公正、仁爱、和平）当作唯一的指引。这些训诫既适用私人事务，也会对各国的议会产生直接的影响，应该体现在政府行为的每个环节之中，这是让人类制度得到巩固、将人类缺陷加以改进的唯一途径"。然后，他们互相承诺，要以"一种真正牢不可破的兄弟关系"，"互相待以同胞之情，不管何时都相互帮助"，等等。

　　奥地利皇帝是第一个在神圣同盟上签字的，尽管他看不懂任何一个字。接着，法国的新国王也在上面签字了，因为时局让他一定要将拿破仑的旧敌拉拢住。普鲁士国王也在上面签字了，原因是他希望借此获得亚历山大对他的"大普鲁士"的支持。那些害怕俄国沙皇的欧洲小国也都在上面签了字。

　　英国代表没签字——卡斯尔雷认为神圣同盟一味地说空话。教皇也没在上面签字，因为他认为这对分属希腊东正教和新教的男女竟然将自己的工作抢走了。土耳其苏丹没在上面签字——他们根本不知道有这回事。

　　随后，欧洲老百姓终于体会到了神圣同盟的威力。神圣同盟尽管只是一大堆废话，不过，在其名下的由梅特涅所组建的五国联军可是相当厉害。他们的存在是在明确地告诉大家，所谓的自由派绝对不能破坏欧洲的和平。人们之所以痛恨自由派，是由于他们被看成是伪装的革命派。当人们由1812—1815年的伟大解放战争而产生的热情一点点减退，人们开始越来越强烈地希望和平、安宁的时代到来。那些曾在战争中浴血奋战的士兵也开始祈求和平的到来，和平开始成为那个时代的主题。

　　不过，人民很快就发现自己被出卖了——神圣同盟和列强会议所许诺的那种和平并非他们所期望的。他们只能保持沉默，因为秘密警察时刻在监听着人们的谈话。欧洲的统治者们由反革命取得的伟大成功而获得了极大的信心，为此，真诚地相信人民真的可以从中获得好处。

　　可是，不良的动机总能造成不良的结局，无论结果怎样，同样给人民带来了不愉快的感觉。事实上，欧洲社会因为神圣同盟而付出了很多代价，这其中就包括：各国的政治发展遭到严重阻碍。

第四十八章　大反动

他们的和平是通过将人们的新思想加以约束实现的，他们将秘密警察的政治地位提高，以便实行恐怖统治。很快，争取民主权利的人塞满了各国的监狱。

拿破仑的革命洪流所造成的损失已经无以挽回。古老的城墙和宫殿都遭到了毁灭性的破坏。革命洗礼之后，留下了众多千奇百怪的革命教条。这些教条已经深入社会的根基，而要将其影响消除掉好像很困难。不过，维也纳会议的"政治工程师"却具有高超的技术，而且取得了相当可观的成就。

数个世纪以来，因为法国对世界和平的破坏，导致人们对它几乎是本能地保持警惕。虽然波旁王朝借塔列朗之口，表达了从此好好治理国家的决心，不过，欧洲还是因为"百日政变"而敲响了警钟，假如拿破仑又一次逃脱，会导致怎样可怕的后果？所以，荷兰共和国改为王国，比利时成了尼德兰新王国的一部分。虽然信奉新教的北方和信奉天主教的南方都不想看到这种联合的形成，然而，他们好像没有反对的理由——这样的联合对欧洲的和平有利，而和平才是最重要的。

波兰曾天真地认为，自己找到了巨大的靠山，原因是亚当·查托里斯基王子是沙皇亚历山大的密友，在战争期间和维也纳会议上，他始终担任着沙皇的顾问。不幸的是，对俄国而言，波兰始终是其附属地，于是，亚历山大理所当然地成为他们的国王。波兰人面对这样的结局极其愤怒，为此，曾进行了三次革命。

因为和拿破仑结盟，丹麦在战后受到了严厉的制裁。数年前，英国舰队闯进卡特加特海域，毫无征兆地对哥本哈根发起攻击，将丹麦所有军舰赶走，为的是杜绝拿破仑的后援。维也纳会议更是痛下杀手，把挪威（自1397年《卡尔马条约》签署以来，它就始终和丹麦是一体的）从丹麦分离出来，奖励给瑞典的查理十四，因为他背叛了拿破仑。

这位瑞典国王名叫贝纳多特，原本是一名法国将军，开始的时候是以拿破仑的副官的身份来到瑞典的。当时，荷尔斯坦因－歌特普王朝的末代统治者去世，身后无子嗣，贝纳多特受瑞典人的邀请，成为瑞典国王。1815 年至 1844 年，他兢兢业业地治理着这个国家（虽然他始终不会说瑞典语）。此人精明强干，瑞典、挪威民众也对他相当尊重。然而，他并未将这两个历史和天性截然不同的国家统合起来。1905 年，挪威以最和平、有序的方式成为一个独立王国。而瑞典明智地放手让其走自己的道路。

意大利人从文艺复兴时起，就深受侵略之苦。在波拿巴将军身上，他们曾寄予了极大的希望，然而，拿破仑却让他们很失望——意大利不但没能获得统一，而且被划分为众多小公国、侯国、共和国、教皇国等。教皇国（除那不勒斯之外）是整个意大利半岛治理得最差的地区，那里的人们生活得异常悲惨。维也纳会议将拿破仑建立的几个共和国废除了，却将一些老公国扶植起来，然后，将其作为奖品给了哈布斯堡家族的成员。

可怜的西班牙人曾献身于反抗拿破仑的民族大起义中。可当国王回国后，西班牙人民却发现，自己等来的是一位邪恶的暴君——在此前的四年里，拿破仑将斐迪南七世下狱。据说，他在监狱里打发时间的方式，就是为自己喜欢的守护圣像编织外套。回到西班牙后，他将宗教法庭和酷刑室一一恢复，而这些早在大革命期间就已经被废除了。这个国王不但被西班牙人民厌憎，而且，他先后所娶的四个妻子也同样讨厌他。然而，其合法王位依旧得到了神圣同盟的维护。

1807 年，葡萄牙王室全部逃亡到巴西。从那之后，葡萄牙始终处于没有国王的状态。在 1808 年至 1814 年的半岛战争①期间，该国成为威灵顿军队的后勤基地。1815 年后，英国还掌握着葡萄牙的管理权，直到布拉干扎家族重返葡萄牙，这种情况才有改观。这个家族仅余一位

---

① 拿破仑侵略伊比利亚半岛国家（西班牙和葡萄牙）的战争。

成员，在里约热内卢做巴西皇帝——这是美洲大陆唯一的帝国，维持了几十年，直到1889年巴西成立共和国时才灭亡。

在东欧，神圣同盟置斯拉夫人和希腊人的艰难处境于不顾，让他们依旧处于土耳其苏丹的管辖之下。1804年，塞尔维亚的一个猪倌布莱克·乔治（卡拉乔维奇王朝的缔造者）发动了反抗土耳其人的起义。结果起义失败，另一个他当作朋友的塞尔维亚领袖将其杀害。这个人就是米洛什·沃布伦诺维奇（沃布伦诺维奇王朝的创始人）。结果就是，巴尔干半岛的主人仍旧是土耳其人。

希腊人的悲惨历史最长。两千多年来，他们先后处于马其顿人、罗马人、威尼斯人和土耳其人的统治下。如今，他们的同胞、希腊科孚岛人卡波·迪斯特里亚被寄予厚望。和波兰王子查托里斯基一样，他也是亚历山大沙皇最亲密的朋友，或许可以替希腊人争取到点儿东西。然而，希腊人民的希望被维也纳代表们彻底无视，他们一心想着怎样让所有"合法"的君主（无论是基督教、伊斯兰教是其他教派的）都保有自己的王位。因此，希腊也无法看到国家的前途。

或许，对于维也纳会议而言，对德国问题的处理是最大的错误。宗教改革和三十年战争将德国的经济彻底摧毁了，而且，在政治上，德国也成为一盘无望的散沙。德国分裂成两个王国、几十个大公国、数百个公爵领地、侯爵领地、男爵领地、选帝侯领地、自由城市和自由村庄，这些地方一般由一群仅会出现在喜剧中的奇怪人物统治着。此种状态曾因腓特烈大帝而改变，他一手将强大的普鲁士帝国建立起来。他死后没过多长时间，国家又四分五裂了。

大多数小国在拿破仑时获得了独立，不过，这三百多个独立的国家仅有52个得以存活到1806年。在争取独立的斗争岁月里，众多年轻士兵都梦想建成统一、强大的新祖国。然而，要是没有强有力的领导，统一不可能实现的——因为没人领导这个国家。

这其中，五个王国以德语为母语。奥地利与普鲁士是其中的两个。而巴伐利亚、萨克森和符腾堡是另外三个国家，它们是获得拿破仑恩许的。由于这几个国家的人民都曾屈服于拿破仑，所以，他们的爱国热情遭到其他德国人的嗤笑。

一个新德意志联邦在维也纳会议的主导下成立了。它由38个主权国家构成，其领导者是原奥地利国王。对于这样的安排，所有人都不满意。最终，德意志大会在古老的加冕之城法兰克福召开了，会议讨论的主题就是"共同政策及重大事务"。然而，由于38名与会者代表了38种不同的利益，而任何决定的做出均需全票通过（一项曾将强大波兰王国毁掉的国会规则）。最终，著名的德意志联邦成为欧洲人的笑柄。这个古老帝国在政治方面变得跟19世纪四五十年代的中美洲国家越来越像了。

那些真正心怀民族理想的德国人感到，国家受到了巨大的羞辱，可维也纳会议压根不关心普通老百姓的民族感情。结果，关于德国问题的争论被迫中止。

有人反对吗？当然有。当人们平息了对拿破仑的仇恨后，当人们将战争的疯狂当作了过去，当人们发现"和平与稳定"为其带来的痛苦远远大于曾经的革命年代时，可怜的人们开始愤怒了。他们的胸中又一次燃起熊熊的革命烈火，他们甚至威胁着要奋起反抗。可他们又能如何呢？善良而弱小的人们如何撼动世界上最残酷、最富效率的警察系统的严密监控呢？

维也纳会议的成员不停地告诫人们，"前皇帝拿破仑之所以犯下篡位的罪行，就是由于革命思想"。为了将再次篡位的隐患消除得一干二净，他们发誓，要彻底铲除法兰西思想的追随者。如同菲利普二世对新教徒、摩尔人进行无情地杀戮时，认为这仅仅是遵从了自己良心的召唤一样，忠诚的人们无情地诛杀着法兰西思想，原因是它是社会的"异端"。

16世纪初期，教皇拥有对人民随心所欲的统治权，假如有人不信此种权力，就会被看作"异端"，所有忠诚市民均可以诛杀他，且将其看作是自己应尽的责任。在19世纪初的欧洲大陆，假如谁对国王或首相拥有神圣权力提出质疑，那么，就会被看作"异端"，任何忠实的市民均有责任将其告发，并让其受到应有的惩罚。

但是，相比1517年的教皇，1815年的欧洲统治者则要厉害得多，这是由于拿破仑教会了他们许多高明、有效的技巧。1815年以后的四十几年，是一个以政治密探为主题的时代，间谍到处都是。他们遍布于帝王的王宫和最低俗的酒馆，可以通过钥匙孔窥探内阁会议，偷听在市政公园长椅上休息的人们的闲聊；他们监视着海关和边境，任何无护照的人均无法离境；他们对所有包裹进行检查，以确保不会让任何关于法兰西思想的书籍流入皇帝陛下的领土；他们和学生一起坐在演讲大厅，假如听到有人发表半句反对现存制度的话语，就会采取行动；他们甚至会悄悄跟踪上教堂的儿童，防止他们逃学。

密探们的有力帮手是教士。教会在大革命期间，教士阶层差不多被消灭光了。革命分子将教会的财产没收，众多教士被杀害。1793年10月，公安委员会还取缔了对上帝的信仰，这让以伏尔泰、卢梭为代表的法国哲学家的思想在那一代年轻人中盛行一时，他们都对"理性的神坛"充满崇敬之情。由于教会被取消了，教士们就只好跟随着王室贵族们开始了漫长的逃亡生涯。现在，他们跟随盟军回到家乡，发誓要为曾受到的不公正待遇讨回公道。

耶稣会甚至也在1814年回来重操旧业，他们承担着年轻一代的教育工作。在和教会敌人战斗的过程中，这个教派做得非常成功。就算是在德国这样的新教国家，反革命形势也不比其他国家好。爱国领袖、号召对篡位者发起反抗的诗人、作家，一律被看作"煽动家"。警察对其住所进行搜查，对其信件进行翻阅，还定期将他们叫到警察局，让他们汇报自己的言行。

普鲁士教官对青年学生进行了肆无忌惮的监视。假如学生一在古老的瓦特堡自发地组织集会，庆祝宗教改革三百周年，敏感的普鲁士当局就会将这一切当作革命分子起来反抗的征兆。假如一名忠厚老实的神学院学生不幸失手将一个正在德国的俄国间谍杀死，警察就会马上将普鲁士各大学严密地控制起来，并且，在不经任何审讯的情况下，随意监禁或解雇教授。

俄国的反革命行动也开展得异常热烈。愚蠢的亚历山大沙皇再也不是一个狂热的宗教崇拜者了，不幸的是，他由染上了忧郁症——他终于意识到，在维也纳会议上，自己成了梅特涅和克鲁德娜手中的玩偶，政治游戏的牺牲品。他越想越痛恨那些西方的统治者，于是，他更加固守着自己的国家。事实上，俄罗斯的真正兴趣在君士坦丁堡，那是一度是斯拉夫人启蒙的圣城。当沙皇在书房里工作的时候，他的大臣们正在为他扩充更多的军队和间谍。

看到这样一幅画面，读者们必定会感到有些不高兴了。没错，我理应赶紧停止"大反动"的叙述了。不过，不管怎样，你们已经对这段历史有了了解。人类已经并非首次企图让历史倒退了，但最终的结果都是一样的。

第四十九章　民族独立运动

已经点燃的民族独立热情，是无法被轻易扑灭的。南美洲人首先和维也纳会议的统治者进行抗争，紧接着，希腊、比利时、西班牙等众多国家也相继加入了抗争的洪流。19世纪，人们向往独立的呼喊在四处沸腾着。

"假如在维也纳会议上，人们选择了这样的政策，而将那样的政策放弃，那么，欧洲19世纪的历史或许和现在完全不同吧。"话虽如此，不过，压根没有意义。参加维也纳会议的人都是亲身经历过法国大革命的人，他们无法忘却长达二十年的战乱所带来的恐慌。为了确保欧洲的"和平与稳定"，他们才到此相聚，而且坚信，这是众望所归。结果，他们失败了，这并非由于他们用心险恶。他们中大多数人都相当保守，对年轻时的美满生活极其怀念，一直盼望着可以重温过去的美好时光。可是，他们不曾意识到，众多革命思想已经深入人心。这是他们的不幸，不过，还称不上罪恶。世界由法国革命获得一个真理，那就是，人民理应享有"民族"自主权。

拿破仑一生无所畏惧，也不知道如何尊重他人。他用冷漠的态度对待任何事物，民族和国家也一样。而革命爆发最开始的时候，有些将领曾到处宣称："民族的划分和政治边界、外貌体形没有太大的关系，它仅与人的心灵密切相关。"他们要求法国孩子从小就培养伟大的法兰西民族意识，当然，西班牙人、荷兰人、意大利人也同样由此受到鼓励，进而对自己民族的伟大性进行回顾。没过多长时间，这些卢梭的信徒们开始深信，古人具有更加优越的德行。于是，他们开始回溯历史，试图在古老封建城堡的废墟之下，找到伟大种族的尸骸，然后，他们就声称，自己是这些伟大祖先的后裔。

19世纪上半叶，历史考古发现取得了异常突出的成就。诸多与中世纪历史有关的零散资料，以及早期的中古编年史不断地被整理出版。不管在哪个国家，历史发现的成果常常让人们的民族自豪感油然而生。可是，这些感情竟然是在一些被误解了的史实的基础上产生的。可是，出于政治原因，事物本身的真假已经无关紧要，问题的重点在于，对于这些人们是否坚信。自然，人人都愿意相信自己的祖先是伟大而辉煌的，是如此让人引以为豪。

然而，人们的民族情感被不幸的维也纳会议所忽视。会议首脑们只将双眼紧盯着几个重要王朝的利益，并以此为依据对欧洲版图进行了重新划分。而"民族感情"这个问题则被冷酷地列入了禁书，和危险的"法国教义"放在一起。

历史发展的趋势却不会尊重任何会议。也许是某种原因（或许是历史规律）使然，"民族独立"好像是人类社会正常发展的必然趋势。假如有人想反其道而行之，那么，就会如同梅特涅试图阻止人们思考一样，最终空忙一场。

奇怪的是，南美——这个远离欧洲的角落，竟然成了第一场"麻烦"的诞生地。当年，西班牙因为疲于应付拿破仑，导致其南美殖民地处于相对独立的状态。后来，尽管拿破仑将西班牙国王俘虏了，忠诚的南美殖民地人民依然对其予以支持。甚至，在1808年，他们还对约瑟夫·波拿巴被任命为西班牙国王一事表示拒绝服从。

实际上，法国大革命仅冲击到了美洲地区的一块地方，那就是海地岛（哥伦布首航的抵达地）。1791年，法国的国民公会突发博爱之心，竟然宣布，要让海地的黑人获得和白人一样的特权。不过，他们出尔反尔，很快就将承诺收回了。这件事成为战争的导火索。

此后，杜桑·卢维杜尔[1]带领着海地黑人，和拿破仑的姐夫勒克拉克将军进行了多年的战争。1801年，勒克拉克邀请杜桑前去讨论议和，并承诺确保杜桑在和谈期间的安全。杜桑没想到其白人对手如此言而无信，当他应邀前往时，被送上了法国军舰，后来惨死在狱中。不过，海地黑人的独立运动已经无可阻挡，海地共和国成功地建立了。海地还在

---

[1]　杜桑·卢维杜尔（约1743—1803），海地革命领袖。

南美的第一个伟大爱国者①试图挣脱西班牙的统治时，为其提供了极大的帮助。

1783年，西蒙·玻利瓦尔出生在委内瑞拉的加拉加斯。他曾在西班牙接受教育，也曾到过巴黎，并亲眼看到了革命时代的政府行为。后来，他去了美国，然后返回了故乡。当时，委内瑞拉境内笼罩着对宗主国西班牙的不满情绪。1811年，委内瑞拉正式宣布独立，玻利瓦尔成为一名革命将领。可是，两个月不到，起义就被镇压了，无奈之下，玻利瓦尔只好出逃。

后来的五年间，玻利瓦尔一直坚持领导着这一希望渺茫的革命事业。为了革命，他将自己的全部财产捐献出来。后来，有幸得到海地总统的鼎力相助，他才在最后一次远征中取得全胜。之后，争取独立的抗争不断发生，很快就波及了整个南美。于是，束手无策的西班牙殖民者不得不向神圣同盟求助。

英国人面对形势的发展感到了深深的忧虑。现在的英国船队已经取代了当年荷兰人的位置，是全世界最主要的海上运输队。在他们看来，南美的独立战争代表着丰厚的利润，是一个务必要抓住的良机。所以，他们希望美国可以阻止神圣同盟插手。不过，在美国，不管是参议院还是众议院，均没打算干预西班牙事务。

关键时刻，英国的内阁发生了变化，乔治·卡宁被新上台的托利党任命为国务大臣。他对美国政府发出暗示，假如他们愿意阻挠神圣同盟，让其无法参加南美叛乱的镇压行动，那么，英国会倾其海上力量进行支援。于是，1823年12月2日，美国的门罗总统发表了著名的宣言：

---

① 即西蒙·玻利瓦尔 (1783—1830)，拉美独立运动领导人。1811年至1822年率军与西班牙殖民者展开不屈不挠的斗争，建立了委内瑞拉共和国；1824年又解放了秘鲁。

"神圣同盟企图在两个半球扩张势力的任何举动，都将被美国视为对其和平与安全的威胁。"他甚至还强调："神圣同盟的此类举动，将被视为对美国不友好的公然表示。"四个星期后，英国报纸全文刊载了"门罗主义"。

梅特涅开始犹豫了。从个人角度而言，他真的想冒险试一试美国的实力（自1812年美英战争后，美国的海陆军就始终被人所忽略）。不过，卡宁的挑衅态度以及欧洲大陆自身的麻烦，让他只好将神圣同盟的远征计划放在一边。南美及墨西哥最终赢得了独立。

下面，我们说说迅猛地扑向欧洲大陆的麻烦。1820年之后，神圣同盟始终忙于维护欧洲和平，或是派法国军队去西班牙，或是派奥地利军队去意大利。当时，意大利正在为统一而努力。"烧炭党"（即烧炭工人的秘密组织）的宣传，最终引发了反抗那不勒斯统治者斐迪南的起义。

坏消息也不断地从俄国传来。亚历山大刚一去世，圣彼得堡就爆发了革命。这就是短暂而血腥的"十二月党人起义"[①]。这场起义造成大量杰出的爱国者被绞杀——他们对亚历山大晚年的统治十分不满，希望可以实行立宪政府制。

更糟糕的还在后面。梅特涅因为不断发生的起义而深感不安，为了确保获得欧洲各宫廷的继续支持，他先后在亚琛、特罗堡、卢布尔雅那和维罗纳召开了一系列的会议。各国代表欣然前往这些惬意舒适的海滨胜地（它们均为这位奥地利首相的避暑之地）参会。他们一直信守承诺，尽力对起义予以镇压，但并没有成功的把握。骚动的情绪在最初的时候极难控制，特别是在法国，国王的处境特别危险。

---

① 指1825年12月（俄历）俄国民主派反沙皇专政制度的起义。

在巴尔干地区，真正的大麻烦是被最早引发的。自古以来，此地就是西欧的一个门户，是蛮族入侵的必经之地。摩尔达维亚成为最先爆发起义的地方。很久之前，这里原本是古罗马的达西亚省，差不多在3世纪的时候，它由罗马帝国中脱离出来。此后，摩尔达维亚就成了"失落之地"，就如同消失的亚特兰蒂斯①一样。当地居民仍然用古罗马语言交流，并且自称为罗马人，就连国家也被称为罗马尼亚。

1821年，年轻的希腊人亚历山大·伊普西兰蒂王子领导了罗马尼亚反抗土耳其人的起义。他原以为会得到俄国的支持。然而，圣彼得堡很快迎来了梅特涅的特使，最终沙皇被"和平与稳定"的理论说服，从而放弃了对罗马尼亚的援助计划。起义没多久就失败了，伊普西兰蒂不得不逃往奥地利，开始了长达七年的牢狱生活。

同年，希腊也发生了暴乱。早在1815年，希腊的地下爱国组织就开始了起义的准备工作。起义爆发于摩里亚半岛（古代的伯罗奔尼撒半岛），他们制定了周详的计划，趁土耳其人不备，将他们在当地的驻军赶走，然后宣布独立。土耳其人采用一如既往的回击方式，将君士坦丁堡的希腊主教（希腊人和众多俄罗斯人心目中的教皇）逮捕，然后，在1821年的复活节将其绞死。愤怒的希腊人出于报复，杀害了摩里亚首府特里波里莎的所有穆斯林。土耳其人马上以牙还牙，袭击了俄斯岛，一万五千名基督教徒被杀，四万五千人被卖为奴隶。

接着，希腊人请求欧洲法庭进行援助，结果却遭到梅特涅的阻止，他还相当不客气地声称，这是希腊人"咎由自取"（我在此相当直白地引用了首相写给沙皇的信："暴乱之火理应任其在野蛮地区自生自灭。"）。欧洲所有通往希腊的道路被封锁。希腊的独立梦想马上就要破

① 传说中已经沉没的大西洋城。

灭了。

而另一方面，应土耳其人的请求，埃及军队在摩里亚登陆。不久，土耳其的国旗又在雅典卫城上空飘扬。埃及军队驻扎下来，并用"土耳其方式"维持秩序。梅特涅默视着一切，静候着"破坏欧洲和平的举动"停止。

然而，英国人再次扰乱了梅特涅的算计。英国拥有广袤的殖民地、巨大的财富，以及强大的海军，不过，这些并非英国人最骄傲之处，对他们而言，坚毅的英雄主义和独立精神才是最值得骄傲的。英国人平常循规蹈矩，假如认为政府的做法是不正确的，那么，他们就会挺身而出，直言不讳地指出。而政府也清楚，要对民众予以尊重，尽全力地保护他们，使其免遭迫害。所以，任何正义的事业，不管有多么不同，不管是不是寡不敌众，总会有英国人在其后坚定地追随着。

总之，从普通人的角度而言，英国人也不存在特殊之处，他们专注于手头的事务，极少闲聊，极少关注不切实际的"冒险游戏"。然而，对于那些全身心奔赴亚非、为弱小民族而战的同胞，他们则会报以十二分的钦佩之情。假如此人不幸战死，他们会为其举行隆重的葬礼，并以其为榜样教育下一代。

这种民族特性在人们的心灵深处扎根，无人可以动摇。1824年，拜伦①勋爵乘船远行，他要到南方援助希腊人民。这个年轻且富有的英国人，曾以自己的诗歌打动了全欧洲人。三个月后，"英雄死了"的消息震惊了全欧洲。诗人英雄式的死亡将欧洲人民的想象之火点燃。各国纷纷成立援助希腊的组织。在法国，曾参与美国革命的老英雄拉法耶特

---

① 即英国浪漫主义诗人乔治·高登·拜伦(1788—1824)，他参与了希腊人民的民族独立战争。死前他要求把自己的尸体运回英国，而把心脏埋在希腊，和希腊人民永远在一起。

到处宣传希腊人的处境；巴伐利亚国王将数百名军官派往希腊。希腊的饥民在将英雄送走之后，获得了源源不断的补给。

在成功地瓦解了神圣同盟的"南美干涉计划"之后，乔治·卡宁顺利地成为英国首相。此时他发现，又一个打击梅特涅的良机到来了。英国和俄国的舰队早已在地中海等候——人民对希腊独立事业的热情喷薄而出。法国的舰队也毫不示弱——自十字军东征之后，法国就始终声称，自己为捍卫基督教信仰而战。

1827年10月20日，三国联军在纳瓦里诺湾将土耳其海军彻底击垮。极少有战役的捷报可以赢得如此热烈的欢呼。在西欧和俄国，人民之所以如此欢呼，是由于他们没有丝毫的自由，而借助于希腊人为自由而战的想象，可以让自己被压抑的情感得到安慰。他们的努力获得了回报，1829年，希腊正式独立了。这也等于梅特涅的"稳定"政策又一次失败了。

接下来是法国。波旁王朝掌权后，为了将革命成果彻底摧毁，国王实行着控制森严的警察制度，将文明和战争的法则抛之一边。1824年，路易十八逝世。可怜的法国人民被"和平生活"压迫了整整九年，而这期间所尝的痛苦要远远大于拿破仑帝国的十年。现在，路易十八终于死了，取而代之的是他的兄弟查理十世。

路易十八是波旁家族的一分子。这个家族的成员大多少德无才，不过记忆力特别好。住在哈姆镇的路易十八是在某个清晨才知道不幸的路易十六被送上了断头台的。他清晰地记得当时经历的情景。这些记忆中时刻警示他，假如君主不能认清时势，就会落到极其悲惨的下场。不过查理却不同，他生活挥霍无度，毫无节制。不到二十岁时，他就背负了五千万法郎的巨额私人债务。他同样身无长处，且连记性也不好，而且固守自己的缺点，不思改进。他刚继任王位就马上建立了一个"教士所建、教士所有、教士所享"的新政府——这是英国的威灵顿公爵的评论之，而他还并非激进自由派。由此可见，查理的统治方式是多么让人厌恶，甚至那些笃信法制的人都不能忍受。查理任性妄为，对批评政府的报刊进行封锁，甚至将支持舆论的议会解散。这样一来，他的末日马上就要到来了。

1830年7月27日晚，巴黎革命爆发了。30日，国王径直逃到海边，然后乘船流亡英国。"十五年的闹剧"最终滑稽地谢幕了，波旁家族彻底从历史舞台退场。他们的确是太愚蠢了。这时的法国原本可以重建共和制，却没能获得梅特涅的同意。

局势已经特别危险。一场民族冲突的战火被法国境内四溅的反叛火星点燃。新尼德兰王国从开始建立的那天，就注定了失败的命运。比利时人和荷兰人的性情截然不同，国王威廉虽然刻苦，而且对于国家事务也全力以赴，但他处世生硬又缺乏谋略，根本不能让两个针锋相对的民族握手言和、和睦相处。

法国革命发生的时候，大批逃亡的天主教士涌入比利时。信奉新教的威廉不管如何做，都会激起众怒，甚至还被指责为对"天主教信仰自由"的一次新的进攻。8月25日，反抗荷兰当局的群众起义在布鲁塞尔爆发。两个月后，比利时宣布独立，维多利亚女王的舅舅、科堡的利奥波德成为这个国家的国王——两个勉强被撮合在一起的民族最终得以分开，从此各奔前程。不过此后，它们始终和睦相处，如同彬彬有礼的邻居一样。

那时，欧洲的铁路数量少，里程短，因此，消息的传播速度比较慢。不过，刚接到法国和比利时革命成功的消息，波兰人就发起了反抗俄国统治者的战争。最终，俄国人获得了绝对胜利，然后，用众所周知的俄国方式，"将维斯瓦河①沿岸的统治秩序确立下来"。1825年，尼古拉一世继任为沙皇。从家族继承角度而言，他坚信神授的波兰统治权，而且决不放弃。在沙皇看来，神圣同盟的原则只不过是一张废纸，数千万被迫流亡西欧的波兰人民就是最好的证明。

意大利也没能逃脱命运的安排。帕尔马女公爵玛丽·路易斯曾经是拿破仑的第二任妻子，不过，她在滑铁卢战役之后离开了拿破仑。此次突然涌起的革命浪潮将她驱逐出国境。激愤的民众原本打算建立共和制国家，但奥地利军队很快让一切恢复了原貌，梅特涅还是端坐于普拉茨宫（哈布斯堡王朝外交大臣的住所），秘密警察复归原位，"和平秩序"又一次得以维护。直到十八年后，欧洲人民经过一次更加成功的起义，才得以将维也纳会议的可恶枷锁彻底摆脱。

法国是欧洲革命的总风向标，又一次发出了革命的信号。查理十世后，路易·菲利普接任法国国王。著名的奥尔良公爵就是他的父亲。奥尔良公爵曾经对雅各宾派予以支持，并以决定性的一票决定了路易十六的死刑。在大革命初期，他也曾起过重要作用，被誉为"平等·菲利普"。后来，在罗伯斯庇尔肃清"叛徒"（和他意见不合的人）期间，奥尔良公爵被杀害。路易·菲利普不得不四处逃亡，四处流浪。他曾做过瑞士中学教师，也曾到美国的西部进行探险，拿破仑失败之后，他才得以重返巴黎。

相比其愚蠢的表兄们，路易·菲利普要聪明得多，而且生活俭朴，经常像所有的慈父那样带着一群孩子，夹着一把红伞在巴黎的公园散步。可惜，法国已经不再需要国王了，直到1848年2月24日，路易才明白此点。那天清晨，杜伊勒宫涌进了一大帮群众，国王被赶走，法兰

---

① 波兰境内最主要的河流。

西第二共和国成立。

　　巴黎事件的消息传到了维也纳。梅特涅对此相当不屑一顾地说，这只是1793年事情的重演。结果一定是盟军又一次进军巴黎，将这场闹剧结束。然而，两个星期后，奥地利的首都也爆发了起义。为了躲避愤怒的民众，梅特涅不得不从后门溜走。斐迪南皇帝被迫颁布了新宪法，过去三十三年间竭力压制的那些革命原则，主导了新宪法的内容。

　　整个欧洲都受到了这次革命的影响。路易·考苏特带领着匈牙利人民，向哈布斯堡王朝发起进攻。在这次较量中，双方的实力根本不能相提并论，不过，勇敢的匈牙利人民还是坚持了一年之久。最后，沙皇尼古拉向保守势力伸出援助之手，其军队越过喀尔巴阡山，镇压了起义，让匈牙利的君主制保全下来。随后，哈布斯堡王室成立了专门的军事法庭，对众多曾经令其败北的匈牙利革命者进行审判。

　　在意大利的西西里岛，民众发动了独立起义。他们将国王赶走，并宣布从那不勒斯脱离。起义者将教皇国的首相罗西杀死。惊慌失措的教皇只好在外流亡，一直到第二年，才在一支法国军队的保护下重返故乡。此后，这支军队就始终驻扎在罗马，护卫着教皇执政，让他免遭民众的袭击。直到1870年，军队才从教皇国撤离，前往法国抵抗普鲁士。罗马最终成为意大利的首都。

　　意大利半岛北部的米兰和威尼斯也先后发生了反抗奥地利统治者的战斗，而且，得到了撒丁国王阿尔伯特的援助。不过，老拉德茨基率领的强大的奥地利军队很快就侵入波河谷地，并在卡斯托扎和诺瓦拉附近的战役中将撒丁军队成功地击溃。阿尔伯特只好退位，其子维克多·伊曼纽尔继位，不久，伊曼纽尔就成为统一的意大利王国的首任国王。

　　在德国，1848年的大动荡演变成了全国性的示威活动。人们纷纷要求政治统一，政府推行代议制。此时，巴伐利亚国王正沉迷于一位爱尔兰女子。她自称是西班牙舞蹈家（也就是罗拉·蒙特兹，死后被葬在纽约的波特公墓）。愤怒的大学生将这位国王赶下了王位。普鲁士国王则不得不到巷战死难者的灵柩前脱帽致哀，并答应组建立宪政府。1849年3月，全国各地的五百五十名代表齐集法兰克福，召开德国议会。普鲁士国王腓特烈·威廉成为统一德国的皇帝。

　　不久后，革命势头开始逆转。无能的奥地利皇帝斐迪南退位，其侄子弗兰西斯·约瑟夫继位。奥地利军队因为受过严格训练，所以，对战争寡头特别忠诚。革命者多次遭到残害。哈布斯堡家族凭着"百足之虫，死而不僵"的奇特本性，再次振作起来，并很快确立了东西欧的霸主地位。他们依靠灵活的外交手段操纵着国际事务，操控着德意志国家间的相互戒备心，从而阻止了普鲁士国王登上皇帝宝座。历经磨难的哈布斯堡家族明白应该怎样忍耐，怎样静候良机。那些自由派在政治上缺乏经验，每天仅会夸夸其谈或者四处演说。他们全然不清楚，奥地利的军队正在暗中策划着，一旦时机到来就会发起突袭。法兰克福议会被驱散，已经失去生命力的德意志联盟又颤抖着站了起来。

　　满脑子幻想的爱国者充斥于法兰克福议会中。不过，普鲁士人俾斯麦[1]却是那么众不同，他喜欢倾听而不是发言。他深知（任何一个做实事的人都清楚）实际行动远胜一切，而空谈会一事无成，并且，他坚持用自己的方式投身祖国事业。他接受过传统的外交训练，处事精明、世故。

　　俾斯麦坚信，想成为欧洲霸主，那么，唯一的方法就是把四散的德意志联盟统一成一个国家。俾斯麦成长于封建时代，骨子里是根深蒂固

---

[1]　俾斯麦（1815—1898），普鲁士宰相兼外交大臣，是德国近代史上杰出的政治家和外交家，被称为"铁血宰相"。

的忠君思想。作为霍亨索伦家族忠诚的臣子，他希望这个家族可以替代无能的哈布斯堡家族，成为这个国家的统治者。为实现这一理想，首先就要将奥地利势力削弱。当然，他深知，这是一个异常艰难的过程，一定要做好精心的准备。

那时，意大利的独立事业已经获得成功，已经成功地摆脱了奥地利的统治。这主要归功于加富尔[1]、马志尼[2]、加里波第[3]这三位杰出人物。其中，加富尔原本是一名工程师，此人思路清晰而严密，发挥着政治导向的作用。因为奥地利警察到处捕杀革命者，马志尼不得不每天躲在欧洲各地的阁楼里。然而，他以极富感染力和鼓动性的演讲，顺理成章地成为政治宣传任务的主力。加里波第最富有传奇色彩，他率领着一群衣衫火红的勇士，燃起了意大利人民的革命热情。

马志尼和加里波第原本比较倾向于共和制，而加富尔则倾向于君主立宪制。当时，大家都特别相信加富尔，此人政治才能突出，又始终控制着革命方向。于是，他的建议被大家采纳了，为祖国争取更大自由的雄心壮志也被放弃了。

加富尔拥护意大利的撒丁王族，就像俾斯麦忠诚于霍亨索伦家族一样。为了让撒丁国王担当重任，将伟大的意大利统一事业领导起来，加富尔制订了严密的步骤，其手段巧妙而慎重。可以说，欧洲其他地区的混乱状态，正是实现加富尔计划的有利时机。其中，老邻居法国对意大利独立最为有利。

---

[1]　加富尔(1810—1861)，曾任撒丁王国首相、意大利王国第一任首相，是"意大利三杰"之一。

[2]　马志尼（1805—1872），统一的意大利的缔造者，他的思想对意大利的统一有很大的影响，是"意大利三杰"之一。

[3]　加里波第（1807—1882），意大利爱国志士和军人，领导了许多重要的军事战役，是"意大利三杰"之一。

法国好像注定命途多舛，1852年11月，刚刚成立的共和政府又倒台了。当然，这是意料中的事情。帝国重新建立，前荷兰国王路易·波拿巴之子、伟大的拿破仑之侄（拿破仑三世）登上王位，并自称已经得到了"上帝的恩许和人民的拥戴"。

拿破仑三世年轻时曾在德国接受教育，所以，他说法语时始终夹杂着难听的条顿口音。他竭力宣扬拿破仑的传统，企图让自身的地位更加稳固。不过，他处世过于生硬，得罪了相当多的人，所以，他对于自己能不能顺利登上王位有些担心。当然，他已经取得了英国维多利亚女王及其大臣的好感，这是相当重要的。至于欧洲的其他君主，则一直以一张傲慢的面孔对待他；他们还经常聚集在一起，想出取笑这位暴发"兄弟"的新花样。

拿破仑三世不得不积极地寻求出路，选择施恩或武力的方式。在法国百姓看来，"战争荣誉"仍旧极具诱惑力。他深知此点，于是决定试试运气，为王位赌上一把。既然怎样都要下赌注，那莫如将整个帝国的命运当作筹码。于是，他以俄国对土耳其发起攻击为借口，挑起了克里米亚战争。支持土耳其的法英联军和支持苏丹的俄国是战争的双方。不过，此次冒险并不成功，最后，仅以昂贵的代价取得了极小的收获。可以说，根本没得到任何荣誉。

尽管这样，克里米亚战争还算是一件好事。正是利用这个机会，撒丁国王加入了胜利者的阵营。战争结束后，加富尔当然要索取回报。

这位聪明的意大利人充分地把握了有利时机，将撒丁王国的国际地位加以提高。接着，在1859年6月，撒丁王国对奥宣战。此战能否取胜，关键在于是否取得法国的支持，于是，加富尔以萨伏伊和尼斯城作为酬劳，贿赂拿破仑三世。就这样，法意联军在马干塔、索尔非里诺战役中获得了决定性的胜利。此次战役中，意大利得到了极大的收获，将一些奥地利行省和公国添加到统一的意大利版图上。

起初，意大利是将佛罗伦萨作为首都的。1870年，驻守教皇国的法军刚离开，意大利人就进入了古老的罗马城。随后，他们就成为古老的昆里纳官（某位古代教皇于君士坦丁大帝浴室的废墟上修建而成的）的主人。

教皇失去了罗马，于是，不得不渡过台伯河，躲进了梵蒂冈。自从1377年，那位古代教皇从流放地亚威农①回来后，梵蒂冈就始终是教皇的住所。教皇针对意大利人抢占罗马的行为，先是大声斥责，为此赢得了众多天主教徒的同情。接着，他又广发求助信，不过支持的人却少到了极点。此后，教皇开始慢慢从世俗事务中脱身出来，让自己全身心投入到精神问题。没想到，这样一来，教皇的地位反而更加高贵，教会也得到了充分发展。现在，教会已经是一股对社会和信仰进步有益的国际力量，而教皇也更加深刻地认清了社会的多种现状。

意大利从奥地利脱离后独立，维也纳会议的"稳定"梦想就此被打破。

这时，德国问题成为一切问题中最难解决的。1848年革命失败后的大迁移，导致一大批年轻力壮、头脑灵活的德国人移民去了美国、巴西及亚非地区。于是，另一批截然不同的德国人接手了未竟的事业。

奥托·冯·俾斯麦（我们在此之前提过）如今已如愿以偿地获得了普鲁士国王的彻底信任，这就足矣。至于普鲁士议会或人民对他的意见，那压根不是他关心的内容。自由派失败的教训让他意识到，要想真正解决奥地利问题，战争是唯一的方法。为此，他开始着手筹备，第一

---

① 1309年，教皇宝座从罗马被迁到靠近法国的亚威农，直到1377年又重新迁回罗马的城中之城梵蒂冈。

步就是要加强普鲁士军队的实力。此人一旦打定主意，就不会留下余地。正是这种独断独行的态度导致了他与议会的不和，议会拒绝提供资金。对此，他压根不屑于去争论。他将议会抛开，在普鲁士皮尔斯家族及国王提供的资金的帮助下，积极扩军备战。然后，他开始寻找机会，想将德国人民的爱国激情点燃。

石勒苏益格与荷尔斯泰因是德国北部的两个公国。从中世纪开始，它们就始终深陷于麻烦之中。两国并非处于丹麦的版图之内，其统治者却始终是丹麦国王，而且，这里还杂居着丹麦人和德国人。这两个民族的矛盾相当尖锐，或是德国人大声责骂丹麦人，或是丹麦人为维护自己的传统而争执。一时间，全欧洲都关注着这个问题。

而此时，普鲁士已经采取行动了，开始动员军队去将"失去的国土收复"。对于这样重大的事件，身为德意志联盟的传统首领，奥地利自然会插手其中。于是，哈布斯堡的军队和普鲁士军队联手行动，一起开进了丹麦，将这个小公国占领。丹麦国小势微，又缺少他国的援助，于是，丹麦人不得不独自承受命运的安排。

紧接着，俾斯麦开始实施帝国计划的第二步行动。他借口分赃不均，将对奥矛盾挑起，愚蠢的哈布斯堡王室成功地掉入圈套。俾斯麦及其忠实将领们组建的新普鲁士军队开始向波西米亚挺进，在短短六个星期的时间里，奥地利军队就在萨多瓦、科尼西格拉茨被摧毁，通向维也纳的道路也被打通。

然而，俾斯麦不想做事不留余地，也不想在欧洲的政治舞台上树敌太多。于是，他提议，战败的哈布斯堡家族放弃德意志联盟的领导地位，那么，采用议和的方式将是相当体面的。不过，对于那些支持奥地利的德意志小国，俾斯麦则相当冷酷，将它们全部归入普鲁士版图。如此一来，德意志的大部分北部国家就形成了一个新的组织，也就是北德意志联盟。普鲁士理所当然地成了德意志民族的非正式的领袖。

整个欧洲因俾斯麦一系列的统一行动而震惊。英国秉持无所谓的态度，法国却极为不满。人民开始不再信任拿破仑三世，因为他们没能从代价惨重的克里米亚战争中看到希望。

1863 年，拿破仑三世再度冒险。他率领强大的军队强迫马克西米连的奥地利大公登上了墨西哥的王位。然而，由于美国内战以北方胜利而告终，所以，拿破仑三世的这次努力又一次面临失败的结局。在华盛顿政府施加的压力下，法军不得不撤离墨西哥。墨西哥人民就此摆脱了压迫，并利用这个机会将敌人彻底清扫了。那位不受欢迎的、不幸的外来国王也被枪杀了。

局势已经相当糟糕，为了巩固自己的地位，拿破仑三世只好再找机会。北德意志联盟发展迅速，因而很快就成为法国的大患。于是，拿破仑三世认为可以对德一战。他开始寻找借口，而饱受革命之苦的西班牙正好撞到了他的枪口下。

当时，西班牙恰逢王位后继无人。原本，西班牙打算让霍亨索伦家族中信奉天主教的成员接任国王。不过，因为法国政府极力反对，于是，霍亨索伦家族极其礼貌地回绝了。1870 年，法国外交官到艾姆斯觐见普鲁士的威廉国王。他们打算与之再次就西班牙问题进行讨论。

国王高兴地回答说，今天天气真好，西班牙问题已解决了，无须为此再多费唇舌。这次会面的情况被例行公事地用电汇的方式通知了负责外交事务的俾斯麦。为了便利普鲁士和法国的媒体报道，俾斯麦"编辑"了这则电报。而他本人为此遭到指责，不过，他辩解说，自古以来，任何文明政府均把持着修改官方消息的特权。当这则经过"编辑"的电报发表后，柏林善良的民众觉得，那位矮小而傲慢的法国外交官嘲弄了满头鹤发的可敬国王；而巴黎的善良百姓同样异常愤怒，原因是普鲁士皇家竟然当面侮辱了他们儒雅有礼的外交大使。

战争必然要发生。经过两个月的激战，拿破仑三世及其大部分士兵成为德国人的阶下囚，法兰西第二帝国垮台，随之第三共和国建立。新建的政府带领法国人民保卫巴黎，抵御德国的入侵。尽管历经五个多月的顽强抵抗，巴黎最终还是沦陷了。

就在占领巴黎的十天前，普鲁士国王在巴黎近郊的凡尔赛宫（德国的强敌路易十四修建的）正式加冕为德意志皇帝。礼炮轰天齐鸣，好像在通知饥饿的巴黎市民，一个新兴的德意志帝国成立了，古老、弱小的条顿公国联盟已经成为历史。

德国问题就这样草草收场。1871年底，著名的维也纳会议已经召开了整整五十六年，会议的一切成果均告破灭。梅特涅、亚历山大、塔列朗原本打算将持久而稳定的和平带给欧洲，结果，却让战争更加持久。18世纪的"神圣兄弟之情"过去了，代之而来的是一个激进的民族主义时代，它的影响一直到现在。

第五十章　发动机的时代

民族独立战争爆发时，科学发明让欧洲人的生活发生极大的变化。18
世纪的发明——蒸汽机，开始为人们所用。

差不多五十多万年前，人类历史上最重要的人出现了。他全身长满了毛，眉毛相当低，眼睛凹陷，下巴宽大，牙齿特别尖利。他的长相不受任何人喜欢，不过，他却被现代科学家称为"人类的祖先"——他知道用石头将坚硬的果子敲开，他知道在木棒的帮助下将千斤巨石撑起。也是他从实践中受到启发，将锤子和杠杆这两样早期工具发明出来。可以说，他为人类做出了巨大的贡献，其成就不会被任何后来的人类及其他生活在地球上的动物所超越。

从此，人们将改善生活的梦想寄托在工具上。最早的时候（即公元前十万年），人类把一棵大树改造成了车轮。当时，人类因为它的发明而造成的震撼，相当于飞行器被发明。

19世纪30年代，一则趣闻在华盛顿流传着。有官员认为，"人类已经将任何可发明的东西都发明出来了"，所以，要求将发明专利机构取消。在早期历史中，当人们最开始用风帆取代木桨、竹篙和纤绳，从而推动船只行驶时，他们或许也对这些发明充满怀疑之情。

不过，人类历史的奇特之处就在于，人可以自己悠闲地晒太阳或在石头上画画，却可以让豢养的小狼之类的动物替自己工作。

在人类早期，人们可以轻松地得到身份低贱的人，使之替自己工作。那么，睿智的希腊人、罗马人之所以没能创造有效的机器的原因是什么呢？其中一个重要的原因就是奴隶制。当奴隶可以将其所需提供出来时，即便是聪明的数学家也没必要对线绳、滑轮、齿轮等东西进行研究了。

中世纪时，奴隶制被稍加改进的农奴制取代。就是在这种情况下，机器生产还是没能获准使用，统治者认为，机器会导致大批农民失业。此外，中世纪的人们认为无须生产太多商品。于裁缝、屠夫、木匠们而言，只需最直接简单的生活用品，不必和他人展开竞争。

　　文艺复兴时，教会已不再强迫人们接受他们对科学的偏见。众多人开始研究数学、天文学、物理学及化学。三十年战争爆发的前两年，苏格兰人约翰·纳皮尔就在自己的书里介绍了新发现的"对数"。莱比锡的莱布尼茨在战争中将微积分体系加以完善。就在人们签署《威斯特伐利亚条约》的八年之前，英国自然科学家牛顿出生的同时，意大利天文学家伽利略辞世。三十年战争将中欧的繁荣彻底破坏，人们突然对"炼金术"产生了极大的兴趣。中世纪人希望保以利用这种伪科学，让普通金属变成黄金。不过，这显然是不可能的事情，但是，相当多的新发现却在炼金术士们的辛苦工作中出现了。继任的化学家们从中大获启示。

　　前人所做的工作，为复杂机器的出现打下了扎实的科学基础。中世纪，木材是人们制造机械的主要材料。由于木头易腐，而铁可以弥补这一缺点。当时，英格兰是唯一一个铁矿储量丰富的地方，欧洲其他地方铁矿资源相当少。所以，英格兰的冶炼业大力发展起来。高温是炼铁的前提。起初，人们用木材作为炼铁的主要燃料，不过，毕竟森林有限。于是，人们开始用森林化石"石煤"来代替木材。这就有些不容易了——煤是要到极深的地下挖的，然后还要运到冶炼炉中冶炼。此外，矿坑还要防水。

　　面对运煤和防水这两大难题，起初，人们用马拉煤，不过，抽净矿坑的水就需要专门机器了。于是，众多发明家都开始对这一难题进行研究。他们已经知道，用蒸汽作为新机器的动力，的确是行之有效的方法。

　　实际上，很久之前，人们就产生了制造蒸汽机的想法。亚历山大大帝就曾记载过几种由蒸汽驱动的机器。文艺复兴时期的人们也曾设想过蒸汽战车。和牛顿同时代的沃塞斯特侯爵也在发明专著中，对一种蒸汽机进行过具体的刻画。1698年，伦敦的托马斯·萨弗里发明了抽水机，并为之申请了专利。同时，荷兰人克里斯蒂安·惠更斯改进了用火药引发规律爆炸的发动机，目的是使之如同汽油推动引擎一般。

在欧洲，差不多所有的人都在专注于建造蒸汽机。法国人丹尼·帕潘是惠更斯的密友兼助手，他在好几个国家都进行过蒸汽机实验。他发明了用蒸汽驱动的小车、小蹼轮。然而，当他的新船准备试航时，船员们对这种让其失去谋生手段的发明公开提出抗议。于是，政府只好将帕潘的小船没收了。而当时，他将全部身家都投入了这一发明。结果，最后，他穷困潦倒地死在伦敦。他死的时候，托马斯·纽克门也在对新的蒸汽泵进行全力研究。

五十年后，格拉斯哥的机器制造者詹姆斯·瓦特对纽克门的发明做了一番改进。1777年，他向全世界宣布，真正具有实用价值的蒸汽机诞生了。

在蒸汽机产生的那几百年里，世界政治格局发生了重大的变化。荷兰舰队被英国海军打败，其海上贸易霸主的地位被英国所取代。英国人到处争夺殖民地，然后，将殖民地出产的原材料运到英国加工为成品，再出口到全世界。

17世纪，一种新灌木"棉花"开始出现在北美的佐治亚州和卡罗来纳州，这里的人们开始种植这种可以长出奇特毛状物质的植物。人们将摘下棉花运到英国，它又被兰卡郡人纺成布。开始的时候，这种工作是由手工完成的。很快，纺织技术就获得了极大提升。1730年，约翰·凯发明了"飞梭"。1770年，詹姆斯·哈格里夫斯为其"珍妮纺纱机"申请了专利。

美国人艾利·惠特尼发明的轧棉机可以将棉花和棉籽自动分开，而从前，手工脱粒的工人平均每天的工作量是一磅。后来，牧师理查·阿克莱特和艾德蒙·卡特莱特有发明了由水力驱动的大纺纱机。18世纪80年代，法国的三级会议召开的时候，瓦特发明的蒸汽机被引进到法国，并安装到阿克莱特的纺织机上。由此，欧洲经济社会发生了重大变革，也导致世界各地发生了巨大变化。

当固定式蒸汽机的发明获得成功后，发明家开始专注于借助机械装置推动的车辆、轮船等问题。瓦特曾经设计过一套"蒸汽机车"的研究计划，不过，在他最终完善之前，理查·特里维茨克就已经发明出机车，这种机器在威尔士的潘尼达兰矿区不知疲倦地运行着。

此时，美国珠宝商兼肖像画家罗伯特·富尔顿正在巴黎力劝拿破仑采用其潜水船"鹦鹉螺号"以及他的汽船，并声称，借助于这一发明，法兰西海军可以取代英格兰，夺得海上霸权。

实际上，富尔顿的"汽船"想法，是借鉴了康涅狄格州的机械天才约翰·菲奇的创造性设想。早在1787年，菲奇设计的小巧的汽船，就在特拉华河上进行了第一次试航。然而。遗憾的是，拿破仑及其科学顾问对于世上会存在自动汽船一事充满怀疑。因此，尽管装有苏格兰发动机的小船已经在塞纳河上航行，拿破仑却不曾目睹。假如他将这一世界领先的机械利用起来，或许，他就可以一雪特拉法尔加海战^①之耻！

富尔顿失望地回到美国。这个精干的商人立刻和罗伯特·利文思顿合伙注册了一家汽船公司。富尔顿在巴黎推销发明时，作为《独立宣言》的签字人之一，利文思顿恰好是当时美国的驻法大使。此二人新建的这家公司，建造了配备蒸汽引擎的第一艘汽船"克莱蒙特号"。没多久，它就将纽约州水系的航运业务垄断了。从1807年开始，"克莱蒙

---

① 19世纪规模最大的一次海战，结果英国取得巨大胜利。

特"号就定期航行于纽约和阿伯尼之间。

二十年后，"萨瓦纳"号汽船运载着一千八百五十吨货物，以每小时六海里的速度从萨瓦纳飞抵利物浦。它用二十五天横渡大西洋的壮举，创造了一项新纪录。不过，富尔顿却被他们错误地视为此项伟大发明的荣誉所有者。

六年后，苏格兰人乔治·史蒂芬逊制造出了著名的"火车"。多年来，他为了实现方便地把煤从矿区运往冶炼炉和纺纱厂，终日埋头于机车的研制中。结果，他的发明一经采用，煤价就因此下降了将近百分之七十。接着，首条客运线路开始定期在曼彻斯特与利物浦之间来回奔忙。人们可以以每小时十五英里的惊人速度，由一座城市飞驰到另一座城市。十二年后，火车提速到每小时二十英里。现在，任意找一辆最便宜的福特车也会比这些喷气的怪物快得多。

在这些踏实的工程师们全身心投入"热力机"开发的同时，那些研究纯粹科学的理论科学家，正以新思路探索着自然界最隐秘的核心问题。

两千年前，一些希腊和罗马的哲学家（米利都的泰勒斯①和普林尼②是其中的典型代表。公元79年，罗马的庞培城和赫丘利诺姆城被爆发的维苏威火山摧毁，当时普林尼因为正在那里做实地考察，因而不幸遇难）已经惊奇地发现：假如先用羊毛摩擦琥珀，那么这个琥珀就可以把一些细小的稻草和羽毛吸附起来。

中世纪的经院学者对神奇的电力并不太感兴趣。不过，就在文艺复兴开始后没多长时间，威廉·吉尔伯特（伊丽莎白女王的私人医生）就

---

① 泰勒斯（约公元前624—前546），古希腊时期的思想家、自然哲学家，倡导"水本原"说。

② 普林尼（23—79），古代罗马最有名的博物学家，代表作为《博物志》。

在论文中就地磁的特性进行讨论。三十年战争期间，奥托·冯·格里克（马德堡市长、气泵的发明者）就发明了历史上的第一台电动机。之后的百余年里，无数科学家致力于对电的研究。

1795年，至少有三名教授发明了著名的"莱顿瓶"。在本杰明·汤姆森（人称拉姆福德伯爵）之后，最有名的美国天才本杰明·富兰克林也投身电力研究。当他发现闪电和电火花都属于放电现象后，就毕生专注于电力研究。再后来，就是直流电源的发明者伏特，以及加尔瓦尼、戴伊、汉斯·克里斯蒂安·奥斯特、安培、阿拉哥、法拉第等，他们数十年如一日地坚持探索着电的真正奥秘。

这些科学家无私地将自己的发明奉献给社会。塞缪尔·莫尔斯（原本和富尔顿一样是艺术家）认为，城市之间应该可以借助新发现的电流进行交流。而实现这一目的的工具，就是铜线和其发明的一台小机器。对于他的实验，无人相信可以成功。莫尔斯无奈之下，只好自掏腰包进行试验，结果，没多久他就身无分文了，而且还遭到更多人的嘲笑。

无奈之下，莫尔斯向国会提出援助的请求。国会议员对其不理不睬，反而是一个好心的特别商务委员会承诺给他一笔研究资金。莫尔斯用了十二年的时间才拿到那点儿资金。最终，他在华盛顿和巴尔的摩之间搭建起一条电报线路。1837年，在纽约大学的演讲厅里，莫尔斯公开展示了他的电报。

1844年5月24日，人类历史上首条长途信息成功地从华盛顿发到了巴尔的摩。现在，电报线已布满全球，我们仅需用数秒钟的时间，就可以让消息从欧洲传到亚洲。二十三年后，亚历山大·格拉姆·贝尔发现了电流原理。五十年后，意大利人马可尼将前人的做法加以改进，从而发明了无须线路的无线通信系统。

在新英格兰人莫尔斯为电报忙活的时候，约克郡人迈克尔·法拉第已经成功制造出了第一台"发电机"。1831年，正值欧洲处于伟大的七月革命的影响中，这个不起眼的小机器正式面世了。后人在此基础上不断改进，到现在，它不但可以为我们提供热和光（1878年，爱迪生在19世纪四五十年代英国人和法国人的研究基础，发明了小白炽灯泡），而且，可以让各种机器动起来。假如我的判断没错的话，电动机会彻底替代热力机，就好像那些缺乏生命力的其他动物被史前时期高等动物取代一样。

对我而言（要知道，我并不了解机械），这种情形的出现是相当开心的事情。要知道，18世纪的工业奇迹"热力机"又吵又脏，导致地球上遍布可怕的烟尘，而无数劳苦人民要冒着健康危险到地底深处开挖煤矿，从而满足那些永不知足的贪婪者。因此，可以说，水力驱动的电机将成为人类健康、可信的忠实帮手。到那时候，世界上最后一部蒸汽机车将被送进自然历史博物馆，和恐龙、翼手龙及其他灭绝了的动物的尸骨一起成为世人的参观对象。

第五十一章　社会革命

新的机器价格昂贵，普通的百姓根本无力支付，于是，从前独立作业的手工匠们，现在只能将曾经的小作坊放弃，转而到那些拥有机器的工厂里工作。虽然他们赚了更多的钱，不过却失去了自由。为此，他们很不开心。

从前，独立的手工业者是很了不起的，他们可几乎能制作出任何东西。他们在自己的小作坊里过着自由自在的生活，可以任意地教训学徒，也可以在行会规定的范围内任意经营业务。他们生活俭朴，兢兢业业，每天都要长时间地劳动。不过，那时他们享有自由，可以任意地安排自己的时间。假如他们某天醒来时，发现天气不错，特别适合钓鱼，他们就可以去钓鱼，谁也无权反对。

然而，他们的生活却因为机器的出现发生了天翻地覆的变化。假如可以看得深入一点儿，就会发现，尽管机器特别神奇，不过，其本质还是工具，只是其功用得到了极大的扩展。火车其实不过是快速奔跑的腿，可以将铁板砸扁的蒸汽锤实际上就是力气大得出奇的拳头。

问题的关键在于，我们每个人都拥有一双腿、一对有力的拳头，可是火车、蒸汽锤或纺织机却价格昂贵，通常仅为一些有钱人所有，普通人则无法靠近。甚至，那些有钱人有时也要合资才能购买到机器，然后再按照投资的比例分享利润。机器慢慢得到改进后，被投入到生产领域，从而谋取到利润。这时，机器的制造商就可以为其寻找买主，而且希望他们以现金支付。

中世纪初期，土地就是财富的象征。因此，在人们眼中，拥有土地的贵族就是有钱人。不过，此前我们已经提过，因为当时的社会流行物物交换的方式，因此，贵族的手上并没有大量的金银。十字军东征期间，城市自由民利用东西方贸易获得了大量财富，日益强大起来，逐渐成为可以和贵族与骑士相抗衡的强大力量。

在法国大革命期间，贵族的财富被洗劫一空，而同时，中产阶级（也就是资产阶级）的财富却极大地扩增。大革命之后的社会仍然是动荡不安的，起义在各地发生，众多中产阶级人士利用这个机会积累了大量不义之财。教会的地产被国民公会没收后进行公开拍卖，由此造成的贪腐风气盛行一时。土地投机商利用这个机会盗取了大量的珍贵土地。拿破仑战争期间，他们又投资于粮食和军火，做起了投机贸易。如今，他们已经拥有了数目可观的财富，其数量远超其日常生活的需要。于是，他们将手头闲置的金银用来购置机器，开办起工厂，雇用工人来干活。

数十万人的生活因机器、工厂的出现而发生了改变。在短短数年里，城市的人口快速增长。城市市民一度生活的幸福家园，处处可见不同类型的肮脏、丑陋的宿舍。工人们每天工作时间长达十一二个甚至十三个小时，然后才可以回到宿舍略事休息。一旦汽笛声响起，他们就要奔回工厂上班。

城郊和乡村的人们听闻在城里可以赚大钱，于是也纷纷涌入城市。那些不幸的人们原本习惯于乡村的田园生活，如今却工作在通风不畅、布满烟尘的车间里，原本健康的身体很快垮掉，死在医院或贫民院里。

当然，由农村到工厂的转变也是一个剧痛的过程。既然一台机器相当于一百个工人，那必定会有九十九个工人失业。于是，工厂遭到失业工人的袭击、烧毁机器的事情时常发生。然而，保险公司早在17世纪就已经出现了，工厂主们的损失一般都会获得赔偿。

更新、更先进的机器很快就将被砸坏的旧机器取代了，同时，防暴的高墙也在工厂的四周竖立起来，骚乱终于停止了。伴随着古老的行会的消失，工人们试图将新式的正规工会组织起来，以便替自己争取权利。而工厂主们凭借自己的财富，对各国的政要施加影响。他们借助立法机关，通过了禁止组织工会的法律，理由是工会会影响工人们的"行动自由"。

这些通过禁止组织工会法律的国会议员并非无知之人，而是大革命时代的民众。在那个所有人都谈论"自由"的时代里，人们甚至会将不够"热爱自由"的邻居杀死。既然"自由"是人类的最高美德，那么，工人工作时间的长短和工资的多少，就不应该由工会来决定。工人们随时可以"在市场上自由地出售自己的劳动力"，而雇主们也一定要"自由地"经营他们的生意。国家来管理整个社会工业生产的"重商主义"时代正在结束。"自由"的新观念认为，国家理应彻底靠边站，商业理应按其身的规律发展。

在18世纪的后五十年，欧洲人不再信任知识和政治，古老的经济观念被与时俱进的新思想所取代。法国革命的前几年，杜尔哥（也就是路易十六时代的财政大臣之一）曾宣扬过"自由经济"的新理论。他生活的国家存在着太多的繁文缛节和太多的条文制度，以及太多官僚企图实行的太多法律。他深知其中的弊端。于是他写道："取消政府监管，让人民按个人意愿行事，社会才会好转。"

没过多长时间，这一著名的"自由经济"理论就成为口号，为当时的经济学家所推崇。

与此同时，英国人亚当·斯密正埋头创作《国富论》，他再次替"自由"和"贸易的天然权利"呐喊、助威。三十年后（即拿破仑下台的时候），欧洲的反动势力在维也纳会集。于是，人们在政治关系上不但没能获得自由，而且还被强迫加入到经济生活中。

我在本章开头曾讲过，国家因机器的普遍应用，获得了极大的好处，社会财富得以迅速增长。机器可以让像英国这样的一个国家负担拿破仑战争的全部费用。出钱购买机器的资本家赚取了超乎想象的利润，其野心也在逐渐增长，开始对政治产生兴趣。他们企图和那些到现在还对大多数欧洲政府产生影响的大土地贵族进行争夺土地的斗争。

根据1265年的皇家法令，大批新出现的工业中心在议会中却没有自己的代表。1832年，在资本家们的努力下，《修正法案》得以通过。这一法案变革了选举制度，让工厂主阶级可以对立法机构产生更大的影响。不过，数百万工人却由此产生极大的不满——他们在政府中毫无发言权。工人们开始发动争取选举权的运动。他们把自己的要求写在一份后来被人们称为《大宪章》的文件上。

关于这份宪章的争论越来越激烈，不过，还没等争论结束，1848年的欧洲革命就爆发了。因为害怕爆发新的激进革命，英国政府任命已年过八十的威灵顿公爵担任军队指挥官，并开始招募志愿军。军队将伦敦层层包围，打算对可能到来的工人革命进行镇压。

因为领导者的无能，英国的宪章运动最终有始无终，其间并未发生暴力革命。新兴的富裕工厂主阶级对政府的控制力逐渐加强。而那些大城市的工业区则继续侵占着大片牧场和麦地，那里变成了肮脏的贫民窟。就这样，每个欧洲城市走向现代化的过程中，始终伴随着这样的贫民窟。

第五十二章　解放

亲历了铁路运输取代马车的那一辈人曾经预言，人类将因机械化的出现而进入幸福、繁荣的新时代。可是事实并不是这样。人们想方设法加以改进，效果却不大。

1831年，在英国的第一个《修正法案》通过之前，大法学家、改革家杰罗米·边沁在写给朋友的信中，留下下面的一段话："想自己舒服，就要先让他人舒服，想让他们舒服，就先要将爱的姿态表现出来，想让爱的姿态表现出来，就要首先发自内心地爱别人。"诚实的杰罗米一向极其诚实，其同胞对于他的观点十分赞赏，于是开始关心其邻居的幸福生活，并在对方需要帮助时慨然伸出援助之手。

于那个时代而言，杜尔哥所谓的"自由经济"理想的确十分必要——工业在中世纪受到了太多的束缚。可是，一旦用自由原则来对待国家经济，就会导致严重的后果。工厂的工时会被延长到让工人的身体无法承受的地步。虚弱的纺织女工假如不是因为疲惫而昏厥在地，就一定要从事漫长的工作。众多年仅五六岁的孩子沦为棉纺厂的工人。政府颁布了"穷人家孩子一定要到工厂做工"的法律，谁要是违反这条法律，就会被绑在机器上示众。

辛勤与劳累仅能换来勉强果腹的粗劣食物，以及几乎和猪圈一样恶劣住处。他们因过度的疲劳，经常在工作中打瞌睡，而专业监工就会用专抽手指关节的鞭子来强迫其保持清醒。如此可怕的折磨当然让不幸的孩子们无法承受，他们纷纷死于这种恶劣的工作环境。这是一幅异常悲惨的图景。

实际上，雇主并非没有人性，他们也对童工制度相当不满。可是，如今的观念是"人人自由"，孩子们也同样享有劳动的自由。假如琼斯先生对五六岁的童工进入他的工厂予以拒绝，那么，他或许会由于竞争对手斯通先生多雇了几个童工而破产。所以，在禁止使用童工的法律通过之前，琼斯先生只能一直使用童工。

现在，封建贵族（他们公开蔑视拥有大量金钱的工业暴发户）已经在议会中失去了发言权，工厂主代表们慢慢占了上风。假如情形要获得好转，那么，在法律上就要允许工人组织起维护自己权益的工会。对于如此糟糕的情况，许多道德、良心仍存的人提出了抗议。不过，真正要解决问题时，他们却毫无办法——全世界都在机器面前俯首称臣，如想彻底改变此种状态，让机器真正为人类服务，还需要经历一段漫长的时期。

让人们意料不到的是，从非洲和美洲来的黑奴，第一次对当时已被推广到全世界的野蛮的劳工制度进行了抗击。奴隶制最早是由西班牙人带到美洲大陆的。开始的时候，印第安人是西班牙人心目中理想的农庄苦役和矿山劳工。没想到，那些印第安人一旦离开了自由自在的土地，就接二连三地病死了。

因为不忍看到印第安人灭绝，于是，一位善良的传教士建议，用从非洲运些黑人来代替印第安人。对于恶劣的工作环境，体格强壮的黑人据说是最能生存下去的。除此之外，让黑人和白人长期交往，还可以让他们接受基督教教义，进而让其心灵获得拯救。这种方法不管是对白人还是黑人均是双赢的。不过，由于机械化生产导致棉花的需求量不断激增，而黑人的劳动强度就此被大大提高。于是，他们也像可怜的印第安人一样，在严酷的监工的监管下，成批地因虐待而死。

发生在新大陆的这些残忍的事件传到欧洲，人们纷纷掀起废除奴隶制的运动。英国人威廉·威尔伯佛斯和扎查理·麦考利（著名历史学家麦考利的父亲）组织了以一个以禁止奴隶制为目标的政治团体。议会在他们的强烈要求下，不得不通过了废止奴隶贸易的法令。于是，在1840年之后，所有的英属殖民地都废除了奴隶制。

通过1848年的革命，法国人也废止了其领地上的奴隶制。1858年，葡萄牙人通过了法律，宣布在二十年之内彻底取消奴隶制。1863年，荷兰人公开取缔了奴隶制。也是在这一年，沙皇亚历山大二世也让农奴们获得了在过去两个世纪里从未享有过的自由。

可是，美国却在奴隶问题上陷入了危机，并最终引发了内战。虽然《独立宣言》反复强调"人生而平等"，不过，在南方各州种植园里的黑人奴隶身上，这一原则并不曾被体现出来。北方人极其厌恶奴隶制度，南方人却反复强调奴隶劳动于其维持棉花种植的极端重要性。为了解决这件矛盾，参、众两院开始了长达半个世纪的争论。

南北方人互不相让，最终发展到了矛盾激化的程度，南方各州威胁要从联邦政府脱离。对美国而言，这是其历史上最危险的时刻，任何事情都有可能发生。好在，实际上，这样离谱的事情并未发生——一位卓越而仁慈的领袖适时地出现了。

亚伯拉罕·林肯①起初只是伊利诺伊州的一位律师，他的社会地位完全是其自学得到的。1860年11月6日，林肯当选为美国总统。作为一名共和党人，他对奴隶制深恶痛绝。他理性地认为，在北美大陆，同时存在两个相互敌对的国家是不可能的。所以，当南方的一些州在"美国南部联盟"的旗帜下宣布要脱离联邦的时候，林肯首先向他们发起了挑战。他在北方各州招募了几十万热血沸腾的青年人，然后组成志愿军，在此后四年的时间里，向南方发起战争——美国内战爆发了。

由于南方人提前做好了战争准备，起初，北方军被南方军的首领李将军和杰克逊将军击溃了。值此关键时刻，新英格兰和西部地区的强大工业将其至关重要的实力发挥出来。一向名声不显的北方将领格兰特异军突起，成为像查理·马特②一样的伟大人物。他率领的军队作战勇

① 亚伯拉罕·林肯(1809—1865)，美国第16任总统，也是美国历史上最伟大的总统之一。
② 即著名的军事统帅"铁锤查理"，法兰克王国墨洛温王朝末期的宫相。他平息内乱，抗击外敌，实行采邑改革，为后来加洛林王朝的建立奠定了基础。

猛，将南方军队打得连连败退。

1863年初，林肯发布了《解放黑奴宣言》，宣言声称，每一位奴隶均有获得自由的权利。1865年4月，在阿波马托克斯，负隅顽抗多年的李将军宣布投降。然而，几天之后，林肯总统在华盛顿剧院里被一个疯子意外地刺杀了。幸运的是，林肯的伟大事业已经完成了。

虽然黑人兄弟们已经获得了自由，可是，欧洲的那些所谓的"自由工人"却仍然生活在痛苦之中。那时，劳工阶级的境遇极为悲惨，这些人住在脏乱不堪的贫民窟里，吃着粗糙、腐坏的劣质食品，接受着勉强可以用于工作的纯粹技术教育。假如他们不幸因意外死亡，其家人将什么也得不到。可是、酒厂厂主（其影响甚至波及立法机构）却向他们推销数量惊人的廉价威士忌和杜松子酒，目的是让他们借着酒精麻醉自己，进而忘记痛苦。

19世纪最初的三四十年，之所以能取得如此巨大的进步，完全是由于集体的力量。经过足足两代人的努力，世界才从机器广泛运用之后所引发的深重灾难中得到拯救。不过，资本主义体系还是被保留下来。

假如少数人的财富可以被适当利用，那么就会对人类造福。人们通过法律来对劳工和工厂主之间的尴尬关系加以改善。这种方法让所有国家的改革人士获得了极大的成就。到今天为止，绝大部分劳工的生产、生活条件均已获得了足够的保障：每天八小时的工作时间，子女可以进学校（而非矿坑或棉纺车间）学习。

虽然在这些方面已经获得了相当大的进步，然而依旧有人对滚滚烟尘、尖锐轰鸣的汽笛声及仓库中囤积的产品感到不满。他们所担心的是，假如人类的这种规模庞大的生产活动持续下去，会导致怎样的后果？他们还清晰地记得，在此前几十万年中，人类的生活中一直不存在商业贸易和工业生产。这种可能牺牲人类幸福的竞争体制，能不能彻底被摧灭呢？

　　这种对人类未来世界的美好幻想在众多国家诞生了。纺织工厂主罗伯特·欧文在英国创设了所谓的"社会主义社区"——新拉纳克。这个社区并没有存留多久，在他去世后就消失了。知名记者路易·布朗想在法兰西全国打造"社会主义实验室"，不过，也没能获得实际效果。社会主义者根据现实情况越来越倾向于认为，建立起一个个脱离社会的独立社团到底不是办法，假如想找到最彻底的方法，只有从工业体系和资本主义社会的基本规律入手

　　继实用社会主义者罗伯特·欧文、路易·布朗、弗朗西斯·傅立叶等人淡出人类文明的舞台之后，两位理论社会主义思想家——卡尔·马克思和弗里德里希·恩格斯出现了。二者相比，马克思的知名度更高一些。这位智慧、博学的犹太人全家长期居住在德国。当他获知欧文、布朗的社会实验之后，就开始全力以赴地开始研究劳动、工资以及失业等问题。因为他的思想极富自由主义色彩，为此，德国警方开始密切地关注他。没办法，他只好流亡到布鲁塞尔，之后又转赴伦敦，依靠在《纽约论坛报》当记者勉强度日。

　　社会对于他刚出版的经济学著作并未给予过多关注。1864年，他创立了第一个国际劳工组织。三年之后，其作品《资本论》第一卷出版。马克思在书中指出，人类的全部历史，就是"有产者"和"无产者"之间的长期斗争组成的。作为一个新阶级，资产阶级诞生在机器的出现及其大规模应用中。资产阶级用剩余财产购买生产工具之后，就雇用劳工为其创造财富。为了进一步扩大生产，他又用这笔财富修建起更多、更大的工厂。这样的循环，会永远持续下去。

　　在他看来，第三等级（也就是资产阶级）在整个资本积累的过程中会变得越来越富有，第四等级（也就是无产阶级）则会在这一过程中变

得越来越贫穷。他还对未来进行了预言：当这种生产循环发展到最后，一个人会掌握全世界所有的财富，而余下的人均是其打工者。

为了防止人类社会出现此类情形，马克思号召全世界无产者联合起来，为了自己的政治、经济权利而斗争。1848年（即欧洲大革命的最后一年），马克思发表了《共产党宣言》，在宣言中，对无产阶级的权利和任务进行了具体的解释。

对于马克思的这种理论，各国政府极为震惊。以普鲁士为首的许多国家专门对此颁布了法律，严厉地控制社会主义者的言行，并让警察抓捕社会主义者集会的参加者和主讲人。可是，事情并未因此而发生改观。在欧洲，信奉社会主义的人越来越多。没过多久，大家就发现，社会主义者实际上并非喜欢暴力革命，他们仅仅希望可以在议会中获得发言权，从而替无产阶级争取合理的利益。

甚至，可以请社会主义者来当内阁大臣，带领众多天主教徒和新教徒挽救工业革命之后越来越危险的社会状态，从而优化机器大生产和财富激增导致的利益不平衡。

第五十三章　科学时代

我们生活的世界总是发生着不同类型的变革，有些变革的影响甚至远超政治革命和工业革命。一直以来，科学家备受打击、残害，现在，他们终于盼来了自由，开始积极投入对宇宙运行规律的探索中。

在早期科学研究领域，古代埃及人、巴比伦人、迦勒底人、希腊人、罗马人均有过重大发现。可是，随着公元4世纪的人口大迁移，古典文明渐渐走向消亡，随后，基督教登上历史舞台，不过他们极端蔑视肉体，将科学研究当作人类傲慢本性的流露。在他们看来，科学研究是对上帝的无礼刺探，和七宗罪①存在着某种亲缘关系。

文艺复兴让中世纪的偏执略有纠正。不过，16世纪初期，文艺复兴的新文化理想却被宗教改革毁弃了。如果哪位科学家敢于对《圣经》的狭隘世界观提出疑问，那他就会如中世纪时一般被处以酷刑。

今天，我们身边随处可见骑着骏马、指挥若定的伟大将领的雕像，只有在极其偶然的情况下，才会发现纪念某位科学家的大理石墓碑。也许，千年之后，我们对待此二者的态度将会发生根本的变化，那一辈人将会因科学家们超乎常人的勇气和责任感而对其特别推崇。在理论知识方面，科学家走在了世人前面，而正是由于理论知识的发明和运用，让现代世界得以真正实现。

众多伟大的科学先驱都曾备受贫困、漠视和侮辱的困扰。他们有的人生前居住在狭小的阁楼里，有的人身陷囹圄悲惨地死去。他们在出版著作时不敢署上自己的大名，甚至在取得研究成果后也不敢公开在自己的国家发表。他们为了印刷自己的研究报告，经常偷偷跑到阿姆斯特丹或哈勒姆的秘密印刷厂。不管是天主教会还是新教教会，均将其视作眼中钉、肉中刺。牧师们会在布道过程中对这些异端分子加以怒斥，呼吁教众对他们施以挞伐。

有时候，他们也可以成功地找到安全栖身的场所。就意识形态而言，荷兰是一个极为宽容的国家，虽然其政府并不支持科学研究，不

_____

① 饕餮、贪婪、懒惰、淫欲、傲慢、嫉妒和暴怒被天主教认为是七种大罪。

过，对个人的自由思想还是比较宽容的。就这样，荷兰成为无数追求自由思想的杰出之士的避难所，来自法国、英国、德国的哲学家、数学家和物理学家均可以在此获得喘息，尽情地享受人身自由。

我在此前曾提到，13世纪的时候，教会曾经禁止卓越的天才罗杰·培根（英国著名哲学家、自然科学家，也是一位实验科学的先驱）进行科学写作。五百多年后，法兰西警察对《百科全书》[①]的编者进行严密的监视。又过了五十多年，由于达尔文对《圣经》记载的上帝创造人类的故事提出强烈的质疑，并进行了有力的反驳，结果，基督教会将其视为"人类公敌"。就算是科学昌明的今天，有人还在迫害那些冒险求知的科学家。

可是，历史的车轮不会因为这一切而停下来。理应实现的事业最终一定会实现。最终，人民大众还是会从科学发现和技术发明中获得福利，尽管这些目光高远的科学家在人们看来曾一度扮演着空想家和理想主义者的角色。

遥远的星空，曾令17世纪的科学家十分感兴趣，他们开始研究起地球与太阳系的关系。可是，在教会看来，这种好奇的心理是极其危险的。哥白尼最早创立了"太阳中心论"，不过，他直到临死前才敢将这一成果发表出来；伽利略终生处于教会的严密监控下，但他还是长期进行天文观察，并为后来牛顿的研究提供了充足的数据——伽利略的观察手记为这位著名的英国数学家发现有趣的万有引力定律发挥了极大的作用。

当时，人们认为，万有引力的发现已经揭露了天空中一切秘密，于是，他们新的研究对象就变成了地球。17世纪下半叶，借助于安东

① 法国启蒙运动时期，以狄德罗为首的百科全书派所编写的《百科全书》。

尼·范·利文霍克发明的显微镜（一部外形独特、笨重的小仪器），人们开始对经常致病的微生物进行研究，并为细菌学的兴起打下了基础。在此后的四十年间，细菌学家们发现了多种致病微生物，从而消灭了大量疾病。

除此之外，显微镜还让地质学家得以重新认识各种岩石以及深埋在地底的化石。这一系列科学研究向世人证明了，地球比《圣经·创世记》所记述的历史要古老得多。1830年，查理·李尔爵士在《地质学原理》一书中彻底否定了《圣经》的"创世说"，并对地球发展、演化的曲折历程进行了详细的描述。

同时，德·拉普拉斯爵士正专注于对"宇宙最开始是如何形成的"进行研究。他认为，浩瀚无边的星云衍生出了行星系，而地球是这个庞大行星系中的一小点。邦森和基希霍夫在分光镜的帮助下，对太阳的化学成分和性质进行了考察，不过，那些奇怪的太阳光斑的发现者却是伽利略。

与此同时，在与天主教、新教教会的长期斗争中，解剖学家、生理学家获得了胜利，从而取得合法解剖尸体的权利。由此，中世纪的人在人体器官上的盲目猜测，被他们对人体器官性质的直观认识所终止。

从很久以前人们仰望星空，对天上的星星产生怀疑开始，时间过了整整几十万年。然而，现代科学却在一代人的时间里（1810—1840年），取得了巨大的进步。深受古老文明教育的人们对此特别不适应。我们可以想见，他们在内心深处对拉马克、达尔文等人的嫉妒、疑惑。尽管这些科学家并未直接宣称人类实际上是猴子的后代（我们祖先要是听说了这种观点，必定会深感羞辱），他们却已经指出，人类极可能是由地球上最早的一批生物（像水母之类）慢慢演变、进化而形成的。

中产阶级是19世纪社会的主导者，他们喜欢使用煤气、电灯和科学发现的其他任何实用成品，然而，他们却十分看不起那些研究理论的科学家。实际上，正是科学家的工作，才让人类文明持续向前发展。最近，人们终于开始对这些人的伟大功勋予以承认。有钱人开始将此前投资于修建教堂的钱财用于建造实验室。在这些安静的实验室里，一批默默无闻的科学家和野蛮、落后的观念进行着斗争，甚至经常为了后人的幸福生活而牺牲自我。

众多从前无法治愈的疾病，在人类祖先的眼里就是上帝的安排，我们却由科学家处获知，那是一种无知的看法。我们今天的小孩都清楚，假如喝不洁的水会引发伤寒，不过，这一事实是却在医学人士经过长期努力后才让人们相信的。

如今人们不再害怕牙科医生的躺椅。我们的蛀牙因为口腔细菌的研究成果而得以被有效地预防。假如有牙齿蛀到需要被拔掉的程度，我们仅需忍受一下麻醉就可以去除痛苦回家。而在1846年，用乙醚来解除手术疼痛的新闻经常见诸美国报端，于是虔诚的欧洲人由此产生了深深的疑虑。他们将人类企图躲避任何生命都一定要承受的病痛的想法当作是对上帝意志的违逆。一直到很多年后，乙醚和氯仿才被人们开始在手术中放开使用。

落后终于被进步战胜，人们最终由科学的偏见中抽身出来。时光飞逝，将古代世界包围着的无知崩塌了，追求幸福新生活的人们勇往直前。忽然，他们又看到在其面前存在着新的羁绊。从落后的旧世界残余中，一种反动势力生长出来。无数人又开始不畏牺牲地投入消灭这一反动势力的战斗中。

第五十四章 艺术

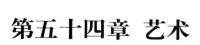

关于艺术。

在吃饱睡足之后，一个健康的小宝宝总喜欢哼两句，已表达自己的快乐。在大人们看来，这些"咕噜咕噜"的怪声音不存在实际意义。然而，对于小宝宝而言，这却是美丽的音乐，是其艺术灵感的最早体现。

等他长大一点儿可以坐起来时，他就开始捏泥团。小小的泥团太普通了，世界上有无数的孩子会捏泥团。然而，泥团捏制却是小宝宝步入艺术殿堂的又一个早期阶段，他正在向雕塑家发展。

三四岁时，他已经可以灵活运用的双手又让其变成了画家。他用妈妈买来的彩笔在小纸片上涂涂画画，于是，这些歪歪扭扭的线条和大小不等的色块就变成了房子、大马、打仗的士兵。

几年后，他们中止了这种纯粹的表现生涯，要到学校里去学那些永远也学不完的功课。在学校里，所有男孩女孩的头等大事就是学会日后的生存技能。一堆乘法口诀、不规则动词的分词形式将这些可怜的孩子重重包围着，让他们再也没时间享受"艺术"。假如他毫不功利，纯粹是出于一种与生俱来的喜爱，那么他就会自发地要求有所创造，如果不是这样，孩子长大之后就会将自己早年对艺术的倾心和努力抛到脑后。

民族艺术的最初发展就经历了以上的情形。原始人类自漫长而寒冷的冰川期中幸存下来后，就开始对家园进行全力整顿。他将狩猎时见到的大象和麋鹿等动物画在所居住的岩洞的墙壁上，有时候，还会把一块石头简单地雕琢成所喜爱的女子的形象。

在尼罗河、幼发拉底河等河流旁，埃及人、巴比伦人、波斯人等东方民族将自己的国家建立起来。为了满足帝王的享乐，人们开始致力于建筑华丽的宫殿，以及打造皇室女性所需的精巧的首饰等。除此之外，他们还会将花草栽种在居所的后院，用以装点家园。

欧洲人的祖先是游牧民族，他们是从遥远的亚洲大草原迁徙而来的。这些人大多是些过着自由生活的猎人。为了颂扬自己部落领袖，他们创造了一种宏大的、流传至今的史诗。一千年之后，他们在希腊半岛安家，并建起众多的城邦。所有神庙、雕塑、悲剧、喜剧及其他艺术形式，都被其用来表现自己内心的悲与乐。

罗马人和迦太基人是死对头，他们共同的兴趣是治国和赚钱，而对于非功利的、纯粹的精神活动毫无兴趣。在征服世界的过程中，他们建造了许多的道路和桥梁，然而，他们的艺术品却都是模仿希腊人的。他们也曾因实际需要创造了几种建筑形式，不过，他们所有的雕塑、历史、镶嵌画和诗歌，都是由希腊原作改编而来的拉丁版本。

我们知道，艺术品身上具有一种无法言说的神秘"个性"，正是它让艺术成为艺术的必要条件。而古代罗马世界对"个性"极其厌恶，对诗人和国家特别反感，而对高度实用的战士和商人可谓求贤若渴。

此后"黑暗时代"降临了。蛮族闯入了文明世界，如同公牛闯进瓷器店一样粗暴对文明加以践踏，将其无法理解的东西全部毁掉。用现代话语表达，那就是这些仅对杂志封面女郎感兴趣的粗俗家伙一看到伦勃朗的蚀刻画就会随手扔掉。等过一段时间，他们的趣味突然提高后，想将从前的损失挽回，不过，这时伦勃朗的蚀刻画已经无法找回了。

就在这时，东方艺术又传了进来，发展成为美丽的"中世纪艺术"。欧洲北部的"中世纪艺术"有着极深的日耳曼人精神的印记，和古代希腊、拉丁的艺术没有任何关联，当然，也和更古老的埃及、亚述，甚至印度、中国艺术没有任何关联。那时候的人一点儿也不清楚世界上还存在着印度和中国等国家。北方民族不会轻易受到南方艺术风格的影响，所以，意大利人对北方建筑也感到不可思议，甚至心存蔑视。

想必你对"哥特式"一词特别熟悉。当你听到它时，一座美丽的古代教堂就会出现在你的脑海中——它有着直插云霄的纤细而华丽的尖顶。不过，你清楚这个词的确切含义吗？

实际上，这个词本来是指"粗鲁、野蛮的哥特人的制品"。落后的哥特人长期徘徊于文明的边缘，对典雅的古典艺术毫无敬意。他们制造出来的往往是品位低俗的恐怖建筑，从不去借鉴罗马广场、雅典卫城等崇高的建筑经典。

然而，实际上，在好几个世纪里，哥特式建筑都将北欧人的艺术情感和精神生活完美地体现出来。在此之前的一些章节，我已经将中世纪晚期人们的生活状态介绍过了。他们或是住在村庄里，或是住在所谓的"城市"（由古拉丁语"部落"衍生而来）里。没错，这些所谓的"城里人"尽管身居城墙和护城河之后，但在生活方式上，还是保有部落中人的特点。而且，他们依旧生活在一种互助合作的团体组织当中。

古代希腊、罗马市民的生活重心，是以神庙为中心建立的市场。中世纪的时候，教堂代替了神庙，成为欧洲人新的生活中心。对我们这些每周仅在其中待几个小时的现代新教徒来说，恐怕已经难以理解中世纪的教堂对于当时市民生活的意义。在那个宗教将一切笼罩的年代里，你刚出生就要被抱到教堂里去接受洗礼。略大一点儿后，你就要到教堂学习《圣经》故事。再大一点儿，你就成为正式的教众。假如恰巧你口袋里有几个钱，你就必须替自己建一座供奉家庭守护神的小供堂。

当时，教堂在整个白天和大部分夜晚均是对外开放的。换句话说，它和二十四小时营业且来者不拒的现代俱乐部有些相像。你或许会在教堂里遇见后来嫁给你的那个好姑娘，并和她一起在这座教堂的神坛前发誓要相伴终生。最后，你死了，你就被埋在这座你最熟悉的建筑之下，以便你的子孙在末日审判来临前都可以看到你的坟墓。

中世纪的教堂是所有公共生活的绝对中心，这里并非只是一个信仰场所，所以，其建筑风格一定要与从前人间所有的建筑物存在着明显的区别。古代埃及人、希腊人、罗马人的神庙里，仅供奉着各地的小神，也不存在在奥西里斯、宙斯或朱庇特像前布道的习惯，所以，这些神庙都没有太大的面积，古代地中海地区的民族也惯于在露天举行宗教仪式。由于欧洲北部气候恶劣，所以，人们必须要在教堂里举行主要的宗教活动。

于是，教堂的建筑师要付出好多个世纪的时间来探索如何扩展建筑物的空间容量。他们由罗马人的建筑经验得知，假如想确保厚重石墙的坚固性，就仅能在其上开凿几扇相当小的窗。可是，欧洲建筑师在2世纪开始的十字军东征中发现了伊斯兰教建筑的穹顶，于是，就在此基础上开拓出一种新的建筑样式，以满足欧洲人当时丰富而频繁的宗教生活的需要。

在以后的年代里，这种奇异的建筑风格得以不断发展和完善。意大利人则对此特别不屑，将这种建筑称之野蛮人的"哥特式"建筑。这种建筑有着圆拱形屋顶，支撑它的是巨大的"拱券"。然而，这种沉重的拱顶或许会将墙壁压塌，就像三百磅重的胖墩轻易地将一把小小的儿童椅压塌一样。在此问题上，法国建筑师想出了运用"扶垛"加固墙壁的办法。"扶垛"即砌在墙边起支撑作用的石块。随后，他们又用"飞垛"来支撑顶梁。

在这种新的建筑样式中，巨大的窗户得到了大范围运用。12世纪时，玻璃是相当稀少且昂贵的东西，普通人家极少会有玻璃窗，甚至贵族的城堡也仅仅是在墙上开几个洞而已。所以，当时的房屋里刮着穿堂风，而且，房屋内外的温度基本相同，无论在室内或室外，人都要穿毛皮。

古代地中海人的彩色玻璃制造工艺仍幸存于世，如今又重新兴盛起来。于是，哥特式教堂的窗户变得极为光彩夺目，其上是众多小玻璃块拼出的《圣经》故事中的人物形象，它们都被用铅丝进行固定。

如今，上帝的居住地也焕然一新，热情洋溢的信徒把教堂挤得满满当当的。这种技术的神奇之处在于，信仰因它而得以被生动、感性地呈现出来。为了将上帝的这个居住地修建得尽量完美，为此购买任何材料都是值得的。自罗马帝国覆灭以来始终没事儿可做的雕塑家，此时又开始重操旧业，于是，上帝和诸位圣徒的形象就出现在教堂的正门、廊柱、扶垛和飞檐上。刺绣工也被请来绣一些美丽的挂毯，为的是对墙壁进行装饰。珠宝匠巧施身手，将祭坛点缀得异常华美、壮观，信徒可以在此顶礼膜拜。画家也将自己的力量奉献出来，不过，遗憾的是，他们暂时还找不到好材料，这影响了其才华的发挥。

这是我们插入的一个小故事。

在早期基督教时代，光怪陆离的玻璃饰品挂满了罗马人的神庙和房屋。实际上，这些饰品就是用彩色碎玻璃镶嵌成的美丽图案。玻璃镶嵌工艺很难掌握，艺术家不能靠它来体现自己的思想——假如你儿时玩过积木游戏，你就可以理解艺术家的感受。

而镶嵌画工艺早在中世纪晚期已经没落了，仅在俄罗斯还有所发展——君士坦丁堡失陷后，拜占庭的镶嵌画师傅逃到了俄罗斯，他们在那里重操旧业，东正教教堂被他们用彩色玻璃装饰得面貌一新。后来发生的革命中断了教堂的修建工作，而这种工艺也就随之灭绝了。

回到中世纪画师的材料问题上，他们当时将湿泥调制成颜料，在教堂墙壁上作画，这种湿泥作画的方法在欧洲流行了好几个世纪，现在已经相当稀少了，就算是几百个现代画家中，最多也只有一两个会操作。

中世纪的画家因为没有更好的材料，受条件所限，他们只能当一个湿泥画画师。湿泥画法存在着一个重大缺陷，那就是湿泥灰很容易剥落，而且，因为它吸潮，画面很容易被侵蚀，最后形成如同我们今天墙纸上的污渍。画师们想尽方法对这种技术进行改善，他们试着用酒、醋、蜂蜜、鸡蛋清进行调和，不过并没得到理想的结果。结果，这一试验前后持续了差不多一千多年。中世纪画家的这种画法仅能用于羊皮纸上，假如用在教堂坚硬的介质上面，效果就很不好。

15世纪上半叶，尼德兰南部地区的詹·凡·艾克与胡伯特·凡·艾克共同将这个困扰欧洲画家千余年的棘手问题解决了。这对著名的佛兰德兄弟将一种特殊的油调试出来，只须将其掺入颜料，就可以让颜料获得新的特性，而且，可以用于在木板、帆布、石块及其他任何介质上作画。

不过，到了这时候，中世纪初期那股狂热的宗教热情已经消失了。城市里的有钱人成为新的艺术品投资者。由于艺术需要经济支持，于是，艺术家们就开始为国王、大公、银行家画肖像画。很快，用油彩作画的新式画法风靡了欧洲大陆。众多国家和地区都出现了独具一格的绘画流派，各自展示着订购这些肖像画和风景画的人的独特艺术品位。

在西班牙，委拉斯开兹所画的人物是宫廷弄臣、王室挂毯作坊的织工，以及和国王、宫廷相关的各种人物。在荷兰，伦勃朗、弗兰茨·哈尔斯、弗美尔所画的是商人家里的粮仓、商人那粗鲁的妻子、健康骄傲的孩子，以及他用来赚钱的商船。在意大利，米开朗琪罗和柯勒乔还以画圣母圣子和圣徒为主，原因是教皇的势力在那里比较大，艺术家还需要受到他的保护和支持。而在英国和法国，因为贵族和国王的势力特别强大，所以，艺术家所画的对象或是已经步入政坛的大富豪，或是他们那些风姿绰约的情人。

绘画之所以发生这么剧烈的转变，一方面是由于教会势力日渐衰落，另一方面是由于新的社会阶层兴起。同样，其他艺术品类也因这两个原因发生了变化。

由于印刷术的广泛使用，作家成为一个可以通过为广大读者写作来获得声誉的职业。所以，职业小说家和插图画家在社会上出现了。许多人尽管买得起书，却不想将时间白白浪费在整日待在房间里苦读上，他们更向往外界的娱乐和消遣。不过，对他们而言，中世纪的行吟诗人或是流浪歌手明显已不能提供其所需要的娱乐了。于是，那早在两千多年前就出现于古希腊城邦的职业剧作家重新受到大众的热烈欢迎。

中世纪的时候，戏剧仅仅是教堂的一种宗教仪式。13—14世纪的悲剧均与耶稣受难的叙述相关。16世纪，欧洲出现了上演世俗戏剧的剧场。开始的时候，剧作家和演员还未能获得像现代戏剧工作者那样高的地位。威廉·莎士比亚在王公和民众的眼里，只不过是逗乐的剧团中的一分子。不过，等到1616年这位戏剧大师辞世时，他已经得到人们极大的尊重和崇敬，而剧团演员也无须如同盗贼一般处于警察的监视之下了。

著名的西班牙戏剧家洛普·德·维加，与莎士比亚差不多是同一时代的人，他具有惊人的创作力，一生共写过四百部宗教剧和一千八百部以上的世俗戏剧。教皇特别欣赏他，曾经为其赐予爵位。而在差不多一个世纪后，法国大戏剧家莫里哀也赢得了可以和路易十四媲美的社会声誉。

在之后的日子里，戏剧越来越成为人们喜闻乐见的艺术形式。在我们的现代社会中，所有功能完善的城市，都拥有一家以上的剧院，而电影也已经在偏僻的村庄里流行起来。

音乐，一向是最受欢迎的艺术品类。那些古老的视觉艺术大多需要经过刻苦而持久的技巧训练，才能自如地借双手将想象在画布或大理石上再现出来，而戏剧表演和小说创作的学习，有时也要花费你大半生的精力。同时，作为欣赏者的大众，假如想领略绘画、小说或雕塑的精美之处，也需要受过一定的训练。可是，在通常的情况下，除了那些连音调都无法分辨的家伙，差不多每个人都可以哼几首歌谣，或者在音乐里得到一定程度的快感。

中世纪的人能听到的音乐相当有限，而且全是宗教音乐。圣歌对节奏和和声都有着严格的规定，会令人感到异常单调，甚至沉闷。并且，圣歌是根本无法在街市上随便哼唱的。

音乐的存在状况因文艺复兴而发生了巨变。音乐再次深入人们的内心世界，带着他们一起享受哀与乐的无限美丽。

古代埃及人、巴比伦人、犹太人均为忠诚的音乐爱好者。他们已经开始将不同的乐器组合在一起进行演奏。但古代希腊人却极其瞧不起这些粗俗不堪的域外之音，荷马或品达的诗歌朗诵才是其最爱，这些诗歌朗诵时可以用竖琴（这恐怕是最简陋的弦乐器了）伴奏。

罗马人在这方面要进步一点儿，他们喜欢在举行宴会的时候听到器乐的演奏，并且，还发明了今天大部分乐器的最初形式。罗马人的音乐被早期的教会深恶痛绝，原因是它具有极深的异教徒的味道。公元3—4世纪时的主教们最多允许教众唱几首刻板的圣歌。唱圣歌是在乐器伴奏下进行的，不然就会走调，管风琴则是唯一获得教会特许的伴奏乐器。

管风琴的发明时间是公元2世纪，这是一种由一排牧神潘的笛管和一对风箱所组成的、能发出巨大声响的乐器。

然后，大迁徙时代开始了，最后一批罗马音乐家如能在战乱中幸免于难，他们就变成了流浪歌手，在市镇的街角巷尾演唱，以赚取生活费，就如同在现代渡船上卖唱的歌手一样。

中世纪晚期，城市文明进一步世俗化，这令社会对音乐家的需求激增。铜管乐器最开始的时候是在战争或狩猎时发信号用的号角，历经改进后才可以在舞会上嘹亮地被吹奏。

吉他起初的时候就是将马的鬃毛作为弦绑在弓上做出来的。到了中世纪晚期的时候，这种六弦琴（最古老的弦乐器，古代埃及和亚述就已经有了）已经发展成现代的四弦小提琴。18世纪的斯特拉迪瓦里等著名的意大利小提琴制作家进一步对其制作工艺加以完善，让其音色几近完美。

最后出场的是钢琴。作为最普及的一种乐器，钢琴甚至被人们带入荒原的深处或是格陵兰岛的冰山之上。管风琴是最早的键盘乐器，但是它在演奏时需要二人合作——在演奏者之外，还需另一个人拉动风箱。有鉴于此，当时的音乐家希望可以通过一种易于操作的乐器对唱诗班的众多学生进行训练。

到了伟大的11世纪，在诗人彼得拉克的故乡阿莱佐城，本笃会修士圭多发明了记谱法。还是在这个世纪，人们对音乐的热爱，因第一件同时具有键盘和弦的乐器的诞生而日渐高涨。这种乐器的叮当响声与现代的玩具钢琴存在着很多相似之处。

1288年，维也纳音乐家（那时候人们将他们视为杂耍演员、赌徒或者骗子）建立了第一个独立的音乐家协会。此外，维也纳人还改造了单弦琴，也即现代斯坦威钢琴①的前身。这种"翼琴"②（"翼"即键盘）很快就由奥地利流传到意大利。后来，威尼斯制琴家乔万尼·斯皮内特将其改造成小型立式钢琴（后人称这种琴为"斯皮内特"）。最后，在1709年至1720年之间，巴托罗缪·克里斯托弗里制作了一种演奏时可以随意变换响度的钢琴。这种乐器在意大利语中的意思就是不

---

① 德国顶级钢琴品牌，由钢琴制造家斯坦威所开创。

② 亦称大键琴或击弦古钢琴。

但可以奏"弱音"(piano)也可以奏"强音"(forte)①的乐器。它和现代钢琴特别接近。

如此一来，世界上的人们首次获得了仅花几年时间学习，就可以自如演奏的乐器。相比其他乐器，它不像竖琴、提琴那样需要经常调音，而且，发出的音色又比大号、长号、单簧管和双簧管更加清丽动听。无数人因为现代留声机的推广而为音乐疯狂。与之相似，钢琴的发明也让音乐深入到了更为广泛的领域。

差不多所有出身良好的年轻人都要接受音乐教育。众多王公贵族和富商纷纷将属于自己的私人乐团建立起来。音乐家无须如同行吟诗人那样四处流浪，他们已经成为受到社会尊敬的艺术家。后来，人们将音乐带进剧院，使之与戏剧表演结合在一起，这样一来，现代歌剧就出现了。

起初的时候，欣赏歌剧差不多是王公贵族的专利，可后来这种娱乐形式越来越流行，歌剧院在欧洲各大城市里层出不穷。意大利歌剧和德国歌剧先后将全新的高级视听享受带给欧洲的民众。当然，也有少数特别严肃的基督徒对此现象深感忧虑，在他们看来，音乐对人具有这么大的魔力，这恐怕会影响到其灵魂的健康。

18世纪中期，欧洲音乐的发展正蒸蒸日上。就在这时，约翰·塞巴斯蒂安·巴赫，这位人类历史上最伟大的音乐家诞生了。他是莱比锡托马斯教堂里的一位淳朴的管风琴师。他的音乐创作涉及一切已知的体裁和乐器，不管是流行的喜剧和舞曲，还是庄严的圣歌与赞美诗，他都能写得扣人心弦——他用这种方式为现代音乐奠定了全部基础。1750

---

① 钢琴的原名即为pianoforte，表示一种既可奏强音又可奏弱音的乐器。但是西班牙语却采用了错误的缩写，即piano。

年，巴赫去世，然后其光荣被伟大的莫扎特延续下去。

莫扎特的音乐作品特别清新可爱，其中轻盈的节奏和温婉的和弦，让人联想起绵延不断的美丽花边。在他之后，路德维希·凡·贝多芬来了。他是一位悲剧英雄，将雄浑、高亢的现代交响音乐奉献给了全人类，而他自己却因为贫困岁月中的一次伤风导致的耳聋，让其无缘倾听那人世间最伟大的音响。

法国大革命爆发于贝多芬的时代。受革命精神的感召下，他对新时代充满热情，所以，他专门为拿破仑写了一部交响曲①。后来，因为拿破仑的变节，他对自己早年的行为异常悔恨。1827年，贝多芬离世，那时，曾经在欧洲横行一时的拿破仑已经默默地死去，法国大革命也已偃旗息鼓。就在此时，蒸汽机诞生了，全世界因它而奏起了《第三交响曲》的英雄也无法听到的强音。

在蒸汽、钢铁、煤矿和工厂组成的工业社会里，绘画、雕塑、诗歌、音乐等艺术极难获得立足之地。如同中世纪的教会与王公，或者17—18世纪的富商那样的艺术保护人，已经在世界上不见了。工业社会的新宠仅关注赚钱，却毫无艺术教养，他们对蚀刻画、奏鸣曲或象牙工艺品之类的东西兴趣缺乏，更不用说对这些东西的创造者感兴趣了。要知道，这些人对于新社会可谓是百无一用（于他们看来）。习惯了机器的隆隆轰鸣声的技工，已经彻底丧失了鉴赏力，根本不会辨别其农民祖先所发明的长笛或提琴的优美旋律了。

工业时代，艺术的地位就如同是"社会的养子"，人们在日常生活中再也不需要它了。历史传留下来的绘画作品，现在仅能以清冷的博物

---

① 指贝多芬的《第三交响曲》。贝多芬原来准备把这部作品题献给拿破仑，后来得知拿破仑称帝，一怒之下撕去了手稿上题字的扉页。

馆作为容身之地。而音乐则成为少数大师的个人表演，它与普通人的家庭生活远离了，而被这些号称大师的人则迈进了门槛森严的音乐厅。

好在，如今艺术正在渐渐恢复其在人类生活中应有的地位。人们慢慢认识到，伦勃朗、贝多芬和罗丹①……才是人类精神的真正先知与领袖。一旦世界失去了艺术，就如同幼儿园里的孩子失去了欢笑一样可怕。

① 罗丹（1840—1917），伟大的法国雕塑家。

第五十五章　殖民扩张与战争

我原本打算描述一下这本书出版五十年前的世界政治的大致面貌，不过写到后来，却发现成了我自己的解释和道歉。

假如我在写之前就清楚，描述世界历史会经历如此多的困难，我就不会展开这一工作了。当然，假如一个作风踏实的人能坚持在图书馆的故纸堆里努力工作五六年，那么，想编写一本厚厚的历史书也是一件轻松的事情——他仅需将发生于每个世纪、每块土地上的重大事件罗列出来就可以了。

可是，我不会采用这样的方法。假如依照出版商的愿望，我就理应将本书写得极富节奏感。换句话说，我的书应当简洁，是一个又一个节奏轻快的历史故事的串联。如今，眼看本书就要写完，我却在这时发现，有些章节被我写得曲折、跌宕，而另有一些章节却如同缓缓地行进在过去年月的荒漠里，我时而驻足停留，进而沉迷其中、难以自拔，尤其是那些充满传奇色彩的章节。我真的不想这样，所以，特别希望可以推倒重写，不过，出版商却将我制止了。

那么，只好另辟蹊径了。我为了解决这些问题，于是，将打印稿送到几位好朋友那里，请求他们在阅读之后给予批评、指正。不过，此举并没有得到我预期的效果。毕竟，人人都有自己的偏好和倾向。他们不停地追问我，之所以不提及某个他们所热爱的国家、所崇拜的政治家甚或是所怜悯的罪犯的原因。他们当中有几个十分崇拜拿破仑和成吉思汗，认为我理应将更多的赞誉之词用在他们身上。

我给出的解释是，我想尽力将一个相对客观、公正的评价放在拿破仑身上。在我的心中，拿破仑的地位实际上远远比不上乔治·华盛顿、古斯塔夫·瓦萨、奥古斯都、汉谟拉比、林肯等二十多个人物，不过考虑到篇幅，我仅能对这些人略加提及。

另一位朋友批评我说："我认为你现在写得还是挺好的，不过，你将清教徒放在何处了了？美国在不久前刚举行了清教徒登陆美洲三百周年的庆典，你不认为应当为他们多花费一些笔墨吗？"

　　我给出的回答是："假如我在写美国历史，那么，清教徒的内容要占到前十二章的一半。然而，这是一部人类史。而发生在普利茅斯岩石上的这件事情①，恐怕要到几个世纪之后才能呈现出其意义。"不仅如此，我们都知道，美国在早期是由十三个州共同组建起来的，而并非一个州。在美国历史前二十年里出现的伟大领袖，大多是从弗吉尼亚、宾夕法尼亚、涅维斯岛来的，并不曾有一人是从马萨诸塞而来。因此，我仅用了相当短的篇幅讲述了清教徒的故事。

　　然后，史前史专家站出来了。他们质疑我不写克罗马农人②，要知道，这些人早在一万年前就已经发展出相当的文明成果了。

　　这其中的原因实际上很简单——我做的并非人类学家的工作，无须对原始初民的文明成果作过高的评价。18世纪时，卢梭和一批哲学家将一个"高贵的野蛮人"的完美形象创造出来，认为这群鸿蒙初开时期的人类生活于无忧无虑的人间乐土之中。

　　后来，一批现代科学家将其祖辈所仰慕的"高贵的野蛮人"放在一边，又崇拜起法兰西山谷里的"辉煌的野蛮人"。他们声称，早在三万五千年前，这些"辉煌的野蛮人"就已经脱颖而出，而那些眉骨凹陷的尼安德特人③以及其他日耳曼邻族都还处于野蛮状态中。对克罗马农人画的大象和制作的雕塑，这些科学家用尽溢美之词加以赞美。

　　我并不是说科学家的研究有误，我只是觉得，我们还不够了解那段时期，无法对欧洲早期社会的完整面貌加以描绘。所以，为了避免因为不熟悉的材料而随意编造，我还是将其略过不谈。

---

①　1620年12月21日，英国清教徒乘坐"五月花号"在马萨诸塞州的普利茅斯登陆。
②　也就是所谓"智人"，是现代人最早的真正祖先，最早是在法国的克罗马农岩洞发现的。
③　古人类的一支。

另外，还有一些朋友批评我的叙述有失公允，责问我对爱尔兰、保加利亚、泰国闭口不谈，却花了那么多笔墨介绍荷兰、冰岛、瑞士这些国家。我给出的答案是，此举并非出于主观偏好，而是由于在我的叙述语境中，它们是相当自然地涌现出来的，而且根本不能去除。为了将我的写作立场进一步加以说明，我会在以下做出几点说明。

"这个国家或人物是否将一种足以推动文明发展的新的思想观念创造出来，或者是否做出了足以影响历史进程的举动。"这是我在写作中始终秉承的一条原则。这种选择要求具备数学计算一样客观、冷静的态度，而不能将任何个人的主观倾向掺杂进去。

举例来说。亚述的提格拉·帕拉萨①的人生，其曲折程度就像戏剧一样，不过，我们在叙述中可以将他的存在彻底忽略。同理，荷兰共和国的历史由于其在北海边的防海大坝而显得特别重要，不过，却和德·勒伊特②的水兵在泰晤士河中钓鱼的逸事没有任何关系。那个低地之国曾经出于仁慈之心，成为许多奇怪人士的避难场所——那些人都是持不同政见或者不同信仰观念的人。

尽管在其全盛时期，雅典和佛罗伦萨的人口仅仅是堪萨斯城的十分之一，然而，这两个同处地中海盆地的小城邦却都对文明的进程起了极大的作用，而处于密苏里河畔的大都市堪萨斯城却不具备这样的历史地位。

既然主动的选择已经是必然的，那么，就我就干脆作更进一步的说明。

在看病之前，我们一般会先选择主治医生，弄清楚他是外科大夫、

① 提格拉·帕拉萨，公元前745—前727年在位，亚述国王，是世界军事史上划时代的一个人物。

② 德·勒伊特（1607—1676），17世纪的荷兰将领，英荷战争中的灵魂人物。

门诊专家、顺势疗法者还是信仰疗法者，为的是确保我们的病况与其诊疗方法相符。对历史学家的选择也一定要如同选医生一样特别谨慎。经常有人看不上这样的想法。不过，请想一想，就人生观、世界观而言，一个出生于苏格兰农村，生长于教条严明的长老会教派家庭的作者，与一个从小就习惯于罗伯特·英格索尔①关于"世界上不存在鬼怪"的著名演说的邻居，二者显然截然不同。长大以后他们极少会再去教堂或者演说大厅，也会将儿时的见闻慢慢淡忘。不过，童年时期所接受的模糊观念，会以一种潜在的方式长期存留于其意识中，当他们写东西、交谈或者办事的时候，就会下意识地显露出来。

我曾在前言中向你说明，尽管我是一个"历史向导"，不过，我也会出现差错。现在，这本书即将完成，我还是要强调这一点。我的生长环境，可以称之为老派自由主义，达尔文和19纪的其他科学家是这种环境的造就者。我成长于我叔叔的身边，不过，他喜欢阅读和收藏16世纪的法国散文家蒙田的作品。

我生于鹿特丹，略大一点儿后到古达市读书，这让我更多地了解了伊拉斯谟。因为某种未知的原因，原本不太宽容的我，被这位伟人对宽容的积极提倡逐渐改变和征服了。有段时间，我迷上了阿纳托利·法朗士②。随即，我在一次偶然的机遇中读到了萨克雷③的《亨利·艾斯蒙》，并产生了英语文学的初体验。这本小说将特别明显的印记打在我的思想中，而这种深刻的程度是其他英语作品无法比拟的。

---

① 罗伯特·英格索尔（1838—1899），19世纪后期美国政治家，著名的不可知论者和无神论者。

② 阿纳托利·法朗士（1844—1924），法国评论家和作家，1921年诺贝尔文学奖得主。

③ 萨克雷（811—1863），英国作家，代表作品为《名利场》。

假如我是在美国出生，或许，我会更加喜欢儿时常听到的赞美诗。不过，实际上，正是童年时期的某个下午，我对音乐有了最初的印象。那一次，我与母亲去听人演奏巴赫的赋格曲。这位新教音乐家的精确与完美将我深深折服了，以至于此后，每次在祈祷会上听到赞美诗时，我都无法忍受。

假如我出生于意大利，从儿时起，我就享受着亚诺河谷地的和煦阳光，我或许会格外喜欢那些色彩鲜艳、明丽的画作。不过，事实上，我一点儿也不喜欢这样的绘画——故国的阴霾气候将我童年的印象全部占据了。在荷兰的土地上，每逢雨后初晴，一种特殊的、刺人的阳光就会照耀着泥泞不堪的地面，所有的一切均处于极端强烈的明暗对比中。

我之所以专门介绍自己的某些现实情况，就是为了让你了解我的意识、取向。如此一来，或许可以帮助你更好地理解本书。

以上，我用一小段的篇幅介绍了我认为相当有必要说的题外话。现在，我们再来看看五十年前的那段历史。这段时间里必然会发生相当多的事情，不过，具有特别重大意义的似乎很少。

多数强国已经由单纯的政治机构变身为大型商业集团。它们积极投身于修筑铁路、开辟航线、架设电报线等活动，为的是让其属地可以连为一体。它们大肆扩张殖民地，不放过任何一块大陆。不管是亚洲、非洲，还是其他何处，有大量的土地已经归属于某个强国。

阿尔及尔、马达加斯加、越南①的宗主国是法国。非洲的西南部和东部地区被德国人瓜分。同时，德国人还进驻了非洲西海岸的喀麦隆、新几内亚以及太平洋诸岛，以传教士被杀的借口将中国黄海岸边的胶州

---

① 指越南东部地区。

湾霸占了。意大利人侵犯了阿比西亚①，不过，尼格斯②的战士们对其予以迎头痛击，于是，意大利人不得不转而将土耳其人在北非的领地黎波里抢占了去。俄罗斯的势力扩张到整个西伯利亚，并霸占了中国的旅顺。日本通过1895年的甲午战争，侵占了中国的台湾岛，1905年又侵入朝鲜。

1883年，全世界最具野心的殖民大帝国——英国成为埃及的"保护国"。外国侵略者从1868年苏伊士运河开通之后，就对埃及垂涎三尺，后来，在英国的"保护"下，借助于出卖古文明遗迹获得暴利。英国将埃及夺取后，又在近三十年的时间里将殖民战争发展到了全世界。1902年，它通过三年的战争，将布尔人③的德兰士瓦和奥兰治自由邦征服。与此同时，它还指使西西尔·罗德建起了一个巨大的"非洲联邦"。这个联邦国家的势力范围包括从好望角到尼罗河的广阔土地上所有不曾被欧洲侵略者染指的岛屿和地区。

1885年，比利时国王利奥波德利用探险家亨利·斯坦利的探险成果，建立起刚果自由国。这块广阔的土地从前是一个君主专制的大帝国，因为国王的统治特别腐败，于是，在1908年，比利时将其据为自己的殖民地，国王也被赶下台。

美国的本土已经相当广阔了，所以，在领土扩张方面，美国人显得有点儿消极。然而，看到西班牙人在西半球的最后一块殖民地——古巴进行着极其混乱的统治，华盛顿方面决定插手那里的事务。没过多久，双方就展开了战争，战斗很快结束，西班牙人战败退走，美国将古巴、波多黎各以及菲律宾群岛据为自己的殖民地。

---

① 即今埃塞俄比亚。

② 阿比尼西亚国王。

③ 南非的荷兰移民后裔。

世界格局就以这样的方式发展着。当然，这其中有它自己的理由。在英国、法国和德国，不同类型的工厂急剧增多，因此，需要大量的原材料。同时，随着欧洲各大工厂工人数量的增多，食品的需求量也日益增加。差不多任何地方的利益集团都希望得到更为广阔的市场，交通更便利的煤矿、铁矿、橡胶种植园和油田，以及更多、更好的粮食。

有人开始筹划修建维多利亚湖上的汽船航线和中国山东的铁路线。他们对欧洲大陆的政治事件一点儿也不感兴趣，虽然他们清楚地看到，欧洲社会出现了一系列问题，不过，却对此相当冷漠。其子孙则因为这种冷漠而饱受痛苦与仇恨。在欧洲的东南地区，数百年来不断地发生着骚乱与流血冲突。19世纪70年代，塞尔维亚、保加利亚、黑山以及罗马尼亚的人民再次为自由打响了保卫战，结果，得到西欧国家支持的土耳其人将起义残酷地镇压了。

1876年，一场残忍的大屠杀发生在保加利亚。这一事件令俄罗斯人感到震惊，并派兵前去干预，当时的情况就好像美国麦金莱总统派兵前去干预威利将军在哈瓦那的屠杀一般。1877年4月，俄罗斯军队在跨过多瑙河与什帕卡山后，攻下了普列文①。随后，俄罗斯人又挥军南下，直逼君士坦丁堡城门。混乱中，土耳其请求英国求援。英国大众不满于政府对土耳其苏丹的支持，不过，俄罗斯人粗暴对待犹太人的行为也让英国首相迪士雷利感到极其愤恨，于是，他置民意于不顾，大举出兵。1878年，英国强迫俄罗斯人签下了《圣斯特法诺和约》。同年六七月间，为了进一步解决所遗留的巴尔干问题，召开了柏林会议。

迪士雷利一手操控着柏林会议。这个老家伙相当精干，就连铁血宰

---

① 保加利息利亚北部城市。

相俾斯麦跟他比也要逊色三分。此人油头粉面、态度倨傲，具有高超的恭维他人的本事。他在柏林会议上竭力为土耳其的利益辩护。最终，黑山、塞尔维亚、罗马尼亚获得独立。沙皇亚历山大二世的侄子、巴腾堡的亚历山大亲王取得对保加利亚的统治权。然而，这些国家均未得到继续发展的机会，原因是土耳其苏丹得到了英国给予的特别照顾。在英国人看来，土耳其可以很好地牵制野心勃勃的俄罗斯。

在柏林会议上，奥地利的哈布斯堡王朝将原本属于土耳其的波斯尼亚、黑塞哥维那划为自己的领地。这两处长期被忽视的地区此前被奥地利治理得井井有条。然而，众多不安分的塞尔维亚人居住在这两块土地上。这里在很久以前曾属于斯蒂芬·杜山的大塞尔维亚帝国。14世纪初期，土耳其侵略军被杜山打得惨败。而帝国首都斯科普里①，早在哥伦布发现新大陆的一百五十年前，就已经成为文明的中心。塞尔维亚人念念不忘自己从前的强大与辉煌，他们保持着自己的传统观念，坚持认为，此地原本就是他们的领土。

1914年6月28日，受爱国热情的驱使，在波斯尼亚首都萨拉热窝，一名塞尔维亚大学生刺杀了奥地利的斐迪南亲王。这一事件成为第一次世界大战的直接导火索，不过，并不是这场世界性灾难的唯一导火索。这个狂热的塞尔维亚学生并非罪魁祸首，责任也不全在受害的奥地利一方，最早将战争导火线点燃的恐怕是柏林会议。

在物质财富的诱惑下，欧洲人已经变得利欲熏心，又怎么可能看得到巴尔干半岛上一个古老民族对于古老文明的执着和梦想？

———————————

① 位于南斯拉夫东南部。

第五十六章　新世界

为了建立更为美好的新世界而展开的斗争。

作为引爆法国大革命的那些热血青年中的一位，德·孔多塞侯爵是最为高尚的。他毕生为穷苦老百姓谋幸福。他曾帮助达朗贝尔、狄德罗编纂了《百科全书》，并于大革命早期担任着国民公会的温和派领袖。

后来，激进派借国王和保皇派图谋叛国的机会，成功地攫取了政权，他们随即对自己的政治对手进行了屠杀。孔多塞侯爵尽管宽容待人，其革命理想却特别坚定，这让他成为当权的激进派认定的"非法分子"——他已经成为国家的敌人，将遭到"爱国者"的刺杀。他的众多朋友尽力想救助他，甚至甘愿冒着风险为其提供躲避追杀的避难所，孔多塞却婉言谢绝了。

他离开巴黎逃向自己的家乡。当在荒山野地中奔逃了三天三夜之后，他一身血痕地走进一家路边饭馆寻找食物，却遭到满腹狐疑的乡民的搜身，结果，人们在他的口袋里搜出一本贺拉斯的诗集——如此高贵的诗集必定说明他有着高贵的出身，而他之所以出现在这样的马路上，必定有着特殊的原因。结果，他被这些乡民捆住身子，塞住嘴巴，关进了乡村监狱。次日早晨，追捕他的警察赶到当地，打算将其带回巴黎绞死，结果发现，孔多塞已经死在了乡村监狱里。

孔多塞一生为了人民的幸福而奋斗，结果却不得善终。他是有理由对人类感到绝望的，可是，实际上他并没有。他替后人留下了一段箴言，如今读来还如同一百多年前那样饱满、有力。我将其抄在这里，请你铭记：

"人类由大自然那里获得无穷的希望。人类已由愚昧的束缚中挣脱出来，坚持追求真理、美德和幸福。对哲人而言，这的确是一幅光明的、可以获得安慰和希望的美丽图景。虽然这个世界上还存在着诸多谬误、罪行和不公。"

全人类因世界大战而经历了一场浩劫，相比之下，法国大革命不过是一起小冲突。人类因战争而遭受了深重的灾难，甚至无数人民最后的希望泯灭了。为了人类的进步，劳动人民做出了巨大贡献，但在其苦苦祈求和平的时候，他们得到的回报是连续四年的战火和屠杀。他们满怀疑惑地问："我们这样做值得吗？我们含辛茹苦，努力劳作，就是为了满足这些野蛮人无止境的贪欲吗？"

问题的答案仅有一个。

那就是"值得"！

世界大战虽然给人类造成深重的灾难，不过，并非世界末日。相反，我们由此开辟了一个新时代。

假如要写一部古代希腊、罗马或中世纪历史，实际上是一件容易的事情。因为人们已经将那个舞台的所有细节淡忘了，那时的演员也都消失于历史的长河中，我们仅需描述和评价客观材料即可——舞台下的观众早已离去，任何评论都不会对他们造成伤害。

可是，想要叙述当代事件则相当困难。众多难题不但让我们同代人无法理解，也让我们感到有心无力。它将巨大的伤害和喜悦带给我们，以至于我们极难做到公正、客观。而对历史写作而言，公正则是必要的前提，否则，你就是在为某种意识形态做宣传。虽然如此，我还是要说，我完全同意可怜的孔多塞对美好未来的坚定信念。

我已经在此前的叙述中反复向你强调，一定要警惕确定的历史时期对我们造成的影响。这种历史分期法将人类历史清晰地划分为古代、中世纪、文艺复兴和宗教改革、现代四个阶段。要注意的是，关于最后一个阶段的提法会冒一些风险。

"现代"这个提法的意思是，人类文明的最高峰是20世纪的人们所取得的成就。五十年前的英国自由派首领格拉斯通认为，在通过了第二次改革法案之后，代议制民主政府已经日趋完善，每一位工人由此可以与其雇主拥有同等的政治权利。迪斯雷利及其保守派幕僚评价他们是："在黑暗中胡闹"。自由派则报以以下回应："不！"他们坚信，各阶级会在团结协作中共同推动政府良性运转。不过，此后发生的事实，让那些还活着的自由派分子意识到了自己当年的幼稚与可笑。

历史的答案从来不存在绝对。

每一代人都凭借自己的力量从头开始努力，否则，就会重蹈史前众多动物由于未能及时改变而致灭绝的覆辙。

你的历史视野会因这一伟大的真理而扩大。然后，请继续向前走，设想你正处于公元10000年，你的后代子孙的位置上。他们也正在从事历史研究，他们会如何看待我们数千年的简短记载？恐怕拿破仑会看成是和亚述征服者提格拉·帕拉萨同处一个时代的人，又或者与成吉思汗、马其顿的亚历山大混淆在一起。

我们的这场世界大战会被视为一次商业冲突，就如同罗马和迦太基为争夺地中海的经济利益而展开一百二十八年的商业战争一样。19世纪的巴尔干冲突（塞尔维亚、保加利亚、希腊以及黑山的独立战争）会被当成大迁徙的继续。对他们而言，看到兰斯大教堂①战后废墟的照片，就像我们看见的雅典卫城废墟的照片一样。我们对死亡的恐惧会被后人视为幼稚的迷信——直到1692年，我们还坚信女巫活该被烧死。我们自豪于现在的医院、实验室、手术室，可能在他们的眼中，那仅是江湖郎中的手工作坊罢了。

实际上，我们这些所谓的现代人一点儿都不"现代"，相反，我们还处在原始人的最后发展阶段。人类假如想成为真正的文明人，一定要勇于怀疑，让知识与宽容成为人类社会的建造基础，而世界大战恰恰是

---

① 是法国历代国王举行加冕仪式的大教堂之一。

这个新世界所经历的"成长之痛"。

在不久的将来，会有许多历史书对第一次世界大战进行解释。社会主义者会对资产阶级予以严厉的谴责，声称其出于争夺剩余价值的目的而发动了侵略战争。资产阶级连忙申辩，要知道，旧势力也在战争中失去了自己心爱的孩子，并且，各国银行家实际上均在竭力阻止战争的爆发。

法国历史学家会对德国的战争罪孽予以谴责，谴责从查理曼大帝时期到霍亨索伦家族的威廉统治时期历代德国政府的滔天罪恶。德国历史学家也会奋起还击，对从查理曼大帝时代一直到普恩加来总统①执政时期法国政府的滔天罪行进行斥责。然后，他们都大声宣布，引发战争的责任和自己无关。

对于此类苍白的辩解，百年后的历史学家看都不看，他会透过现象看到本质。他深知，战争爆发的原因和个人的野心或贪欲，实际上并不存在密切的联系。这一切灾难最初的原因，实际上是科学家的行为造成的——科学家整天梦想着创造一个由钢铁、化学与电力构成的新世界，却忘记了人类的思想进展实际上比寓言中的"乌龟赛跑"要缓慢许多，忘记了人类整体的发展要落后于少数英勇的"文明先驱者"数百年。

祖鲁人②就算是身穿西服，也还是祖鲁人；同理，一个保持着16世纪商业思维的商人就算是驾驶着劳斯莱斯轿车，他也还是16世纪的商人。

假如你无法彻底理解，那只好请你将以上内容再重读一遍。当你将其记在心中后，你会在未来的某个时刻顿悟，进而看清1914年至今所

---

① 第一次世界大战期间，时任法国总统。
② 非洲东南部的一支土著人。

发生的事情的真相。

或者，我再举个更普遍的例子加以说明。在看电影时，银幕上①会出现很多有趣的解说词。你下次再去电影院时，请仔细对观众进行观察。他们中有的人仅需一秒钟就可以领会电影的意思，有的人略慢一点儿，还有的人或许需要二十到三十秒之后方能领会。最后，还有众多或许不学无术之人，需要在别人读下一段字幕时，才能勉强理解上一段字幕的意思——人类历史的情况实际上也是这样。

我曾在此前说过，就算是罗马的末代皇帝已经死了，欧洲人依旧会将罗马帝国的观念在心中延续一千年。正是这种观念，导致后世兴起了大量"准罗马帝国"。它使罗马主教成为教会领袖，原因在于罗马就是权力中心。它让善良的蛮族人大开杀戒，原因在于罗马是富贵的象征。不管是教皇、皇帝还是普通士兵，实际上，都不过是与我们一样的人。然而，罗马的传统观念一直在生活中萦绕，并在一代又一代人的记忆中鲜明地传递着。我们的先辈为了这一观念而展开殊死斗争，可是到了现在，恐怕没人会这么做了。

我还曾说起过，宗教战争爆发于宗教改革后一个世纪。假如将三十年战争那一章的内容和涉及发明创造的章节进行比照，你就会发现，那场发生在欧洲大陆的大屠杀，恰好与科学家的实验室里研制出第一台笨重的蒸汽机的时间一致。然而，世人的好奇心并未被这台奇怪的机器唤起，大家依旧沉浸于神学讨论当中——这种讨论假如出现在今天，不会引发愤怒，只会引起人们的厌倦。

事实就是这样。在描述19世纪的欧洲时，一千年后的历史学家恐

---

① 作者写作本书时，电影还处于"默片"时代。

怕也会对其发现得出如此的认识——当每个人都在为民族战争奔忙的时候，竟然还有一些人埋头于实验室工作，而对政治漠不关心。他们专心地追寻着大自然的奥秘，就算仅是窥见众多秘密中的极少数。

你会逐渐理解我所说的意思。工程师、科学家和化学家们仅花了一代人的时间，就让大型机器、电报、飞行器和煤焦油产品遍布欧洲、美洲及亚洲。他们的确创建了一个可以忽略时空差距的"新世界"。他们还发明了许多新的工业产品和生活用品，又将其价格降到最低。

假如工厂想让如此多的工厂正常开工，就少不了大量的原材料和煤，尤其是煤。不过，大多数人的思想观念依旧停留在古老的十六七世纪，将国家当作某种权力机构——这个"古老的"机构尽管面临着机械化、工业化等现代问题，却仍旧坚守着数世纪前制定的处世原则。

众多国家纷纷组织起陆军和海军，目的是开辟广大的海外殖民地，从而夺取原材料。只要那块土地还没有归属者，那么，在最短的时间里，它就会成为英国、法国、德国或俄国的最新殖民地。当地人一旦奋起反抗，列强就会不惜武力将其剿灭。当然，他们几乎不曾遭到任何反抗，对于原住民来说，假如钻石矿、煤矿、油田、金矿或橡胶等的开发权还被自己握在手中，那么，他们就只管安静地生活着，更何况，这样还可以从殖民者手中赚钱。

有时，两个寻找原材料的国家会恰巧同时看中一块土地，此时，一般就会爆发战争。十五年前，俄罗斯和日本之所以爆发战争，原因就是某块中国的土地被它们同时盯上。这毕竟是个别例外，通常的情况下，大家都不喜欢打仗。实际上，在20世纪初的人眼中，调遣大量陆军、军舰、潜水艇展开激烈的战争是一件极其荒谬的事情。在他们看来，古人只有在争夺君权时才会使用武力。

报纸上，越来越多的发明通告被刊出，或者是英、美、德三国的科学家合力推动医学或天文学发展的令人振奋的消息。商业、贸易和工业已将其生活的时代层层包围。可是，极少有人看到，相对于时代，国家（理想趋同的人所组成的集团）制度已经落后于新思想、新发明几百年之久了。有先见之明的人企图给大多数人一个提醒，可这些不明原因的人依旧将全副心思放在自己的事务上。

请你谅解，在此，我还想再打一个比方。埃及人、希腊人、罗马人、威尼斯人，以及17世纪的投机商人所乘的"国家之舟"（这个古老的比喻相当贴切、形象）木质良好、船体结实。对于船员和船只的性能，船长早已了然于胸，并且，船长还了解到，流传已久的航海技术实际上还很不完善。

然而，到了钢铁和机器的新时代，古老的"国家之舟"开始发生不断的变化。它的块头越来越大，蒸汽机将风帆取代，客舱被装潢一新，而大多数人却选择锅炉舱作为藏身之地。尽管此时工作条件得以进一步改善，人们也经常获得加薪，但他们还是不喜欢自己的工作，就如同从前他们不喜欢那些危险的工作一样。

在不经意间，最后的古老木船已经被现代远洋客轮所取代。然而，现在的问题是，船长及其助手们却没什么改变，在任命和选举职务时，所依据的依旧是延续了千百年的古老办法，也还是沿用着15世纪的古老航海技术。挂的船舱里面的航海地图和号旗，依旧是路易十四和腓特烈大帝时代的产品。可以说，他们已经难以胜任自己的工作，虽然他们自己并不存在什么过错。

国际政治这片海域其实相当狭窄，如今，这么多帝国和殖民地的大小船只挤在里面互相追赶，于是，彼此碰撞的事故就不可避免地发生。结果，大大小小的事故真的发生了。当你勇敢地进入那片海域时，你会相当清楚地看到那些沉船的残骸。

　　这个小故事的寓意实际上很简单。今天，我们急需那些能与时俱进的领袖人物，他们深谋远虑，清醒地认识到我们刚上路这一事实，并且深谙现代航海技术。

　　假如他想成为领袖人物，他就要在长期的学习中不断积累知识，同时，还要克服万千险阻。当他登上指挥塔时，船员们也许会受嫉妒心的驱使发动叛乱，甚至把他杀死。不过，终有一天，这样的一位可以引导船只安全驶入海港的人物会出现，因为他是新时代的英雄！